普通钳工与测量基础

（第3版）

主　编　胡云翔

副主编　戴　刚　饶传锋

编　者　董代进　何桂友

　　　　江朝明　彭广坤

U0191055

重庆大学出版社

内 容 提 要

本书以项目的形式,系统地讲述了两个方面的内容。一是测量方面的基本知识,主要内容有:公差与配合、测量技术基础、金属切削通用量具的使用及现场常用的测量方法。二是普通钳工方面的内容,主要内容有:钳工基本知识、划线、錾削、锯削、锉削、孔加工、螺纹加工、铆接、矫正与弯曲、刮削、研磨、装配基础知识等。

本书图文并茂、通俗易懂、可操作性强,既可作为中等职业学校的教材,也可作为测量技术基础与普通钳工方面的培训教材,还可作为相关工程技术人员自学用书以及高等职业学校师生用书。

图书在版编目(CIP)数据

普通钳工与测量基础／胡云翔主编. — 3 版. — 重庆 :重庆大学出版社,2021.2(2024.1 重印)

中等职业教育机械类系列教材

ISBN 978-7-5624- 4226-4

Ⅰ.①普… Ⅱ.①胡… Ⅲ.①钳工—中等专业学校—教材②技术测量—中等专业学校—教材 Ⅳ.①TG9②TG801

中国版本图书馆 CIP 数据核字(2021)第 016075 号

普通钳工与测量基础

(第 3 版)

主 编 胡云翔

副主编 戴 刚 饶传锋

责任编辑:杨粮菊 版式设计:彭 宁

责任校对:王 倩 责任印制:张 策

*

重庆大学出版社出版发行

出版人:陈晓阳

社址:重庆市沙坪坝区大学城西路 21 号

邮编:401331

电话:(023) 88617190 88617185(中小学)

传真:(023) 88617186 88617166

网址:http://www.cqup.com.cn

邮箱:fxk@ cqup.com.cn (营销中心)

全国新华书店经销

重庆新生代彩印技术有限公司印刷

*

开本:787mm×1092mm 1/16 印张:17 字数:424 千

2021 年 2 月第 3 版 2024 年 1 月第 10 次印刷

ISBN 978-7-5624-4226- 4 定价:48.00 元

序

当前,为配合社会经济的发展,职业教育越来越受到重视,加快高素质技术人才的培养已成为职业教育的重要任务。随着机械加工行业的快速发展,企业需要大批量的技术工人,机械类专业正逐步成为中等职业学校的主要专业,为培养出企业所需要的技术工人,大多数学校采用了"2+1"三年制教学模式。因此,编写适合中等职业学校新教学模式的特点,符合企业要求,深受师生欢迎,能为学生上岗就业奠定坚实基础的新教材,已成为职业学校教学改革的当务之急。为适应职业教育改革发展的需要,重庆大学出版社、重庆市教育科学研究院职成教所及重庆市中等职业学校机械类专业中心教研组,组织重庆市中等职业学校教学一线的"双师型"骨干教师,编写了该套知识与技能结合、教学与实践结合、突出实效、实际、实用特点的中等职业学校机械类专业的专业课系列教材。

在编写的过程中,我们借鉴了澳大利亚、德国等国外先进的职业教育理念,广泛参考了各地中等职业学校的教学计划,征求了企业技术人员的意见,并邀请了行业和学校的有关专家,多次对书稿进行评议和反复论证。为保证教材的编写质量,我们选聘的作者都是长期从事中等职业学校机械类专业教学工作的优秀的双师型教师,他们具有丰富的生产实践经验和扎实的理论基础,非常熟悉中等职业学校的教育教学规律,具有丰富的教材编写经验。我们希望通过这些工作和努力使教材能够做到:

第一,定位准确,目标明确。充分体现"以就业为导向,以能力为本位,以学生为宗旨"的精神,结合中等职业学校双证书和职业技能鉴定的需求,把中等职业学校的特点和行业的需求有机地结合起来,为学生的上岗就业奠定起坚实的基础。

中等职业学校的学制是三年,大多采用"2+1"模式。学生在校只有两年时间,学生到底能够学到多少知识与技能;学生上岗就业,到底应该需要哪些知识与技能;我们在编写过程中本着实事求是的原则,进行了反复论证和调研,并参照了国家职业资格认证标准,以中级工为基本依据,兼顾中职的特点,力求做到精简整合、科学合理地安排知识与技能的教学。

第二,理念先进,模式科学。利用澳大利亚专家来重庆开展项目合作的机会,我们学习了不少澳大利亚职业教育的先进理念和教学方法,同时也借鉴了德国等其他国家先进的职教理念,汲取了普通基础教育新课程改革的精髓,摒弃了传统教材的编写方法,从实例出发,采用项目教学的编写模式,讲述学生上岗就业需要的知识与技能,以适应现代企业生产实际的需要。

第三,语言通俗,图文并茂。中等职业学校学生绝大多数是初中毕业生,由于种种原因,其文化知识基础相对较弱,并且中职学校机械类专业的设备、师资、教学等也各有特点。因此,在教材的编写模式、体例、风格和语言运用等方面,我们都充分考虑了这些因素。尽量使教材语言简明、图说丰富、直观易懂,以期老师用得顺手,学生看得明白,彻底摒弃大学教材缩编的痕迹。

第四,整体性强、衔接性好。中等职业学校的教学,需要全程设计,整体优化,各教材浑然一体、互相衔接,才能够满足师生的教学需要。为此,充分考虑了各教材在系列教材中的地位与作用以及它们的内在联系,克服了很多教材之间知识点简单重复,或者某些内容被遗漏的问题。

第五,注重实训,可操作性强。机械类专业学生的就业方向是一线的技术工人。本套教材充分体现了如何做、会操作、能做事的编写思想,力图以实作带理论,理论与实作一体化,在做的过程中,掌握知识与技能。

第六,强调安全,增强安全意识。充分体现机械类行业的"生产必须安全,安全才能生产"的特点,把安全意识和安全常识贯穿教材的始终。

本系列教材在编写过程中,得到重庆市教育科学研究院职成教所向才毅所长、徐光伦教研员,重庆市各相关职业学校的大力支持与帮助,在此表示衷心地感谢。同时,在系列教材的编写过程中,澳大利亚专家给了我们不少的帮助和支持,在此表示衷心地感谢。

我们期望本系列教材的出版,能对我国中等职业学校机械类专业的教学工作有所促进,并能得到各位职业教育专家与广大师生的批评指正,便于我们能逐步调整、补充、完善本系列教材,使之更加符合中等职业学校机械类专业的教学实际。

中等职业教育机械类系列教材
编委会

前　言

　　本书根据中等职业学校机械类专业的特点以及测量技术、普通钳工在机械类专业的地位和作用,以能运用常用量具检测切削加工零件以及能根据图样,运用钳工方式加工零件为目的,主要讲述了以下内容:

　　一、测量方面

　　1.公差与配合。讲述了表面粗糙度、尺寸公差、光滑圆柱形的配合、行位公差等内容。

　　2.测量技术基础。简要介绍了测量方面的基本知识。

　　3.金属切削通用量具的使用及现场常用的测量方法。讲述了目前金属切削车间常用量具的使用方法及其用途,以及这些量具常用的测量方法。

　　二、普通钳工方面

　　1.钳工基本知识。简要介绍了钳工的地位和作用、钳工常用设备及其正确使用、钳工工作场地和安全文明生产制度。

　　2.划线。介绍了常用划线工具的种类及使用方法、划线基准的选择、划线的步骤、划线时找正、借料的方法。

　　3.錾削。介绍了錾削工具的种类及应用、錾子切削角度对錾削的影响、錾子的刃磨及热处理方法以及各种工件的錾削方法、錾削的安全文明生产。

　　4.锯削。介绍了锯条锯齿的粗细规格及选用、各种形体材料的锯削方法、锯削的安全文明生产。

　　5.锉削。介绍了锉刀的种类、规格及选用、锉削时锉刀的握法、锉削姿势、锉削的安全文明生产。

　　6.孔加工。介绍了标准麻花钻、群钻的结构特点、切削角度对切削性能的影响、麻花钻的修磨方法、钻孔、扩孔、锪空、铰孔的工艺要点、孔加工的安全文明生产知识。

　　7.螺纹加工。介绍了攻、套螺纹的工具,攻、套螺纹的有关工艺的计算,攻、套螺纹的方法。

　　8.铆接。介绍了铆接种类、铆接工具及应用、铆接工艺及相关计算。

　　9.矫正与弯曲。介绍了矫正与弯曲的原理、矫正与弯曲的方法及弯形前毛坯长度的计算。

　　10.刮削。介绍了刮削的作用及原理、刮刀的类型及应用、刮削工艺及刮削质量的检查方法。

11. 研磨。介绍了研磨的作用及原理、磨料的种类、应用及研磨工艺。

12. 装配基础知识。介绍了装配工艺过程及常用的装配方法、简单尺寸链的计算方法、固定连接和轴承的装配工艺、传动机构的装配工艺。

本书作者长期从事中等职业学校检测与计量、钳工方面的教学，是各个学校优秀的双师型教师，具有丰富的实践经验和扎实的理论功底，熟悉中等职业学校检测与计量、钳工方面的教育教学规律。学生通过本书的学习，能从事检验、钳工方面的上岗就业。

根据中等职业学校机械类的教学要求，本课程教学共需160个课时左右。

课时分配，可参考下表：

内容	第一篇		
	项目一	项目二	项目三
课时	4	4	12

内容	第二篇											
	项目一	项目二	项目三	项目四	项目五	项目六	项目七	项目八	项目九	项目十	项目十一	项目十二
课时	2	4	8	4	32	16	6	4	12	16	8	28

本书由重庆市龙门浩职业中学的胡云翔、饶传锋、董代进老师，重庆市荣昌职业高级中学的戴刚老师，重庆工商学校的何桂友老师，重庆市万盛职业教育中心的江朝明老师，重庆市涪陵区职业教育中心的彭广坤老师等共同编写。全书由胡云翔担任主编，饶传锋和戴刚担任副主编。

本书在编写过程中，得到重庆市龙门浩职业中学校长章方学、副校长张小毅和机电部部长邹开耀的大力支持，在此表示感谢。

由于编者水平有限，编写时间仓促，书中错误与不足在所难免，恳请读者批评指正。

编　者

目　录

第1编

金属切削测量基础

项目一　公差与配合

项目内容　1. 表面粗糙度。
　　　　　　2. 尺寸公差。
　　　　　　3. 形位公差。

项目目的　1. 熟悉表面粗糙度。
　　　　　　2. 熟悉尺寸公差。
　　　　　　3. 熟悉形位公差。

项目实施过程

任务一　表面粗糙度

一、表面粗糙度的含义

表面粗糙度是指零件表面上所具有的较小间距和峰谷所组成的微观几何形状特征,如图 1.1 所示。图 1.2 所示的从动轴零件图样上的 $\sqrt{Ra0.8}$ 、$\sqrt{Ra1.6}$ 等,就是该零件的表面粗糙度。表面粗糙度通常用 Ra 来评定。

二、Ra

Ra 叫轮廓算术平均偏差,其符号及含义见表 1.1。图 1.2 所示的零件图中的表面粗糙度数值,都是指 Ra 值。Ra 的单位是微米,Ra 的数值越大,则零件表面粗糙度越低,表面越粗糙;Ra 的数值越小,则零件表面粗糙度越高,表面越平整。

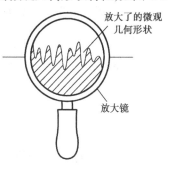

图 1.1　表面粗糙度

表 1.1　Ra 的符号及其含义

符　号	含　义
$\sqrt{Ra3.2}$	用任何加工方法获得的表面粗糙度。Ra 的上限值为 3.2 微米
$\sqrt{Ra3.2}$	用去除材料方法(如车削、铣削等加工)获得的表面粗糙度。Ra 的上限值为 3.2 微米
$\sqrt{Ra3.2}$	用不去除材料方法(如铸造、锻造等加工)获得的表面粗糙度。Ra 的上限值为 3.2 微米
$\sqrt{\begin{array}{l}Ra_{max}3.2\\Ra_{min}1.6\end{array}}$	用去除材料的加工方法获得的表面粗糙度。Ra 的上限值为 3.2 微米,Ra 的下限值为 1.6 微米

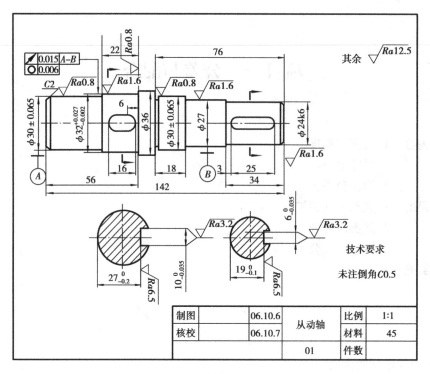

图1.2　从动轴的零件图样

三、表面粗糙度对零件性能的影响

表面粗糙度影响零件的耐磨性、配合性质的稳定性、疲劳强度、抗腐蚀性、密封性,对零件的外观、测量精度、表面光学性能、导电导热性能和胶合强度等,也有着不同程度的影响。

任务二　尺寸公差

一、尺寸的基本术语及其含义

请看图1.2中的尺寸 $\phi32^{+0.027}_{-0.002}$,显然,该尺寸由三部分组成,它们的含义如下:

1. 基本尺寸

$\phi32$ 就是基本尺寸,基本尺寸是设计者设计时给定的尺寸。具有配合关系的轴、孔,其配合部分的基本尺寸相等。

2. 上偏差

+0.027 就是 $\phi32$ 的上偏差。上偏差是设计者设计时给定的。

3. 下偏差

−0.002 就是 $\phi32$ 的下偏差。下偏差是设计者设计时给定的。

上偏差、下偏差统称极限偏差,它们可以是正值、负值和零。

国家标准规定:孔的上偏差代号为 ES,孔的下偏差代号为 EI,轴的上偏差代号为 es,轴的下偏差代号为 ei。

提示：

● 一般用小写字母表示轴，用大写字母表示孔。

二、尺寸的有关术语及其含义

与基本尺寸有关的尺寸常用术语有：

1. 尺寸公差

尺寸公差简称公差。它是上偏差减去下偏差的绝对值。

$\phi 35$ 的公差为：$|(+0.027)-(0.002)|=0.029$。

2. 极限尺寸

允许尺寸变化的两个极限值。分为：

①最大极限尺寸：最大极限尺寸 = 基本尺寸 + 上偏差。

$\phi 32$ 的最大极限尺寸为：$\phi 32 + 0.027 = \phi 32.027$。

②最小极限尺寸：最小极限尺寸 = 基本尺寸 + 下偏差。

$\phi 32$ 的最小极限尺寸为：$\phi 35 + (-0.002) = \phi 34.998$。

3. 实际尺寸

零件实际测量所得的尺寸。零件的实际尺寸，如在最大极限尺寸与最小极限尺寸之间，则该尺寸就是合格的；如没在最大极限尺寸与最小极限尺寸之间，即零件的实际尺寸大于最大极限尺寸，或小于最小极限尺寸，则该尺寸就是不合格的。

判断零件是否合格，就是判断零件的实际尺寸是否在最大极限尺寸与最小极限尺寸之间，如在，该零件就是合格的；如不在，该零件就是不合格的。

4. 公差带图及公差带

$\phi 32$ 及其上、下偏差，也可采用如图 1.3(a)的形式来表达。即用一条直线代表基本尺寸 $\phi 32$，零线的上、下方(包括零线)代表偏差，正偏差在零线的上方，负偏差在零线的下方，零偏差在零线上。图 1.3(a)中，带斜线的小长方形代表其公差，小长方形的上边代表其上偏差，小长方形的下边代表其下偏差。像这样的图就叫公差带图，上、下偏差两条直线所限定的区域，就叫公差带。

国家规定：孔的公差带图用小长方形方框内画斜线来表示；轴的公差带图用小长方形方框内画点来表示，如图 1.3(b)所示。

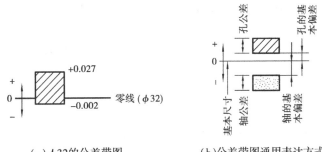

（a）$\phi 32$ 的公差带图　　　　（b）公差带图通用表达方式

图 1.3　$\phi 32$ 的公差带图及公差带图通用表达方式

5. 标准公差

用以确定公差带大小的任一公差。国家规定,对于一定的基本尺寸,其标准公差共有 20 个等级,即 IT01,IT02,IT1,IT2,IT3,IT4,IT5 至 IT18,"IT"表示标准公差,后面的数值表示公差等级。如 8 级标准公差表示为 IT8,读作公差等级 8 级。数值越大,零件精度越低;数值越小,零件精度越高。

6. 基本偏差

某尺寸的公差带图中,靠近零线那个偏差,就是它的基本偏差。如图 1.3 中, −0.002 就是 ϕ32 的基本偏差。

国家规定,对于孔和轴的每一基本尺寸规定了 28 个基本偏差。基本偏差的代号用一个或两个拉丁字母表示,大写的拉丁字母代表孔,小写的拉丁字母代表轴,如图 1.4 所示。

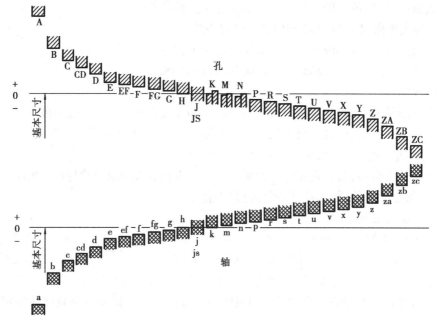

图 1.4　基本偏差系列

7. 公差带代号

孔、轴的公差带代号由基本偏差代号和公差等级代号组成。如:

(1)图 1.2 中尺寸 ϕ24k6 的含义是:基本尺寸是 ϕ24,基本偏差代号是 k,公差等级代号是 6 级,公差带代号是 k6。

(2)尺寸 ϕ35H8 的含义是:基本尺寸是 ϕ35,基本偏差代号是 H,公差等级代号是 8 级,公差带代号是 H8。

根据公差带代号,可在"轴的极限偏差表(QB/T 1800.4—1999)",或在"孔的极限偏差表(QB/T 1800.4—1999)"中,查出其上、下偏差。如:

(1)在"轴的极限偏差表(QB/T 1800.4—1999)"中,查得 ϕ24k6 的上、下偏差分别是 0.015 mm、0.002 mm。

(2)在"孔的极限偏差表(QB/T 1800.4—1999)"中,查得 ϕ35H8 的上、下偏差分别是 0.039 mm、0 mm。

任务三 光滑圆柱形的配合

一、配合的概念

基本尺寸相同,相互结合的孔、轴公差带之间的关系,称为配合。

提示:

● 为清楚表示配合各术语之间的关系,可作公差与配合示意图,即可作公差带图。

二、间隙与过盈

1. 间隙

孔的尺寸减去与其配合的轴的尺寸,所得数值为"正"者,称为间隙,用 X 表示。如图 1.5(a)所示。

2. 过盈

孔的尺寸减去与其配合的轴的尺寸,所得数值为"负"者,称为过盈,用 Y 表示。如图 1.5(b)所示。

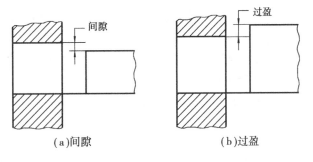

(a)间隙   （b)过盈

图 1.5   间隙与过盈

三、配合的类别

根据孔、轴公差带位置的不同,配合可分为三种类型:间隙配合、过盈配合和过渡配合。

1. 间隙配合

具有间隙(包括最小间隙为零)的配合称为间隙配合。此时,孔的公差带在轴的公差带之上。其特征值是最大间隙 X_{max} 和最小间隙 X_{min},如图 1.6 所示。

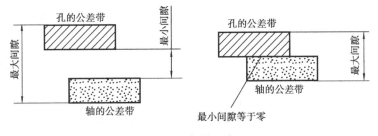

图 1.6   间隙配合

（1）最大间隙。孔的最大极限尺寸减去轴的最小极限尺寸所得的代数差称为最大间隙，用 X_{max} 表示：$X_{max} = D_{max} - d_{min} = ES - ei$。

（2）最小间隙。孔的最小极限尺寸减去轴的最大极限尺寸所得的代数差称为最小间隙，用 X_{min} 表示：$X_{min} = D_{min} - d_{max} = EI - es$。

（3）平均间隙。平均间隙是最大间隙与最小间隙的平均值：$X_{av} = (X_{max} + X_{min})/2$ 。实际生产中，平均间隙更能体现其配合性质。

2. 过盈配合

具有过盈（包括最小过盈等于零）的配合称为过盈配合。此时，孔的公差带在轴的公差带之下。其特征值是最大过盈 Y_{max} 和最小过盈 Y_{min}，如图 1.7 所示。

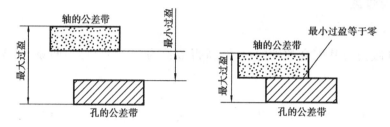

图 1.7　过盈配合

（1）最大过盈。孔的最小极限尺寸减去轴的最大极限尺寸所得的代数差称为最大过盈，用 Y_{max} 表示：$Y_{max} = D_{min} - d_{max} = EI - es$。

（2）最小过盈。孔的最大极限尺寸减去轴的最小极限尺寸所得的代数差称为最小过盈，用 Y_{min} 表示：$Y_{min} = D_{max} - d_{min} = ES - ei$。

（3）平均过盈。平均过盈是最大过盈与最小过盈的平均值：$Y_{av} = (Y_{max} + Y_{min})/2$。实际生产中，平均过盈更能体现其配合性质。

3. 过渡配合

可能具有间隙，也可能具有过盈的配合称为过渡配合。此时，孔的公差带与轴的公差带相互重叠。其特征值是最大间隙 X_{max} 和最大过盈 Y_{max}，如图 1.8 所示。

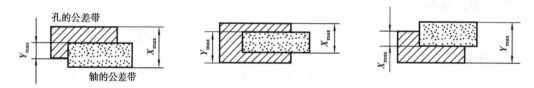

图 1.8　过渡配合

（1）最大间隙。孔的最大极限尺寸减去轴的最小极限尺寸所得的代数差称为最大间隙，用 X_{max} 表示：$X_{max} = D_{max} - d_{min} = ES - ei$。

（2）最大过盈。孔的最小极限尺寸减去轴的最大极限尺寸所得的代数差称为最大过盈，用 Y_{max} 表示：$Y_{max} = D_{min} - d_{max} = EI - es$。

（3）平均过盈。平均过盈是最大间隙与最大过盈的平均值：X_{av}（或 Y_{av}）$= (X_{max} + Y_{max})/2$。实际生产中，其平均松紧程度可能表示为平均间隙，也可能表示为平均过盈。

四、配合公差及配合性质的判断

1. 配合公差

配合公差是指允许间隙或过盈的变动量,用 T_f 表示。它是设计人员根据机器配合部位使用性能的要求,对配合松紧变动的程度给定的允许值。它反映配合的松紧变化程度,表示配合精度,是评定配合质量的一个重要的综合指标。

在数值上,它是一个没有正、负号,也不能为零的绝对值。它的数值用公式表示为

(1)对于间隙配合: $T_f = \left| X_{\max} - X_{\min} \right|$

(2)对于过盈配合: $T_f = \left| Y_{\min} - Y_{\max} \right|$

(3)对于过渡配合: $T_f = \left| X_{\max} - Y_{\max} \right|$

2. 配合性质的判断

配合性质的判断条件为:

(1)当 EI ≥ es 时,为间隙配合。

(2)当 ES ≤ ei 时,为过盈配合。

(3)以上两个均不成立时,为过渡配合。

五、配合代号

1. 配合代号的形式

标准规定,配合代号由相互配合的孔和轴的公差带以分数的形式组成,孔的公差带为分子,轴的公差带为分母。例如: $\phi 40H8/f7$, $\phi 80K7/h6$ 。

2. 极限与配合在图样上的标注

零件图上,一般有 3 种标注方法,如图 1.9 所示:

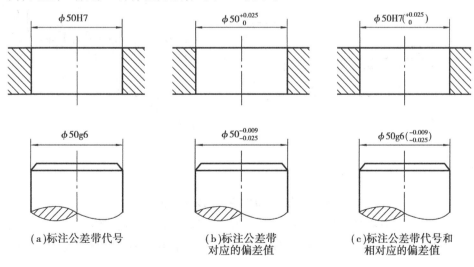

(a)标注公差带代号　　　(b)标注公差带　　　(c)标注公差带代号和
　　　　　　　　　　　　　对应的偏差值　　　　　相对应的偏差值

图 1.9　极限与配合在图样上的标注

(1)在基本尺寸后标注所要求的公差带代号,如图 1.9(a)所示。

(2)在基本尺寸后标注所要求的公差带对应的偏差值,如图 1.9(b)所示。

（3）在基本尺寸后标注所要求的公差带代号和相对应的偏差值。如图 1.9（c）所示。

装配图上，在基本尺寸后标注孔、轴公差带，如图 1.10 所示，国家标准规定孔、轴公差带写成分数形式，分子为孔的公差带，分母为轴的公差带。

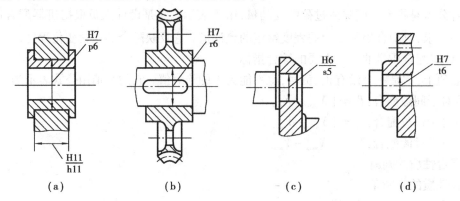

图 1.10　装配图上配合代号的标注

六、配合标准（基准制）

配合标准有两种：基孔制和基轴制。

1. 基孔制

基孔制是指基本偏差为一定的孔的公差带与不同基本偏差的轴的公差带，形成的各种配合。如图 1.11 所示。

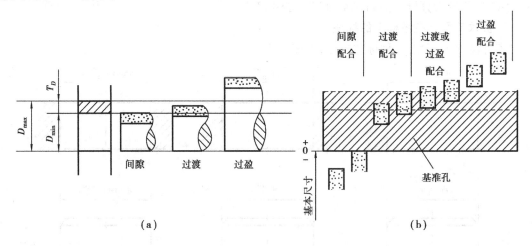

图 1.11　基孔制的轴和孔的公差带位置

基准孔的下偏差是基本偏差，其数值是零，代号为 H；其上偏差是正值，公差带位于零线的上方。图 1.11 中，基准孔的上偏差和轴的一个极限偏差用虚线画出，以表示它们随着公差等级的变化而变化。

基孔制中的轴是非基准件，称为配合轴。轴的公差带位置不同，与基准孔形成的配合性质不同。轴的基本偏差为上偏差且数值为负数或零时，轴的公差带在基准孔的公差带之下，形成间隙配合。轴的基本偏差为下偏差且数值为正数或零时，若轴的公差带与基准孔的公差带交叠,形成过渡配合;若轴的公差带在基准孔的公差带之上,则形成过盈配合。

2. **基轴制**

基轴制指基本偏差一定的轴的公差带,与不同基本偏差的孔的公差带,形成的各种配合。如图 1.12 所示。

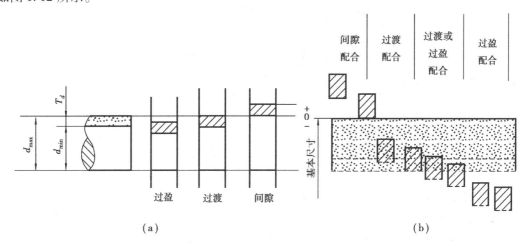

图 1.12　基轴制的轴和孔的公差带位置

在基轴制中,选作基准的轴为基准轴。基准轴的上偏差是基本偏差,其数值是零,代号是 h;其下偏差是负值,公差带位于零线的下方。图 1.12 中基准轴的上偏差和孔的一个极限偏差用虚线画出,其意义与基孔制相同,也表示它们随着公差等级变化而变化。

基轴制中的孔是非基准件,称为配合孔。配合孔的公差带位置不同,同样可以和基准轴形成不同性质的配合。

3. **配合制的选用**

按基轴制组成的配合与按基孔制组成的配合,从满足配合性质来讲完全等效,配合制的选用主要考虑工艺的经济性、结构的合理性和采用标准件的情况等方面的因素。一般情况下应优先采用基孔制,其次采用基轴制;如有特殊需要,允许采用上述两种基准制以外的任一孔、轴公差带组成的配合,即允许采用混合配合。

任务四　形位公差

一、形位公差概述

1. 形位公差的概念

零件在加工过程中,会产生或大或小的形状误差和位置误差,简称形位误差。形位误差,是零件实际的形状和位置,与零件理想的形状和位置之间的误差。

形位误差过大,会影响机器、仪器、仪表、刀具、量具等各种机械产品的工作精度、联结强度、运动平稳性、密封性、耐磨性和使用寿命等,甚至还与机器在工作时的噪声大小有关。因此,为了保证机械产品的质量,保证零部件的互换性,作为零件的设计者,应把形位误差限制在一定的范围内,即给定一定的形位误差,并标在零件的图样上,这给定的形位误差就叫形状公

差和位置公差,简称形位公差。如图 1.2 中的 ◯ | 0.006 ,就代表形状公差的项目之一:平面度; ↗ | 0.015 | A—B 代表位置公差的项目之一:圆跳动。

2. 形位公差常用的几个术语及含义

(1)零件的几何要素。各种零件尽管几何特征不同,但都是由称为几何要素的点、线、面所组成。形位公差的研究对象是构成零件几何特征的点、线、面等几何要素。如图 1.13 所示。

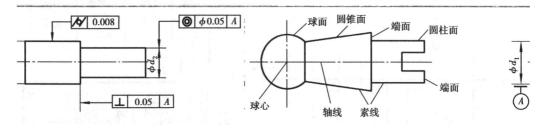

图 1.13 零件的几何要素   图 1.14   零件的被测要素示例

(2)零件的理想要素。具有几何意义上的要素,理想状态下的要素。

(3)零件的实际要素。零件上实际存在的要素。

零件的形位公差,实际上就是实际要素对理想要素允许的最大差异。

(4)零件的被测要素。图样上给出的形状或(和)位置公差的要素。如图 1.2 所示。ϕd_1 的圆柱面和台肩面等给出了形位公差,因此都是被测要素。

当被测要素给出的形位公差,采用形位公差代号来表示时,代号的指引箭头应指向被测要素且与检测方向,或将要叙述的形位公差带的宽度方向一致,如图 1.14 所示。

(5)零件的基准要素。用来确定被测要素方向或(和)位置的要素。理想基准要素简称基准。

如图 1.14 中,标有基准代号的圆柱轴线(ϕd_1),用来确定 ϕd_1 圆柱台肩面的方向和 ϕd_2 圆柱轴线的位置,因此,ϕd_1 圆柱轴线是基准要素。

(6)中心要素。零件上的轴线、球心、圆心、两平行平面的中心平面等,虽然不能被人们直接感受到,但却随着相应的轮廓要素的存在,能模拟确定的位置要素。

当被测要素或基准要素为中心要素时,形位公差代号的指引线箭头或基准代号的连线,应与该要素的尺寸线对齐,如图 1.14 中同轴度的公差代号和基准 A 代号的标注,都是指中心要素。

3. 形位公差的项目及符号

形状公差的项目及符号见表 1.2,形位公差的项目及符号见表 1.3。

表 1.2 形状公差的项目及符号

类 别	形状公差					
项 目	直线度	平面度	圆度	圆柱度	线轮廓度	面轮廓度
符 号	—	▱	◯	⌀	⌒	⌢

表 1.3　形位公差的项目及符号

类　别	形位公差							
项　目	平行度	垂直度	倾斜度	同轴(心)度	对称度	位置度	圆跳动	全跳动
符　号	∥	⊥	∠	◎	＝	⊕	↗	↗↗

二、形位公差的含义、标注和解释示例

1. 直线度

直线度是用以限制被测实际直线对其理想直线变动量的一项指标。被限制的直线有:平面内的直线,回转体的母线,平面与平面交线和轴线等。它分为三种情况:

(1)面的直线度。在给定的平面内,公差带是距离为公差值 t 的两平行直线之间的区域,如图 1.15(a)所示。

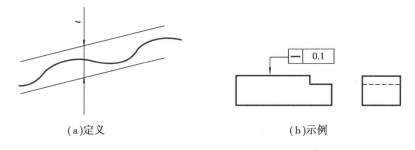

(a)定义　　　　　　　(b)示例

图 1.15　面的直线度

如图 1.15(b)所示,零件上表面的素线必须位于平行于图样所示的投影面,且距离为公差值 0.1 的两平行直线内。否则,该零件上面的直线度就不合格。

(2)圆柱面的直线度。在给定的方向上,公差带是距离为公差值 t 的两平行平面之间的区域,如图 1.16(a)所示。

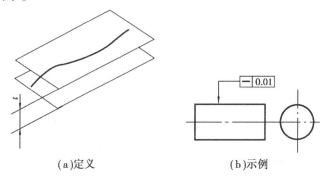

(a)定义　　　　　　　(b)示例

图 1.16　圆柱面的直线度

如图 1.16(b)所示,零件圆柱面的任意素线必须位于距离为公差值 0.01 的两平行平面之内。否则,该零件圆柱面的直线度就不合格。

(3)任意方向的直线度(在公差值前加注 ϕ 的直线度)。如在公差值前加注 ϕ ,则公差带是直径为 t 的圆柱面内的区域。如图 1.17(a)所示。

如图 1.17(b)所示,零件的轴线必须位于直径为 0.01 的圆柱面内。否则,该零件轴线的直线度就不合格。

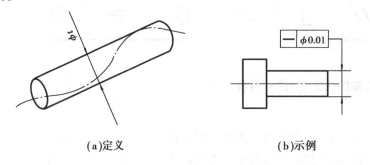

(a)定义　　　　　　　　(b)示例

图 1.17　任意方向的直线度

2. 平面度

平面度是用以限制实际表面对其理想平面变动量的一项指标。公差带是距离为公差值的两平行平面之间的区域,如图 1.18(a)所示。

如图 1.18(b)所示,被测表面必须位于公差值为 0.1 的两平行平面内。否则,被测表面的平面度就不合格。

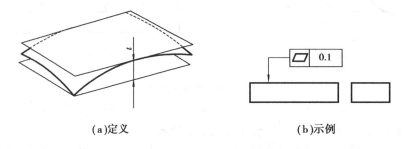

(a)定义　　　　　　　　(b)示例

图 1.18　平面度

3. 圆度

圆度是用以限制实际圆对其理想圆变动量的一项指标。它的公差带是指在同一正截面上,半径差为公差值的两同心圆之间的区域。如图 1.19(a)所示。它分为两种情况:

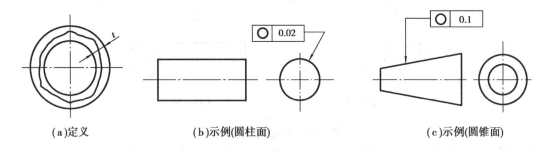

(a)定义　　　　　(b)示例(圆柱面)　　　　　(c)示例(圆锥面)

图 1.19　圆度

(1)圆柱面的圆度。如图 1.19(b)所示,被测圆面的任意一正截面的圆周必须位于半径差为公差值 0.02 的两同心圆之间。否则,该零件圆柱面的圆度就不合格。

（2）圆锥面的圆度。如图 1.19（c）所示,被测圆面的任意一正截面的圆周必须位于半径差为公差值 0.1 的两同心圆之间。否则,该零件圆锥面的圆度就不合格。

4. 圆柱度

圆柱度是限制实际圆柱面对其理想圆柱面变动量的一项指标。它的公差带是指半径差为 t 的两同轴圆柱面之间的区域,如图 1.20（a）所示。

图 1.20（b）所示,被测圆柱面必须位于半径差为公差值 0.05 的两同轴圆柱面之间。否则,该零件圆柱面的圆柱度就不合格。

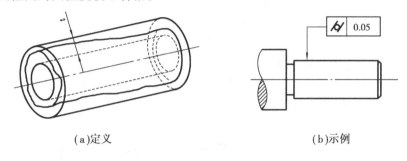

（a）定义　　　　　　　　　　　　　　（b）示例

图 1.20　圆柱度

5. 线轮廓度

线轮廓度是限制实际曲线对其理想曲线变动量的一项指标。公差带是包络一系列直径为公差值 t 的圆的两包络线之间的区域,诸圆圆心应位于理想轮廓线上。如图 1.21（a）所示。

如图 1.21（b）所示,在平行于图样所示投影面的任一截面上,被测轮廓线必须位于包络一系列直径为公差值 0.04,且圆心位于理想轮廓线上的两包络线之间。否则,该零件上面的线轮廓度就不合格。

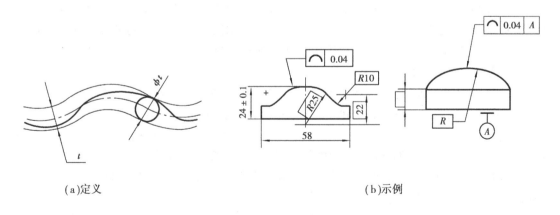

（a）定义　　　　　　　　　　　　　　（b）示例

图 1.21　线轮廓度

6. 面轮廓度

面轮廓度是限制实际曲面对其理想曲面变动量的一项指标。公差带是包络一系列直径为公差值 t 的球的两包络面之间的区域,诸球球心位于理想轮廓面上。如图 1.22（a）所示。

如图 1.22（b）所示,被测轮廓面必须位于包络一系列球的两包络面之间,诸球的直径为公差值 0.02,且球心位于理想轮廓面上的两包络面之间。否则,该零件上面的面轮廓度就不合格。

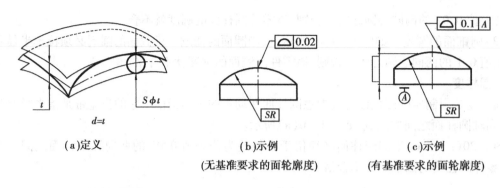

(a)定义　　　　　　　　　　(b)示例　　　　　　　　　　(c)示例
　　　　　　　　　　(无基准要求的面轮廓度)　　　(有基准要求的面轮廓度)

图1.22　面轮廓度

7. 平行度

平行度是限制实际要素对基准在平行方向上变动量的一项指标。它分为以下几种情况：

（1）轴线对轴线的平行度。公差带是距离为公差值 t 且平行于基准线、位于给定方向上的两平行平面之间的区域。如图1.23（a）所示。

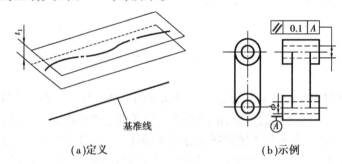

(a)定义　　　　　　　　　　　　(b)示例

图1.23　轴线对轴线的平行度

如图1.23（b）所示，被测轴线（上孔的轴线）必须位于距离为公差值0.1且在给定方向上平行于基准线（下孔的轴线）的两平行平面之间。否则，该零件被测轴线的平行度就不合格。

（2）两个方向的平行度。公差带是两对互相垂直的距离为 t_1 和 t_2，且平行于基准线的两平行平面之间的区域。如图1.24（a）所示。

图1.24（b）所示，被测轴线必须位于距离分别为0.2和0.1，在给定的互相垂直方向上且平行于基准轴线的两组平行平面之间。否则，该零件被测轴线的平行度就不合格。

（3）任意方向的平行度（在公差值前加注 ϕ 的平行度）。在公差值前加注 ϕ，公差带是直径为公差值 t 且平行于基准线的圆柱面内的区域。如图1.25（a）所示。

如图1.25（b）所示，被测轴线必须位于直径为公差值0.1且平行于基准线的圆柱面内。否则，该零件被测轴线的平行度就不合格。

（4）线对面的平行度。公差带是距离为公差值 t 且平行于基准平面的两平行平面之间的区域。如图1.26（a）所示。

如图1.26（b）所示，被测轴线必须位于距离为公差值0.05且平行于基准平面 A 的两平行平面之间。否则，该零件被测轴线的平行度就不合格。

（5）面对线的平行度。公差带是距离为公差值 t 且平行于基准线的两平行平面之间的区域。如图1.27（a）所示。

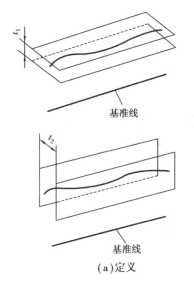

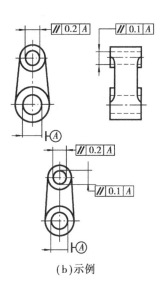

（a）定义　　　　　　　　　　　　（b）示例

图 1.24　两个方向的平行度

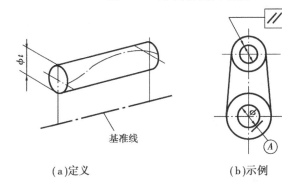

（a）定义　　　　　　　　　（b）示例

图 1.25　任意方向的平行度

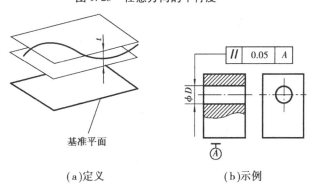

（a）定义　　　　　　　　　（b）示例

图 1.26　线对面的平行度

如图 1.27（b）所示，被测表面必须位于距离为公差值 0.06 且平行于基准轴线 A 的两平行平面之间。否则，该零件被测表面的平行度就不合格。

（6）面对面的平行度。公差带是距离为公差值 t 且平行于基准面的两平行平面之间的区域，如图 1.28（a）所示。

如图 1.28(b)所示,被测表面必须位于距离为公差值 0.05 且平行于基准表面 A 的两平行平面之间。否则,该零件被测表面的平行度就不合格。

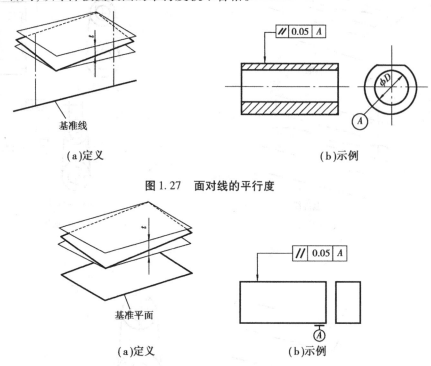

(a)定义　　　　　　　　　　　　　(b)示例

图 1.27　面对线的平行度

(a)定义　　　　　　　　　　　　　(b)示例

图 1.28　面对面的平行度

8.垂直度

垂直度是限制实际要素对基准在垂直方向上变动量的一项指标。它分为以下几种情况:

(1)线对线的垂直度。公差带是距离为公差值 t 且垂直于基准线的两平行平面之间的区域。如图 1.29(a)所示。

如图 1.29(b)所示,被测轴线必须位于距离为公差值 0.06 且垂直于基准线 A(基准轴线)的两平行平面之间。否则,该零件被测轴线的垂直度就不合格。

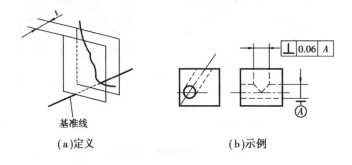

(a)定义　　　　　　　　　　　　　(b)示例

图 1.29　线对线的垂直度

(2)线对面的垂直度。在给定方向上,公差带是距离为公差值 t 且垂直于基准面的两平行平面之间的区域。如图 1.30(a)所示。

如图 1.30(b)所示,在给定方向上,被测轴线必须位于距离为公差值 0.06 且垂直于基准

表面 A 的两平行平面之间。否则,该零件被测轴线的垂直度就不合格。

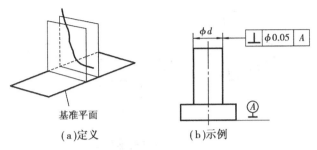

图 1.30　线对面的垂直度

(3)两个方向的垂直度。公差带是互相垂直的距离为 t_1 和 t_2 且垂直于基准面的两对平行平面之间的区域,如图 1.31(a)所示。

如图 1.31(b)所示,被测轴线必须位于距离分别为 0.2 和 0.1,互相垂直且垂直于基准面的两对平行平面之间。否则,该零件被测轴线的垂直度就不合格。

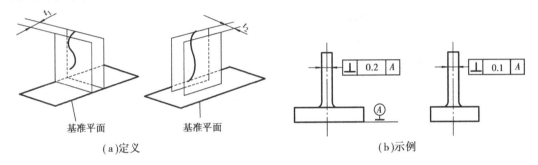

图 1.31　两个方向的垂直度

(4)任意方向的垂直度(公差值前加注 ϕ 的垂直度)。如在公差值前加注 ϕ,公差带是直径为公差值 t 且垂直于基准面的圆柱面内的区域。如图 1.32(a)所示。

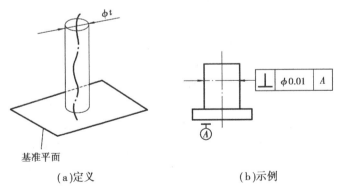

图 1.32　任意方向的垂直度

如图 1.32(b)所示,被测轴线必须位于直径为公差值 0.01 且垂直于基准平面 A 的圆柱面内。否则,该零件被测轴线的垂直度就不合格。

(5)面对线的垂直度。公差带是距离为公差值 t 且垂直于基准线的两平行平面之间的区域。如图 1.33(a)所示。

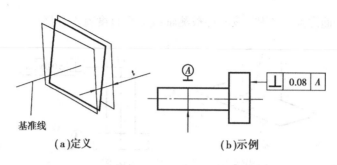

（a）定义　　　　　　　　（b）示例

图 1.33　面对线的垂直度

如图 1.33（b）所示，被测面必须位于距离为公差值 0.08 且垂直于基准轴线 A 的两平行平面之间。否则，该零件被测面的垂直度就不合格。

（6）面对面的垂直度。公差带是距离为公差值 t 且垂直于基准面的两平行平面之间的区域。如图 1.34（a）所示。

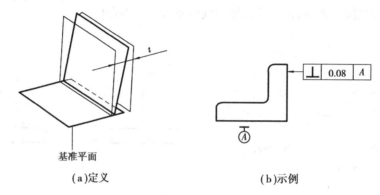

（a）定义　　　　　　　　　　（b）示例

图 1.34　面对面的垂直度

如图 1.34（b）所示，被测面必须位于距离为公差值 0.08 且垂直于基准面 A 的两平行平面之间。否则，该零件被测面的垂直度就不合格。

9. 倾斜度

倾斜度是限制实际要素对基准在倾斜方向上变动量的一项指标。可以把平行度、垂直度理解为倾斜度的特殊情况，它分为以下几种情况：

（1）被测轴线与基准线在同一平面的倾斜度。被测线和基准线在同一平面内：公差带是距离为公差值 T，且与基准线成一给定角度的两平行平面之间的区域。如图 1.35（a）所示。

如图 1.35（b）所示，被测轴线必须位于距离为公差值 0.08，且与 A—B 公共基准线成一理论正确角度 60°的两平行平面之间。否则，被测轴线的倾斜度就不合格。

（2）被测轴线与基准线不在同一平面的倾斜度。公差带是距离为公差值 T，且与基准成一给定角度的两平行平面之间的区域。被测线与基准不在同一平面内，则被测线应投射到包含基准轴线并平行于被测轴线的平面上，公差带是相对于投射到该平面的线而言。如图 1.36（a）所示。

图 1.36（b）所示，被测轴线投射到包含基准轴线的平面上，它必须位于距离为公差值 0.08，并与 A—B 公共基准线成理论正确角度 60°的两平行平面之间。否则，被测轴线的倾斜度就不合格。

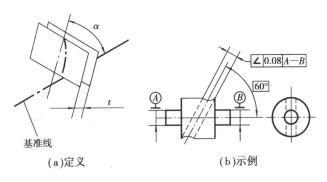

(a)定义　　　　　　　　　(b)示例

图 1.35　被测轴线与基准线在同一平面的倾斜度

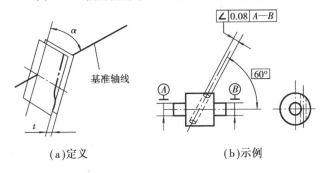

(a)定义　　　　　　　　　(b)示例

图 1.36　被测轴线与基准线不在同一平面的倾斜度

(3)线对面的倾斜度。公差带是距离为公差值 T 且与基准成一给定角的两平行平面之间的区域。如图 1.37(a)所示。

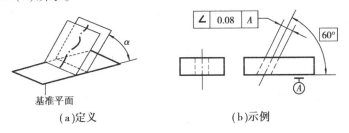

(a)定义　　　　　　　　　(b)示例

图 1.37　线对面的倾斜度

如图 1.37(b)所示,被测轴线必须位于距离为公差值 0.08,且与基准平面 A 成理论正确角度 60°的两平面之间。否则,被测轴线的倾斜度就不合格。

(4)任意方向的倾斜度(公差值前加注 ϕ 的倾斜度)。如在公差值前加注 ϕ,则公差带是直径为公差值 T 的圆柱面类的区域,该圆柱面的轴线应与基准平面成一给定的角度并平行于另一基准面。如图 1.38(a)所示。

如图 1.38(b)所示。被测轴线必须位于直径为公差值 0.1 的圆柱公差带内,该公差带的轴线应与基准平面 A 成理论正确角度 60°并平行于基准平面 B,否则,被测轴线的倾斜度就不合格。

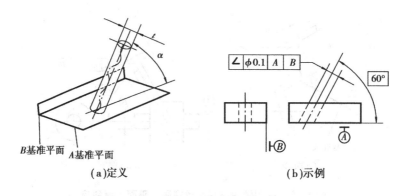

（a）定义　　　　　　　　　　　　　（b）示例

图1.38　任意方向的倾斜度

（5）面对线的倾斜度。公差带是距离为公差值 T 且与基准线成一给定角度的两平行平面之间的区域。如图1.39（a）所示。

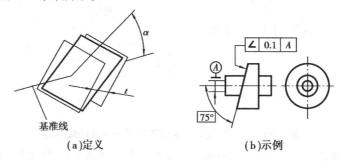

（a）定义　　　　　　　　　　　　　（b）示例

图1.39　面对线的倾斜度

如图1.39（b）所示,被测表面必须位于距离为公差值0.1且与基准轴线 A 成理论正确角度75°的两平行平面之间。否则,被测表面的倾斜度就不合格。

（6）面对面的倾斜度。公差带是距离为公差值 T 且与基准面成一给定角度的两平行平面之间的区域。如图1.40（a）所示。

如图1.40（b）所示,被测表面必须位于距离为公差值0.08且与基准平面 A 成理论正确角度40°的两平行平面之间。否则,被测表面的倾斜度就不合格。

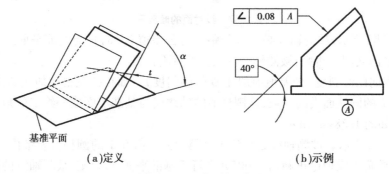

（a）定义　　　　　　　　　　　　　（b）示例

图1.40　面对面的倾斜度

10. 同轴度

同轴度是限制被测轴线偏离基准轴线的一项指标,它的公差带是直径为公差值 t,且与基准轴线同轴的圆柱面内的区域。如图1.41（a）所示。

如图 1.41(b)所示,大圆柱面的轴线必须位于直径为公差值 0.1 且与基准轴线 ϕd_2 的轴线同轴的圆柱面内。

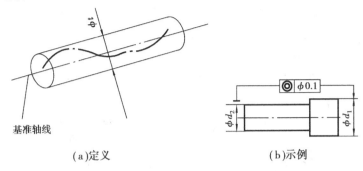

(a)定义　　　　　　　　(b)示例

图 1.41　同轴度

11. 对称度

对称度是限制被测线、面,偏离基准直线、平面的一项指标。被测要素的理想位置由理论正确尺寸和基准所确定。它的公差带是距离为公差值 t 且相对基准的中心平面对称配置的两平行平面之间的区域。如图 1.42(a)所示。

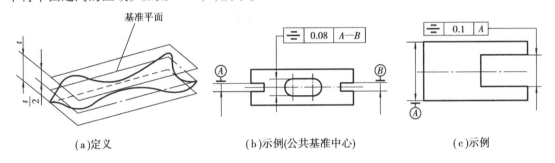

(a)定义　　　　　　(b)示例(公共基准中心)　　　　　　(c)示例

图 1.42　对称度

如图 1.42(b)所示,被测中心平面必须位于距离为公差值 0.08 且相对于公共基准中心平面 $A—B$ 对称配置的两平行平面之间。

如图 1.42(c)所示,被测中心平面必须位于距离为公差值 0.1 且相对于基准中心平面对称配置的两平行平面之间。

12. 位置度

位置度是限制被测要素实际位置对其理想位置变动量的一项指标。被测要素的理想位置由理论正确尺寸和基准所确定。它分为以下几种情况:

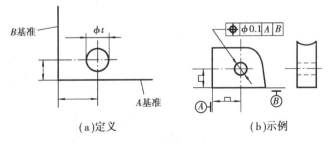

(a)定义　　　　　　　　(b)示例

图 1.43　点位置度的公差值前加注 ϕ

（1）点位置度的公差值前加注 ϕ。公差带是直径为公差值 t 的圆内的区域。圆公差带中心点的位置由相对于基准 A 和 B 的理论正确尺寸确定。如图 1.43（a）所示。

如图 1.43（b）所示，被测圆的圆心必须位于直径为公差值 0.1 的圆内，该圆的圆心位于相对基准 A 和 B 的理论正确尺寸所确定的点的理想位置上。

（2）点位置度的公差值前加注 $S\phi$。公差带是直径为公差值 t 的球内的区域。球公差带中心点的位置由相对于基准 A,B,C 的理论正确尺寸确定。图 1.44（a）所示。

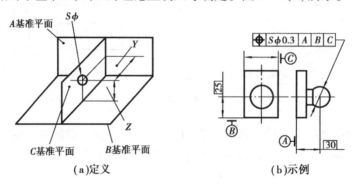

（a）定义　　　　　　　　　　（b）示例

图 1.44　点位置度的公差值前加注 $S\phi$

如图 1.44（b）所示，被测球的球心必须位于直径为公差值 0.3 的球内，该球的球心位于相对基准 A,B,C 的理论正确尺寸所确定的点的理想位置上。

（3）线的位置度。公差带是距离为公差值 t 且以线的理想位置为中心线对称配置的两平行直线之间的区域。中心线的位置由相对于基准 A 的理论正确尺寸确定，此位置度公差仅给定一个方向。如图 1.45（a）所示。

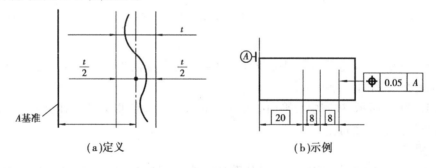

（a）定义　　　　　　　　　　（b）示例

图 1.45　线的位置度

如图 1.45（b）所示，每根线的中心线必须位于距离为公差值 0.05 且相对于基准 A 的理论正确尺寸所确定的理想位置对称的两平行直线之间。

（4）两个方向的位置度。公差带是两对相互垂直的距离为 t_1 和 t_2，且以轴线理想位置为中心对称配置的两平行平面之间的区域，轴线的理想位置由相对于三基面体系的理论正确尺寸确定，此位置度公差相对于基准给定相互垂直的两个方向。如图 1.46（a）所示。

图 1.46（b）所示，各个被测孔的轴线必须分别位于两对相互垂直的距离为公差值 0.05 和 0.2，由相对于 C,A,B 基准平面的理论正确尺寸所确定的理想位置对称配置的两平行平面之间。

（5）线任意方向的位置度（线位置度的公差值前加注 ϕ）。公差带是直径为公差值 t 的圆柱面内的区域。公差带轴线的位置由相对于三基面体系的理论正确尺寸确定。如图 1.47（a）所示。

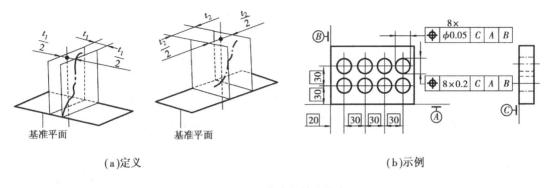

图 1.46　两个方向的位置度

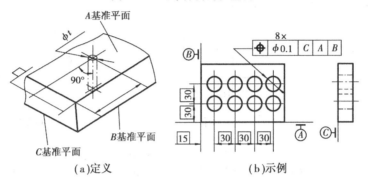

图 1.47　线任意方向的位置度

图 1.47(b)所示,被测轴线必须位于直径为公差值 0.1 且以相对于 C,A,B 基准表面的理论正确尺寸所确定的理想位置为轴线的圆柱面内。

(6)平面或中心平面的位置度。公差带是距离为公差值 T,且以面的理想位置为中心对称配置的两平行平面之间的区域。面的理想位置由相对于三基面体系的理论正确尺寸确定的。如图 1.48(a)所示。

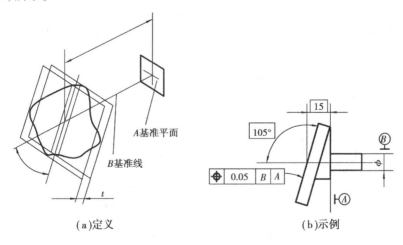

图 1.48　平面或中心平面的位置度

图 1.47(b)所示,被测表面必须位于距离为公差值 0.05,由以相对于基准轴线和基准平

面 A 的理论正确尺寸所确定的理想位置对称配置的两个平行面之间。

13. 圆跳动

圆跳动是被测要素某一固定参考点围绕基准线旋转一周时(零件和测量仪器间无轴向位移)允许的最大变量 t,圆跳动公差适用于每一个不同的测量位置。它分为以下几种情况:

(1)径向圆跳动。检测方向垂直于基准轴线。公差带是垂直于基准轴线的任意一测量平面内,半径差为公差值 t,且圆心在基准轴线上的两个同心圆之间的区域,如图1.49(a)所示。

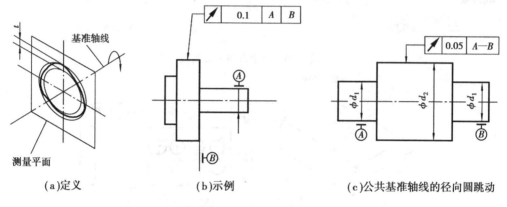

(a)定义　　　　　(b)示例　　　　　(c)公共基准轴线的径向圆跳动

图1.49　径向圆跳动

图1.49(b)所示,当被测要素围绕基准轴线 A 并同时受基准平面 B 的约束旋转一周时,在任一测量平面内的径向圆跳动量均不得大于0.1。

图1.49(c)所示,当被测要素围绕公共基准轴线 A—B 旋转一周时,在任意测量平面内的径向圆跳动量均不得大于0.05。

提示:

• 圆跳动可能包括圆度、同轴度、垂直度或平面度误差。这些误差的总值不能超过给定的圆跳动公差。

• 跳动通常是围绕轴线旋转一整周,也可以对部分圆周进行控制。如图1.50所示,被测要素绕基准轴线 A 旋转一个给定的部分圆周时,在任一测量平面内的径向圆跳动量均不得大于0.2。

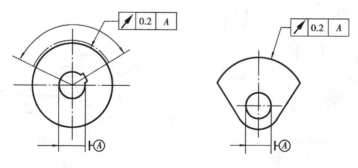

图1.50　部分圆周的圆跳动

(2)端面圆跳动。检测方向平行于基准轴线,公差带是在与基准同轴的任意一半径位置的测量圆柱面上距离为 t 的两周之间的区域。如图1.51(a)所示。

图 1.51(b)所示,当被测要素围绕公共基准轴线 *A—B* 旋转一周时,在任意测量平面内的端面圆跳动量均不得大于 0.05。

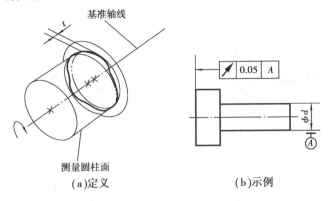

(a)定义　　　　　　　(b)示例

图 1.51　端面圆跳动

(3)斜向圆跳动。检测方向既不平行也不垂直于基准轴线,但一般应为被测表面的法线方向。公差带是在与基准轴线同轴的,任意一测量圆锥面上,沿母线方向,宽度为 *t* 的圆锥面区域。它分为三种情况:

①圆锥面上的斜向圆跳动。公差带是在与基准同轴的任意一测量圆锥面上距离为 *t* 的两圆之间的区域。除另有规定,其测量方向应与被测面垂直。如图 1.52(a)所示。

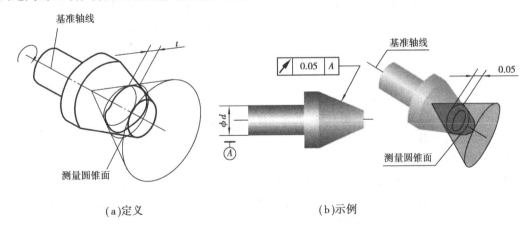

(a)定义　　　　　　　　　　　　(b)示例

图 1.52　圆锥面上的斜向圆跳动

如图 1.52(b)所示,被测面绕基准轴线 *C* 旋转一周时,在任意一测量圆锥面上的跳动量均不得大于 0.05。

②曲面上的斜向圆跳动。公差带是在与基准同轴的任意一测量圆锥面上距离为 *t* 的两圆之间的区域。除另有规定外,其测量方向应与被测面垂直。如图 1.53(a)所示。

如图 1.53(b)所示,被测面绕基准轴线 *C* 旋转一周时,在任意一测量圆锥面上的跳动量均不得大于 0.1。

③给定角度的斜向圆跳动。公差带是在与基准同轴的任意一给定角度的测量圆锥面上,距离为公差值 *t* 的两圆之间的区域。如图 1.54(a)所示。

如图 1.54(b)所示,被测面绕基准轴线 *A* 旋转一周时,在给定角度 60°的任意一测量圆锥

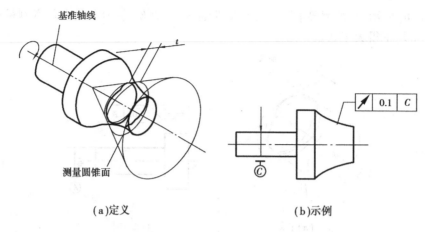

（a)定义　　　　　　　　　　　　（b)示例

图 1.53　曲面上的径向圆跳动

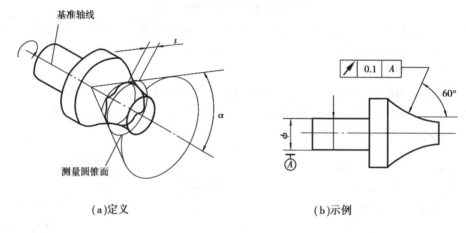

（a)定义　　　　　　　　　　　　（b)示例

图 1.54　给定角度的斜向圆跳动

面上的跳动量均不得大于 0.1。

14. 全跳动

关联实际要素绕基准连续回转时,可允许的最大跳动量(最大与最小尺寸之差)为全跳动公差。跳动量是指示器(常用百分表)在绕着基准轴线连续回转时,被测表面上测得的值(最大与最小尺寸之差)。它分为两种类型:

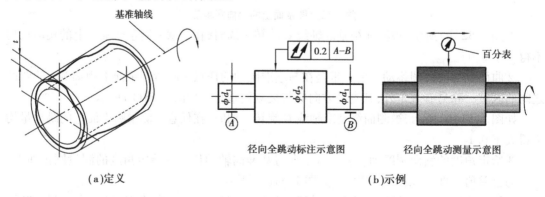

径向全跳动标注示意图　　　　　　径向全跳动测量示意图

（a)定义　　　　　　　　　　　　（b)示例

图 1.55　径向全跳动示意图

（1）径向全跳动公差。公差带是半径差为公差值 t 且与基准同轴的两圆柱面之间的区域，如图 1.55（a）所示。

如图 1.55（b）所示，基准要素是左右端 ϕd_1 的公共轴线，被测要素是 ϕd_2 的侧面，零件 ϕd_2 的侧面对 ϕd_1 的公共轴线的径向全跳动是 0.05 mm。其含义是：零件不仅绕 ϕd_1 的公共轴线连续回转，而且百分表要沿轴向运动，这时，百分表读数值的变动量不能超过 0.05 mm。否则，该零件就不合格。

（2）端面全跳动公差。公差带是距离为公差值 t 且与基准垂直的两平行面之间的区域。如图 1.56（a）所示。

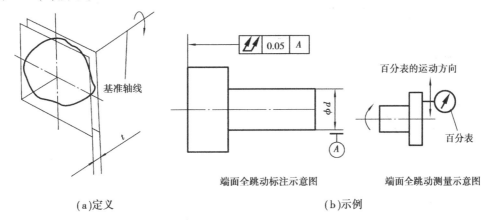

（a）定义

端面全跳动标注示意图   端面全跳动测量示意图

（b）示例

图 1.56　端面全跳动示意图

如图 1.56（b）所示，基准要素是 ϕd 的轴线，被测要素是左端面，零件左端面对 ϕd 的轴线的全跳动公差为 0.05 mm。其含义是：零件不仅绕基准连续回转，而且百分表在端面沿图示的方向运动，这时，百分表读数值的变动量不能超过 0.05 mm。否则，该零件就不合格。

三、形位未注公差值的规定

为了简化制图，对一般机床加工就能保证的形位精度，不必在图样上标注出形位公差。

复习思考题

1. 表面粗糙度对零件的性能有什么影响？
2. 形状公差的项目名称有哪些？各采用什么符号表示？
3. 位置公差的项目名称有哪些？各采用什么符号表示？
4. 完成表 1.4。

表 1.4

项　目		$\phi35H8/f7$	$\phi45H9/d9$	$\phi110G7/h6$	$\phi90H9/h9$
孔	上偏差				
	下偏差				
	公　差				
	基本尺寸				
	最大极限尺寸				
	最小极限尺寸				
	基本偏差				
	基本偏差代号				
	公差等级				
	公差代号				
轴	上偏差				
	下偏差				
	公　差				
	基本尺寸				
	最大极限尺寸				
	最小极限尺寸				
	基本偏差				
	基本偏差代号				
	公差等级				
	公差代号				
配合标准					
配合类型					

5. 根据图 1.57 所示,完成表 1.5、表 1.6。

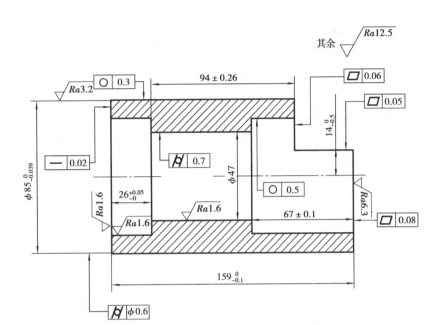

图 1.57

表 1.5

项　目	被测要素	公差项目	公差值
○ 0.3			
▱ 0.08			
⌀ ⌀0.6			
▱ 0.06			
▱ 0.08			
⌀ 0.7			
○ 0.5			
▱ 0.05			
— 0.02			

表 1.6

位　置	粗糙度值
最右端	
最左端	
⌀47 的侧面	
⌀85 的侧面	
94 的右端	

6. 根据图1.58所示,完成表1.7。

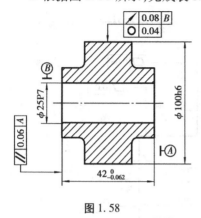

图 1.58

表 1.7

项　　目	被测要素	标准要素	公差项目	公差值
⟋ 0.08 B				
◎ 0.04				
⫽ 0.06 A				

7. 根据图1.59所示,回答:

(1) ◎ φ0.04 B 的含义是什么?

(2) 左端面的粗糙度是多少?

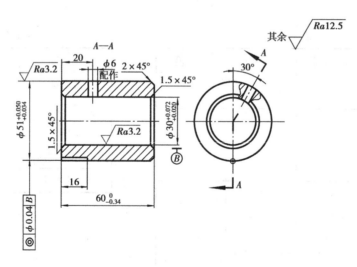

图 1.59

项目二　测量技术基础

项目内容　1. 测量的常用术语及基本的测量原则。

2. 测量误差的常用术语。

3. 选择测量器具的一般原则。

项目目的　1. 理解测量常用的术语及基本的测量原则。

2. 理解测量误差的常用术语。

3. 掌握选择测量器具的一般原则。

项目实施过程

任务一　测量的常用术语及基本的测量原则

一、测量的理解

1. 测量概念

将一个被测的量和一个作为测量单位的标准量进行比较求出比值,并确定被测的量是测量单位的若干倍或几分之几的实验过程。如用三角板,测量课本的厚度是多少毫米,就是测量。

2. 测量要素

测量的要素有 4 个:测量对象、测量单位、测量方法、测量精度。

3. 测量的基本要求

测量的基本要求有 4 个方面:保证测量精度、效率要高、成本要低、避免废品产生。

二、测量器具

测量器具是可以单独或与辅助设备一起,用来确定被测对象量值的器具或装置。按其测量原理与结构特点,测量器具可分为量具、测量仪器和测量装置等 3 大类。

1. 量具

是一种具有固定形态、用以复现或提供一个或多个已知量值的器具。按用途的不同,量具可分为以下几类:

(1)单值量具。只能体现一个单一量值的量具。可来校对和调整其他测量器具,或作为标准量与被测量直接进行比较。如量块、角度量块等。

(2)多值量具。可体现一组同类量值的量具。同样能校对和调整其他测量器具,或作为标准量与被测量直接进行比较。如线纹尺、90 度角尺等。

(3)专用量具。专门用来检验某种特定参数的量具。常见的有:检验光滑圆柱孔或轴的

33

光滑极限量规,判断内螺纹或外螺纹合格性的螺纹量规,判断复杂形状的表面轮廓合格性的检验样板,用模拟装配通过性,来检验装配精度的功能量规等。

(4)通用量具。我国习惯上将结构比较简单的测量仪器称为通用量具。如游标卡尺、外径千分尺、百分表等。

2. 测量仪器

能将被测量转换成可直接观察的示值或等效信息的测量器具。如立式光学比较仪、卧式测长仪、万能工具显微镜等。

3. 测量装置

为确定被测量值所必需的一台或若干台测量仪器(或量具),连同有关的辅助设备所构成的系统。如国家长度基准复现装置、产品自动分检装置等。

三、计量器具的度量指标

度量指标是选择、使用和研究计量器具的依据。计量器具的基本度量指标如下:

1. 分度间距(刻度间距)

分度间距是计量器具的刻度标尺或度盘上两相邻刻线中心之间的距离,一般 1~2.5 mm。

2. 分度值(刻度值)

分度值是指计量器具的刻度尺或度盘上相邻两刻线所代表的量值之差。

例如,千分尺的微分套筒上相邻两刻线所代表的量值之差为 0.01 mm,即分度值为 0.01 mm。三角板的分度值是 1 mm。

一般说,分度值越小,计量器具的精度越高。

3. 示值范围

示值范围指计量器具所显示的或指示的最小值到最大值的范围。

4. 测量范围

测量范围指在允许的误差内,计量器具所能测出的最小值到最大值的范围。

例如,200 mm 的钢直尺,其测量范围就是 200 mm。

5. 示值误差

示值误差指计量器具上的示值与被测量真值的代数差。

6. 灵敏度

灵敏度指计量器具对被测量变化的反应能力。若被测量变化为 x,所引起的计量器具相应变化为 l,则灵敏度 $s = l/x$。

四、测量方法

测量方法是指测量时所采用的测量原理、测量器具和测量条件的总和。测量方法的分类方法很多,本书只就获得测量结果的方式,来讨论测量方法的类型。

1. 按所测得的量(参数)是否为欲测量来分类

(1)直接测量。从测量器具的读数装置上,得到被测量的数值,或得到被测量对标准值的偏差。例如,用游标卡尺、外径千分尺测量外圆直径,可直接获得其直径是多少;用比较仪测量长度尺寸,可直接获得其直径的偏差等。如图 2.1 所示。

（2）间接测量。先测出与被测量有一定函数关系的相关量,然后按相应的函数关系式,求得被测量的测量结果。例如,用"弦高法"测量大尺寸圆柱体的直径时,是测量其弦长 S 与弦高 H,通过计算获得其直径 D 的实际值,而不是直接测量其直径 D。

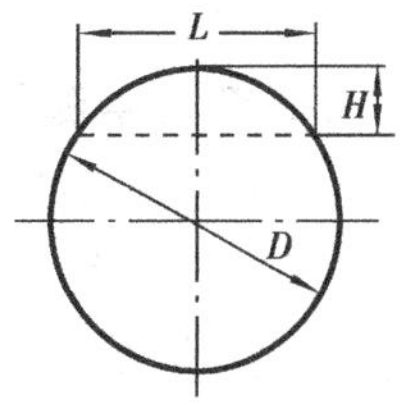

图 2.1　直接测量

2. 按测量结果的读数值不同分类

（1）绝对测量。从测量器具上直接得到被测参数的整个量值的测量。例如,用游标卡尺测量零件轴径值可直接得到其直径的值。

（2）相对测量。将被测量和与其量值只有微小差别的同一种已知量(一般为测量标准量)相比较,得到被测量与已知量的相对偏差。例如,用百分表测量零件的高度时,先根据零件的高度组合量块,用组合的量块调整百分表的零位,再用百分表测量零件的高度,百分表的读数实际上是量块与零件高度之差,这也是相对测量(其具体方法见本章第三节的量块)。

相对测量时,对仪器示值范围的要求比较小,因而能提高仪器的测量精度。

3. 按被测件表面与测量器具测头是否有机械接触分类

（1）接触测量。测量器具的测头与零件被测表面接触后,有机械作用力的测量。如用外径千分尺、游标卡尺测量零件等。为了保证接触的可靠性,测量力是必要的,但它可能使测量器具及被测件发生变形而产生测量误差,还可能造成对零件被测表面质量的损坏。因此,接触测量的测量力要适当,一般用量具的微调装置调整测量力的大小。

（2）非接触测量。测量器具的感应元件与被测零件表面不直接接触,因而不存在机械作用的测量力,属于非接触测量的仪器,主要是利用光、气、电、磁等作为感应元件与被测件表面联系。如干涉显微镜、磁力测厚仪、气动量仪等。

4. 按测量在工艺过程中所起的作用分类

（1）主动测量。在加工过程中进行的测量。其测量结果直接用来控制零件的加工过程,决定是否继续加工或判断工艺过程是否正常、是否需要进行调整,故能及时防止废品的发生,所以又称为积极测量。如粗加工后,对零件进行测量,根据测量结果调整精加工余量。

（2）被动测量。加工完成后进行的测量。其结果仅用于发现并剔除废品,所以被动测量又称消极测量。检验工的测量实际上是被动测量。

5. 按零件上同时被测参数的多少分类

（1）单项测量。单独地、彼此没有联系地测量零件的单项参数。例如,分别测量齿轮的齿厚、齿形、齿距等,来判断齿轮的合格性。这种方法一般用于量规的检定、工序间的测量,或为了工艺分析、调整机床等目的。

（2）综合测量。检测零件几个相关参数的综合效应或综合参数,从而综合判断零件的合格性。例如,齿轮运动误差的综合测量、用螺纹量规检验螺纹的中径等。综合测量一般用于终结检验,其测量效率高,能有效保证互换性,在大批量生产中应用广泛。

6. 按被测工件在测量时所处状态分类

（1）静态测量。测量时,被测件表面与测量器具测头处于静止状态。例如用外径千分尺测量轴径、用齿距仪测量齿轮齿距等。

（2）动态测量。测量时,被测零件表面与测量器具测头处于相对运动状态,或测量过程是模拟零件在工作或加工时的运动状态,它能反映生产过程中被测参数的变化过程。例如用百分表测量全跳动;用激光比长仪测量精密线纹尺;用电动轮廓仪测量表面粗糙度等。

7. 按测量中测量因素是否变化分类

(1)等精度测量。在测量过程中,决定测量精度的全部因素或条件不变。例如,由同一个人,用同一台仪器,在同样的环境中,以同样方法,同样仔细地测量同一个量。在一般情况下,为了简化测量结果的处理,大都采用等精度测量。实际上,绝对的等精度测量是做不到的。

(2)不等精度测量。在测量过程中,决定测量精度的全部因素或条件,可能完全改变或部分改变。由于不等精度测量的数据处理比较麻烦,因此一般用于重要的科研实验中的高精度测量。

以上测量方法的分类是从不同角度考虑的。对于一个具体的测量过程,可能兼有几种测量方法的特征。例如,在内圆磨床上用两点式测头,在加工零件过程中进行的检测,属于主动测量、动态测量、直接测量、接触测量和相对测量等。测量方法的选择应考虑零件结构特点、精度要求、生产批量、技术条件及经济效果等。

五、检测中应遵循的重要原则

为了获得正确可靠的测量结果,在测量过程中,要注意应用并遵守有关测量原则,其中比较重要的原则有阿贝原则、基准统一原则、最短测量链原则、最小变形原则和封闭原则。

1. 阿贝原则

要求在测量过程中,被测长度与基准长度,应安置在同一直线上的原则。

如图2.2所示,用游标卡尺测量零件的直径时,若被测长度(零件的直径)与基准长度(刻度值所在的长度)并排放置,没有在同一直线上,就没有遵守阿贝原则。由于不符合阿贝原则,在测量过程中,因制造误差的存在,移动方向的偏移,两长度之间出现夹角而产生较大的误差。

如图2.3所示,用千分尺测量零件的直径时,若被测长度(零件的直径)与基准长度(刻度值所在的长度)在同一直线上,就符合阿贝原则。

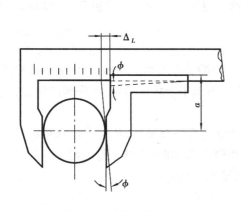

图2.2　用游标卡尺测量零件,不符合阿贝原则　　图2.3　用千分尺测量零件,符合阿贝原则

2. 基准统一原则

测量基准要与加工基准和使用基准统一。即工序测量应以工艺基准作为测量基准;终结测量应以设计基准作为测量基准。

3. 最短测量链原则

由测量信号从输入到输出量值通过的各个环节所构成的测量链,其环节越多,测量误差越大。因此,应尽可能减少测量链的环节数,以保证测量精度。间接测量比直接测量组成的环节要多、测量链要长、测量误差要大。因此,只有在不可能采用直接测量或直接测量的精度不能保证时,才采用间接测量。

以最少数目的量块组成所需尺寸的量块组,就是最短测量链原则的一种实际应用。

4. 最小变形原则

测量器具与被测零件都会因实际温度偏离标准温度和受力(重力和测量力)而发生变形,形成测量误差。

六、长度测量常用单位

测量就必须有单位,在我国的法定计量单位中,长度的单位是米,机械制造中常用的计量单位是毫米。目前,我国常用的长度单位名称和代号见表 2.1。

表 2.1　长度计量单位

单位名称	米	分米	厘米	毫米	忽米	微米	备　注
符号	m	dm	cm	mm	cmm	μm	1. 1 m = 10 dm = 100 cm = 1 000 mm。 2. 1 mm = 100 cmm = 1 000 μm。 3. 忽米不是法定计量单位,在工厂常用,常称为丝。

在生产实践中,还会遇到英制尺寸。在机械制造中,英制尺寸以英寸(in)为主要计量单位,1 in = 25.4 mm。

任务二　测量误差

一、测量误差的概念

测量误差是指测量值与真值之差。测量误差表示测量精度的高低,可用绝对误差或相对误差来表示测量精度的高低。

1. 绝对误差

绝对误差 = 测量值 - 真值。只有在被测尺寸相同的情况下,用绝对误差的大小,才可以表示测量精确度的高低。

测得值可能大于或小于真值,故测量误差可能是正值也可能是负值。

绝对误差越大,测量精度就越低;绝对误差越小,测量精度就越高。

2. 相对误差

相对误差 = 绝对误差/测量值。故相对误差比绝对误差更精确。

相对误差越大,测量精度就越低;相对误差越小,测量精度就越高。

3. 产生测量误差的原因

产生测量误差的主要原因有:测量器具的误差、标准件误差、方法误差、人员误差、环境误差。

4. 测量误差的类型

测量误差按其性质,可分为:

随机误差(又叫偶然误差)、系统误差、粗大误差。

二、随机误差

1. 随机误差(偶然误差)的含义

在同一条件下,对同一被测值,进行多次重复测量时,绝对值和符号,以不可预定方式变化的误差。

2. 随机误差的评定指标

随机误差的评定指标有:

(1)算术平均值。同一量值多次测量,各量值之和除以其测量次数,就得算术平均值 X。算术平均值最接近真值,其测量次数越多,越接近真值,测量结果越准确。

(2)均方根误差 σ。

(3)测量列算术平均值的标准偏差。

(2)、(3)比较复杂,主要作为现场检测,因而一般不用。读者朋友如果有兴趣,可参阅有关测量书籍,本书将不作具体讲述。

3. 一般测量结果

实际测量时,多测几个值,取其算术平均值为测量结果。

三、系统误差

多次测量同一量值时,误差的绝对值和符号保持不变,或按一定的规律变化的误差,称系统误差。

系统误差分为定值系统误差和变值系统误差。

四、粗大误差

超出规定条件下预期的误差。其特点是:数值大,对测量结果有明显的歪曲,应予以剔除。

五、等精度直接测量的数据处理简述

等精度测量是指采用相同的测量基准、测量工具与测量方法,在相同的测量环境下,由同一个测量者进行的测量。在这种条件下获得的一组数据,每个测量值都具有相同的精度。等精度测量的数据通常按以下步骤处理:

(1)检查测量列中有无显著的系统误差存在,如为已定系统误差或能掌握确定规律的系统误差,应查明原因,在测量前加以减小与清除,或在测量值中加以修正。测量前,应检查计量器具的完好性。

(2)计算测量列的算术平均值、残余误差和标准偏差。

(3)判断粗大误差,若存在,则应将其剔除后重新计算新测量列的算术平均值、残余误差和标准偏差。

（4）计算测量列算术平均值的标准偏差值。

（5）估算总的测量不确定度。

（6）写出测量结果的表达式。

对于现场的测量，没有如此复杂，但是，测量时必须按检测规范所规定的测量基准、测量工具与测量方法，在相同的测量环境下，由同一个测量者进行的测量。否则，可能会引起测量纠纷。

六、测量结果的报告

测量工作完成后，要进行测量结果的报告。在日常生产中，为了检验产品质量而进行的测量，测量结果一般"实测实报"即可。例如，磨削加工一根 $\phi 40^{+0.02}_{-0.03}$ mm 的轴，用测量范围为 25 ~ 50 mm 的千分尺，测量得 40.01 mm，报出数据为 40.01 mm 即可。

如果是为了新产品开发、对切削加工的工艺进行分析、验收新购进的高精度的加工设备、制订新的工艺与标准等目的而进行的测量，必须对测量结果所获得的数据的不确定度进行分析，提出详细说明一并报出，使用户（委托测量者）拿到这个数据后非常明确它的可靠程度。

测量报告除标明测量结果及其精度外，一般还应包含被测量件名称、图号、送检数量、送检单位、测量器具、测量结果、测量结论、测量者、复核者、测量日期等方面的内容，并做好备份，以便复查。

任务三　测量器具的选择

一、测量器具选择时应考虑的因素

普通测量时，测量器具的选择应综合考虑以下几方面的因素。

1. 测量精度

所选的测量器具的精度指标，必须满足被测对象的精度要求，才能保证测量的准确度。被测对象的精度要求主要由其公差的大小来体现。公差值越大，对测量的精度要求就越低；公差越小，对测量的精度要求就越低。

一般情况下，所选测量器具的测量不确定度（可查有关表，直接得到）只能占被测零件尺寸公差的 1/10 ~ 1/3，精度低时，取 1/10，精度高时，取 1/3。

2. 测量成本

在保证测量准确度的前提下，应考虑测量器具的价格、使用寿命、检定修理时间、对操作人员技术熟练程度的要求等，选用价格较低、操作方便、维护保养容易、操作培训费用少的测量器具，尽量降低测量成本。

3. 被测件的结构特点及检测数量

所选测量器具的测量范围必须大于被测尺寸。对硬度低、材质软、刚性差的零件，一般选取用非接触测量，如用光学投影放大、气动、光电等原理的测量器具，进行测量。当测量件数较多（大批量）时，应选用专用测量器具或自动检验装置；对于单件或少量的测量，可选用通用测量器具。

二、普通测量器具的选择

普通测量器具包括游标尺、千分尺、指示表等通用量具和分度值不小于 0.000 5 mm、放大倍数不大于 2 000 倍的比较仪等。普通测量器具广泛用于检验光滑工件尺寸。

1. 检验条件要求

工件尺寸合格与否,按一次测量结果来判断。

普通测量器具一般用来测量尺寸。

对偏离测量的标准条件所引起的误差,如温度误差,以及测量器具和标准器不显著的系统误差等,一般不进行修正。

2. 测量器具的选择

测量器具可根据测量器具不确定度允许值来选择。

计量器具的不确定度允许值可查有关表。在现场没有表可查,可用计量器具的分度值视为量具的测量不确定度允许值,当然,计量器具的分度值比其不确定度允许值大得多。

复习思考题

1. 举例说明测量的概念。

2. 测量的基本要求是什么?

3. 举例说明分度间距、分度值、示值范围、测量范围的含义。

4. 举例说明绝对测量、相对测量的含义。

5. 举例说明接触测量、非接触测量的含义。

6. 举例说明阿贝原则、基准统一原则、最短测量链原则、最小变形原则的内容。

7. 如何选择测量器具?

项目三　金属切削通用量具及测量方法

项目内容　1. 金属切削加工现场常用的量具:钢直尺、游标卡尺、高度游标卡尺、外径千分尺、内径千分尺、公法线千分尺、螺纹千分尺、刀口尺、塞尺、直角尺、百分表、万能角度尺、量块、塞规和卡规、壁厚千分尺、杠杆千分尺、深度千分尺、框式水平仪和钳工水平仪等。

2. 表面粗糙度现场常用的检测方法。

3. 形位公差现场常用的检测方法。

项目目的　1. 熟悉钢直尺、游标卡尺、高度游标卡尺、外径千分尺、内径千分尺、公法线千分尺、螺纹千分尺、刀口尺、塞尺、直角尺、百分表、万能角度尺、量块、塞规和卡规等。

2. 认识壁厚千分尺、杠杆千分尺、深度千分尺、框式水平仪和钳工水平仪等。

3. 掌握现场常用的表面粗糙度、形位公差的检测方法。

项目实施过程

任务一　量具概述

量具用来测量零件尺寸、零件形状、零件安装位置的工具。量具是保证零件加工精度和产品质量的重要因素。根据其用途和特点,量具可分为 3 种类型。

一、标准量具

如量块、角度量块等就是量块的一种规格,如图 3.1(a)所示。这类量具制成某一固定尺寸,其主要用途有:校对和调整其他量具,如用量块校对游标卡尺、千分尺等;作为标准与被测量进行比较,进行尺寸的测量(多数情况要与其他量具配合使用)。

二、专用量具

如塞规、卡规等就是专用量具的一种形式,如图 3.1(b)所示。这类量具用于大批量产品的检测,它只能判断零件的合格与否,不能测出具体的数据。

三、万能量具

如游标卡尺、千分尺、百分表等(游标卡尺、千分尺、百分表,在工厂常称三大件)。如图 3.1(c)所示。这类量具可直接测出零件尺寸及形状的具体数值,在金属切削加工现场常使用这些量具,进行测量。

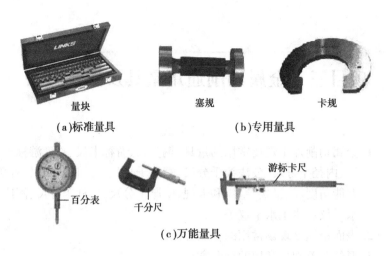

（a）标准量具　　　　　　　　　　（b）专用量具

（c）万能量具

图 3.1　量具类型

四、金属切削加工现场常用的量具

金属切削加工现场常用的量具有：钢直尺、游标卡尺、高度游标卡尺、外径千分尺、内径千分尺、公法线千分尺、螺纹千分尺、壁厚千分尺、杠杆千分尺、深度千分尺、刀口尺、塞尺、直角尺、百分表、万能角度尺、量块、框式水平仪和钳工水平仪、塞规和卡规等，下面具体讲述。

任务二　熟悉钢直尺

一、钢直尺的规格

钢直尺是一种简单的量具，如图 3.2 所示。尺面上刻有公制或英制两种，公制钢直尺的分度值是 1 mm，常用规格有 150 mm，200 mm，300 mm，500 mm 等多种。

图 3.2　钢直尺

二、钢直尺的用途

它主要用来测量长度尺寸，也可以用作划直线时的导向工具，如图 3.3 所示。

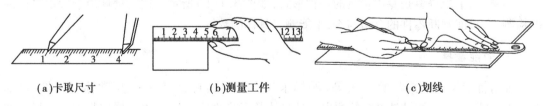

（a）卡取尺寸　　　　　（b）测量工件　　　　　（c）划线

图 3.3　钢直尺的用途

钢直尺使用时必须经常保持良好状态，尺身不能弯曲，尺端尺边不能损伤，且相互垂直。

任务三 熟悉游标类量具

游标类量具是一种中等精度的量具,是利用主尺与游标相互配合进行测量和读数的量具。其结构简单,操作方便,维护保养容易,在金属切削加工中用得较广。常用的游标类量具有游标卡尺、游标高度尺、游标深度尺、齿厚游标卡尺、万能角度尺等。

一、游标卡尺

1.游标卡尺的结构

游标卡尺的外形结构种类较多,如图 3.4(a)所示是常用的带有深度尺的游标卡尺示意图。

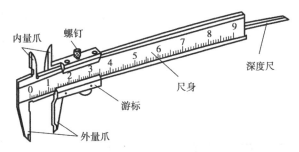

(a)游标卡尺示意图(分度值是0.05 mm)

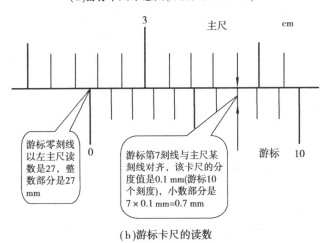

游标零刻线以左主尺读数是27,整数部分是27 mm

游标第7刻线与主尺某刻线对齐,该卡尺的分度值是0.1 mm(游标10个刻度),小数部分是7×0.1 mm=0.7 mm

(b)游标卡尺的读数

图 3.4 游标卡尺的结构和游标卡尺的读数方法

2.游标卡尺的类型

根据游标卡尺的分度值,游标卡尺有 3 种:

游标为 10 个刻度,其分度值是 0.1 mm 的游标卡尺。

游标为 20 个刻度,其分度值是 0.05 mm 的游标卡尺。

游标为 50 个刻度,其分度值是 0.02 mm 的游标卡尺。

3. 游标卡尺的读数方法

（1）整数部分：游标零刻线左边主尺上的读数。

（2）小数部分：游标尺上第几条刻度线与主尺上的某刻线对齐，这"第几条刻度线"的"几"换成数字乘以游标卡尺的分度值。

（3）结果：结果 = 整数部分 + 小数部分。

（4）例题：分度值为 0.1 mm 的游标卡尺，测量某一工件，其读数形式如图 3.4（b）所示。则其结果 =（27 + 0.7）mm = 27.7 mm。

4. 游标尺与主尺没有刚好对齐的刻线的读数方法

如果游标尺与主尺没有刚好对齐的刻线，则选游标尺与主尺上某刻线最接近的那条刻线（指游标尺的刻线）是多少，小数部分仍是"多少"的数值乘以游标卡尺的分度值。

如图 3.5 所示。在图 3.5（a）中，游标零刻线的左边，主尺的读数 52 mm，游标第 6 刻线与主尺某刻线最接近，小数部分是 6 × 0.1 mm = 0.6 mm，则其读数是（52 + 0.6）mm = 52.6 mm。

在图 3.5（b）中，游标为 20 分度，则其分度值是 0.05 mm。游标零刻线的左边，主尺的读数 15 mm，游标第 7 刻线与主尺某刻线最接近，小数部分是 7 × 0.05 = 0.35 mm，则其读数是（15 + 0.35）mm = 15.35 mm。

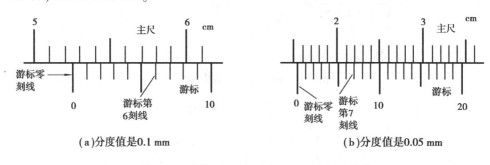

（a）分度值是0.1 mm　　　　　　　　　（b）分度值是0.05 mm

图 3.5　游标卡尺的游标与主尺没有刚好对齐刻线的读数方法

5. 游标卡尺的读数示例

（1）分度值为 0.05 mm 的游标卡尺读数示例。如图 3.6 所示（有黑色三角形符号处的游标刻线为对齐的刻线）。

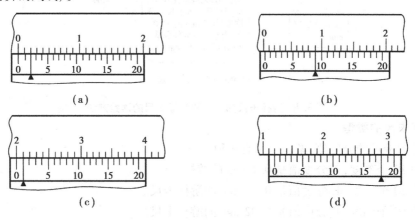

（a）　　　　　　　　　　　　　　　（b）

（c）　　　　　　　　　　　　　　　（d）

图 3.6　分度值为 0.05 mm 的游标卡尺读数示例

①图 3.6(a)的读数是 0.1 mm($0 + 0.05 \times 2 = 0.1$)。

②图 3.6(b)的读数是 0.45 mm($0 + 0.05 \times 9 = 0.45$)。

③图 3.6(c)的读数是 20.05 mm($20 + 0.05 \times 1 = 20.05$)。

④图 3.6(d)的读数是 10.9 mm($10 + 0.05 \times 18 = 10.9$)。

(2)分度值为 0.02 mm 的游标卡尺读数示例。如图 3.7 所示(有黑色三角形符号处的游标刻线为对齐的刻线)。

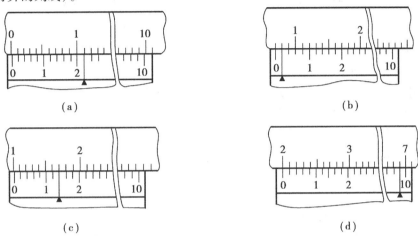

(a)

(b)

(c)

(d)

图 3.7　分度值为 0.02 mm 的游标卡尺读数

①图 3.7(a)的读数是 0.22 mm($0 + 0.02 \times 11 = 0.22$)。

②图 3.7(b)的读数是 7.02 mm($7 + 0.02 \times 1 = 7.02$)。

③图 3.7(c)的读数是 10.14 mm($10 + 0.02 \times 7 = 10.14$)。

④图 3.7(d)的读数是 19.98 mm($19 + 0.02 \times 49 = 19.98$)。

6. 游标卡尺的测量步骤

(1)清洁。擦净工件的测量面和游标卡尺两测量面,不要划伤游标卡尺的测量面。

(2)选用合适的游标卡尺。根据被测尺寸的大小,选用合适规格的游标卡尺。

(3)对零。测量工件前,将游标卡尺的两测量面合拢,游标卡尺的游标零刻线与主尺零刻线应对正,否则,应送有关部门修理。如图 3.8 所示。

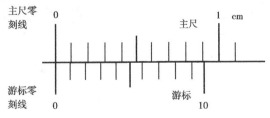

图 3.8　游标卡尺对零

(4)测量。调整游标卡尺两测量面的距离,大于被测尺寸。右手握游标卡尺,移动游标尺,当游标卡尺的量爪测量面与工件被测量面将要接触时,慢慢移动游标尺,或用微调装置,直至接触工件被测量面,切忌量爪测量面与工件发生碰撞。多测几次,取它们的平均数作为测量的最后值,如图 3.9 所示。

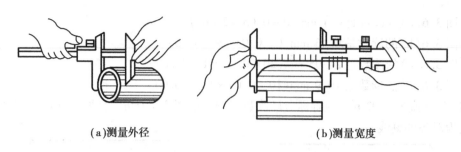

(a)测量外径　　　　　　　　　(b)测量宽度

图3.9　游标卡尺测量外径和宽度示意图

7. 游标卡尺维护保养

(1)按游标卡尺操作规程使用。

(2)禁止把游标卡尺当扳手、划线工具、卡钳、卡规使用。

(3)不能使用游标卡尺测毛坯件。

(4)游标卡尺损坏后,应送有关部门修理,并经检验合格后才能使用。

(5)不能在游标卡尺尺身处作记号或打钢印。

(6)游标卡尺不要放在磁场附近。

(7)游标卡尺及量具盒应平放。

8. 游标卡尺的用途及使用方法

游标卡尺可以测量外尺寸、内尺寸、深度等。其使用方法如图3.10所示。

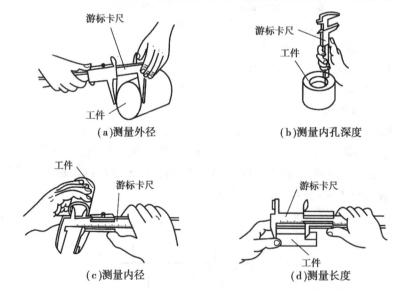

(a)测量外径　　　　　　　　　(b)测量内孔深度

(c)测量内径　　　　　　　　　(d)测量长度

图3.10　游标卡尺的用途

二、游标高度尺(高度规)

游标高度尺如图3.11(a)所示。

游标高度尺主要用于测量工件的高度和划线用,但一般限于半成品的测量,其读数原理与游标卡尺相同。下面讲一下其划线功能,如图3.11(b)所示。

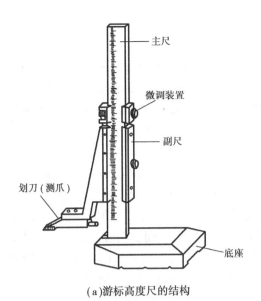

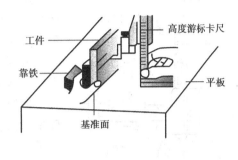

(a)游标高度尺的结构　　　　　　　　(b)游标高度尺的划线

图 3.11　高度游标卡尺及其用途

1. 调高度

划线前,根据工件的划线高度调好游标高度尺刻度、锁紧。

2. 划线

用高度游标卡尺划直线。注意:在划线时,应使划刀垂直于工件表面,一次划出。

三、游标深度尺

游标深度尺的构造如图 3.12 所示,它主要用来测量工件的沟槽、台阶、孔的深度尺寸等。其读数方法、注意事项与游标卡尺相同。

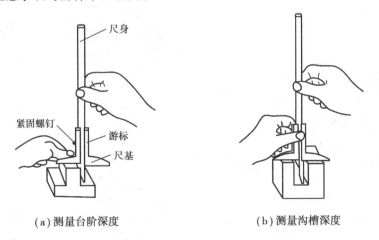

(a)测量台阶深度　　　　　　　　(b)测量沟槽深度

图 3.12　游标深度尺的构造及测量

四、齿厚游标卡尺

齿厚游标卡尺如图 3.13 所示,其结构好像是两把游标卡尺垂直组装而成,两把卡尺的游标刻度值都是 0.02 mm,用来测量齿轮或蜗杆的弦齿厚或弦齿高。这类游标卡尺有两种规格:

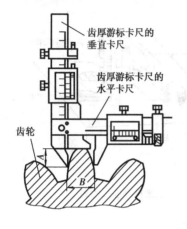

一种用来测量模数为 1～18 mm 的齿轮;另一种用来测量模数为 5～36 mm 的齿轮。其读数方法与游标卡尺相同,其测量方法如下:

齿厚游标卡尺的垂直卡尺是用来在齿顶圆上定位,水平卡尺则是用来测量该部位的弦齿厚。测量时,先确定固定弦到齿顶的高度 A,把垂直尺调到 A 处的高度,并用游标的紧固螺钉把它固定住,然后把它的端面靠在齿顶上。右手移动水平卡尺游标,当活动卡脚快接近被测齿的侧面时,拧紧辅助游标螺钉,慢慢转动微动螺母,使卡脚轻轻地与齿的侧面接触,这时从水平尺上读得的数,就是固定弦齿厚 B。

图 3.13　齿厚游标卡尺

由于齿厚游标卡尺的卡脚与齿轮侧面的接触面较窄,容易磨损,齿顶圆误差也比较大,这些都影响到测量精度,所以一般只用于测量精度要求不高的齿轮。

五、万能角度尺

万能角度尺的结构如图 3.14(a)所示。

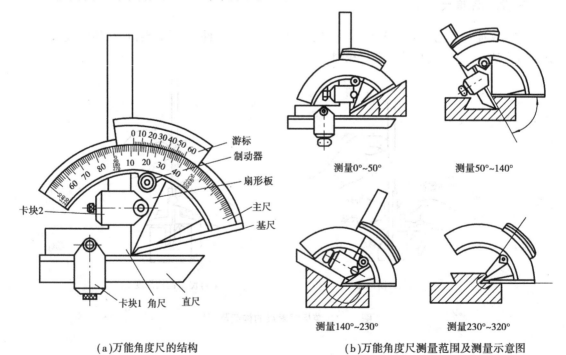

(a)万能角度尺的结构　　　　　(b)万能角度尺测量范围及测量示意图

图 3.14　万能角度尺的结构和万能角度尺测量范围及测量示意图

万能角度尺是用来测量工件内外角度的量具,常用的万能角度尺的游标刻度值是2分,其读数原理与游标卡尺相同,只是万能角度尺读出来的数是角度,从主尺(尺身)上读出整度数,从游标上读对齐的刻线,乘以分度值,两者相加就是被测工件的读数。改变直尺和直角尺的组合位置,可以测量0°~320°间大小的角度,其组合方式如图3.14(b)所示。其测量步骤是:

1. 清洁

测量前,将基尺、角尺、直尺、各工作面擦净。

2. 对零位

把基尺与直尺合拢,看游标0线与主尺0线是否对齐,零位对正后,才能进行测量。如果不能对正,应送有关部门修理。

3. 测量

根据被测角度的大小,调整万能角度尺的结构。

(1)被测角度在0°~50°,应装上角尺和直尺。

(2)被测角度在50°~140°,应装上直尺。

(3)被测角度在140°~230°,应装上角尺。

(4)被测角度在230°~320°,不装角尺和直尺。

使万能角度尺的两个测量面与工件被测面,在全长上保持良好的接触,拧紧制动器上螺母进行读数。

任务四　熟悉螺旋测微量具

螺旋测微量具是一种较为精密的量具,其分度值是0.01 mm,测量精度比游标卡尺高,而且比较灵敏,是利用螺旋副测微原理进行测量。根据其用途不同,螺旋测微量具可分为:外径千分尺、内径千分尺、壁厚千分尺、杠杆千分尺、公法线千分尺、深度千分尺、螺纹千分尺等;按测量范围来划分有:0~25 mm,25~50 mm,50~75 mm,75~100 mm,100~125 mm等,规格太大的螺旋测微量具,由于本身误差的原因,在测量精度方面有所欠缺。

一、外径千分尺(简称千分尺)

1. 千分尺的构造

千分尺的构造,如图3.15(a)所示。

2. 千分尺的读数方法

如图3.15(b)所示。主尺基准线以上为半刻度线,以下为主尺整刻度线,每格是1 mm;右边为微分筒刻度线,每格是0.01 mm。

测量读数 = 主尺读数 + 微分筒读数。

主尺读数 = 主尺整刻度 + 半刻度。

微分筒读数 = 微分筒对准基准线的格数(+估读位)乘以0.01。

(1)主尺整刻度。微分筒左边,最靠近微分筒的格数。

(2)半刻度。在主尺最靠近微分筒的整刻线与微分筒之间,如果出现半刻度,就加0.5 mm;如果不出现半刻度,就不加0.5 mm。

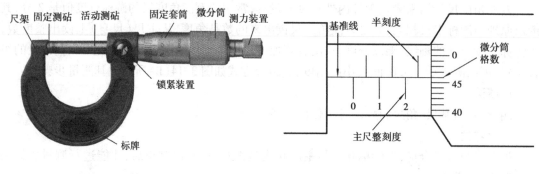

(a)千分尺的结构　　　　　　　　　　　　　　　(b)千分尺的读数方法

图 3.15　千分尺的构造及其读数方法

（3）微分筒读数。微分筒对准主尺基准线的格数乘以 0.01（微分筒的格数由下向上数）。如果不是刚好对准,就要估读。

在图 3.15(b)中,微分筒左边,最靠近微分筒主尺的格数是 2,即主尺整刻度是 2 mm;在主尺最靠近微分筒的整刻线 2 与微分筒之间,出现了半刻度,就加 0.5 mm;微分筒对准主尺基准线的格数是 46,乘以 0.01,就为 0.46,即微分筒读数是 0.46 mm。

图 3.15(b)中的读数是(2 + 0.5 + 0.46)mm = 2.96 mm。

3. 千分尺的读数示例

（1）在如图 3.16(a)中,主尺整刻度是 2 mm,主尺最靠近微分筒的整刻线 2 与微分筒之间,没有半刻度,就不加 0.5 mm,主尺基准线在微分筒 34 格与 35 格之间,估读为 0.4(1 格的 10 等分),微分筒读数是(34 + 0.4) × 0.01 mm = 0.344 mm。

图 3.16(a)中的读数是(2 + 0.344)mm = 2.344 mm。

（2）如图 3.16(b)中,主尺整刻度是 0 mm,主尺最靠近微分筒的整刻线 0 与微分筒之间,有半刻度,就要加 0.5 mm,主尺基准线在微分筒 0 格与 1 格之间,估读为 0.6,微分筒读数是(0 + 0.6) × 0.01 mm = 0.006 mm。

图 3.16(b)中的读数是 0 + 0.5 + 0.006 = 0.506 mm。

（3）如图 3.16(c)中,主尺整刻度是 0 mm,主尺最靠近微分筒的整刻线 0 与微分筒之间,无半刻度,不加 0.5 mm,主尺基准线在微分筒 49 格与 0 格(50 格)之间,估读为 0.6,微分筒读数是(49 + 0.6) × 0.01 mm = 0.496 mm。

图 3.16(c)中的读数是(0 + 0.496)mm = 0.496 mm。

4. 千分尺测量步骤及测量方法

（1）清洁。擦净工件的测量面和千分尺两测量面。不要划伤千分尺测量面。

（2）选择合适的千分尺。根据被测尺寸的大小,选用合适规格的千分尺。

（3）夹牢或放稳被测工件。

（4）对零。如是 0 ~ 25 mm 的千分尺,左手握千分尺的标牌处,右手旋转微分筒,缓缓转动微分筒,千分尺两测量面将要接触时,转动棘轮,到棘轮发出声音为止,此时主尺上的基准线与微分筒的零刻线应对正。否则,应先调零或送有关部门修理。如图 3.17 所示:图(a)对零,图(b)与图(c)都未对零。其他规格的千分尺,用校对棒(或量块)对零,方法与 0 ~ 25 mm 的千

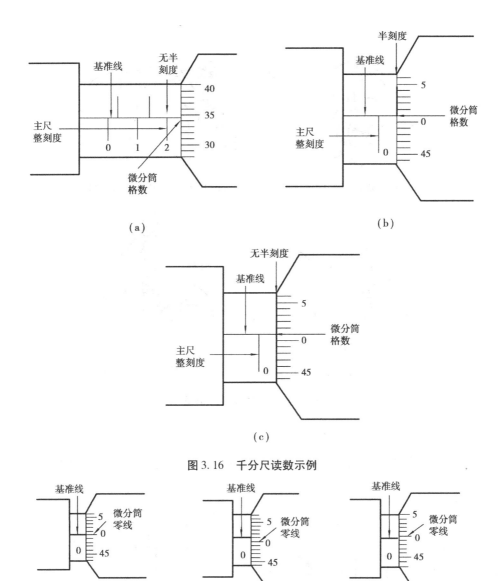

图 3.16　千分尺读数示例

图 3.17　千分尺对零

分尺相同。

（5）测量。调整千分尺两测量面的距离,大于被测尺寸。左手握千分尺的标牌处,右手旋转微分筒,转动微分筒,千分尺两测量面将要接触工件时,转动棘轮,到棘轮发出声音为止,读出千分尺的读数。多测几次,取它们的平均数作为测量的最后值。

注意:两手要端平千分尺,眼睛正对千分尺读数。

5. 千分尺常用用途及使用方法

千分尺用来测量外尺寸,其常用的使用方法如图 3.18 所示。

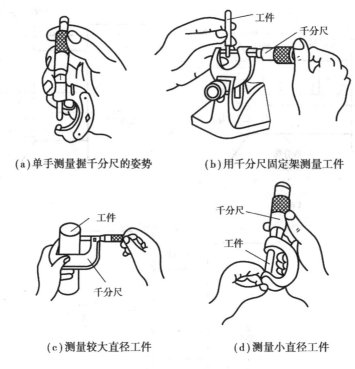

(a)单手测量握千分尺的姿势　　　　(b)用千分尺固定架测量工件

(c)测量较大直径工件　　　　(d)测量小直径工件

图 3.18　千分尺常用的使用方法

二、内径千分尺

内径千分尺的构造如图 3.19(a)所示。它用来测量零件的内径和槽宽,如图 3.19(b)所示。其测量方法是:

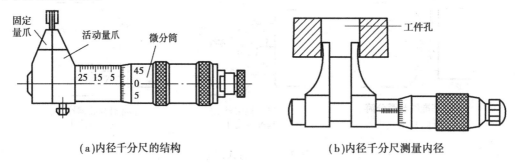

(a)内径千分尺的结构　　　　(b)内径千分尺测量内径

图 3.19　内径千分尺的结构和测孔径的方法

内径千分尺两测量爪在孔内摆动,使卡爪与内孔紧靠,尺寸达到最大值时读数。内径千分尺的读数方法与外径千分尺相同。

三、公法线千分尺

公法线千分尺的构造如图 3.20(a)所示。它用来测量齿轮的公法线长度,如图 3.20(b)所示。公法线千分尺的结构和读数方法,与普通千分尺基本相同,所不同的只是把两个测量面做成两个相互平行的圆盘。其测量方法是:

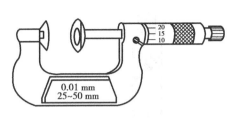

（a）公法线千分尺的外形

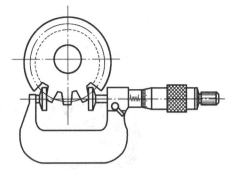

（b）公法线千分尺的用途

图 3.20　公法线千分尺的构造及测量示意图

测量齿轮公法线时,先计算跨测齿数 n,n 可从有关表中查到。如果模数大于 1 mm,根据齿轮齿数 Z,在表中查出公法线长度后,乘以被测齿轮的模数,即得该齿轮的公法线长度。将测得的实际值与理论值相比较,就得出公法线长度偏差。

测量时,把公法线千分尺调到比被测尺寸略大,然后把两个盘形卡脚插到被测齿轮的齿槽中,旋转棘轮,使两个盘形卡脚的测量面与齿的侧面相切。当棘轮发出"咔,咔"的响声时,即可进行读数,取得公法线实际长度。

四、螺纹千分尺

螺纹千分尺的构造如图 3.21(a)所示。它用来测量螺纹中径尺寸,如图 3.21(b)所示。螺纹千分尺的两个测量头可以调换,在测量时,换上与被测螺纹有相同牙型角的测量头,所得千分尺读数就是螺纹中径。

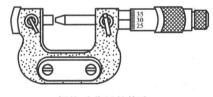

（a）螺纹千分尺的构造

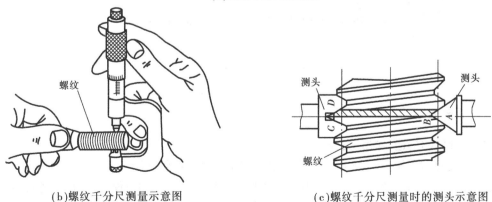

（b）螺纹千分尺测量示意图　　　　　　　（c）螺纹千分尺测量时的测头示意图

图 3.21　螺纹千分尺的构造及测量示意图

五、杠杆千分尺

杠杆千分尺的构造如图 3.22(a)所示,它用来测量批量大、精度较高的中小型零件。

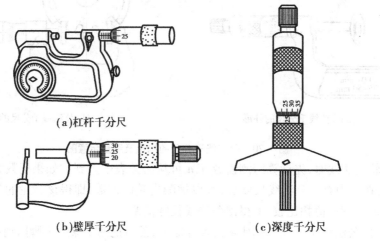

(a)杠杆千分尺

(b)壁厚千分尺　　　　　　　　　　　　(c)深度千分尺

图 3.22　杠杆千分尺、壁厚千分尺、深度千分尺

六、壁厚千分尺

壁厚千分尺的构造如图 3.22(b)所示,它用来测量精度较高管形件的壁厚。

七、深度千分尺

深度千分尺的构造如图 3.22(c)所示,它用来测量孔深、槽深等尺寸。

八、千分尺使用注意事项

1. 严格按千分尺测量步骤操作。
2. 不允许测运动的工件和粗糙的工件。
3. 最好不取下千分尺,而直接读数,如果非要取下读数,应先锁紧,并顺着工件滑出。
4. 轻拿轻放,防止掉落摔坏。
5. 用毕放回盒中,两测量面不要接触,长期不用,要涂油防锈。

任务五　熟悉百分表

一、百分表

1. 百分表的构造、作用、类型

百分表的构造如图 3.23 所示。百分表是利用机械结构将被测工件的尺寸放大后,通过读数装置表示出来的一种量具。百分表具有体积小、结构简单、使用方便、价格便宜等优点。

百分表主要用来测量零件的形状公差和位置公差,也可用比较测量的方法,测量零件的几何尺寸。

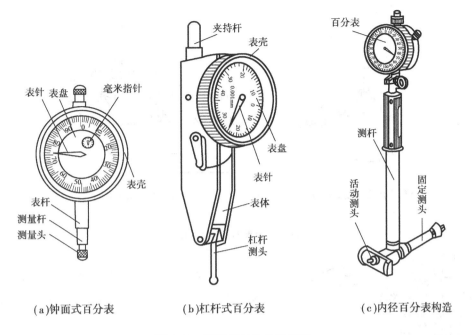

（a)钟面式百分表　　　　　（b)杠杆式百分表　　　　　（c)内径百分表构造

图 3.23　百分表的构造及类型

百分表类型常用的有:钟面式百分表、杠杆百分表、内径百分表(把钟面式百分表安装在专用的表架上,就形成了内径百分表)等。

2. 百分表的安装

百分表要安装在表座上才能使用,百分表表座如图 3.24(a)、(b)、(c)所示,钟面式百分表一般安装在万能表座或磁性表座上,杠杆式百分表一般安装在专用表座上。

3. 百分表的读数

百分表短指针每走一格是 1 mm,百分表长指针每走一格是 0.01 mm。读数时,先读短指针与其起始位置"0"之间的整数,再读长指针与其起始位置"0"之间的格数,格数乘以 0.01 mm,就得长指针的读数,短指针读数与长指针的读数相加,就得百分表的读数。

4. 百分表的测量方法

图 3.24(d)是利用百分表测量工件上表面直线度的示意图。以此为例简要介绍百分表的测量方法。

(1)清洁。清洁工作台、工件的上表面及下表面、磁性表座等。

(2)检查百分表是否完好。

（a)用磁性表座安装百分表　　　　　（b)用万能表座安装百分表

（c）用专用表座安装杠杆百分表

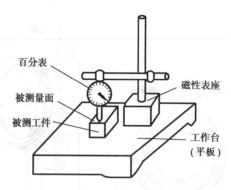

（d）百分表测量示意图

图 3.24　百分表的安装及测量示意图

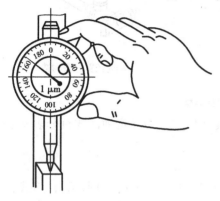

图 3.25　百分表零位的调整

（3）安装百分表。按 3.24（d）所示，装好百分表。注意：打开磁性表座开关，使磁性表座固定在平板上，以免表座倾斜，损坏百分表测量杆，百分表要夹牢在磁性表座上。

（4）预压。测量头与被测量面接触时，测量杆应预压缩 1~2 mm。

（5）调零位。百分表零位的调整方法如图 3.25 所示（不一定非要对准零位，根据实际情况，指针对准某一整刻线就行）。调好后，提压测量杆几次。

（6）测量。拖动工件，读出百分表读数的变化范围，即百分表的最大读数减去百分表的最小读数，就是测得值。

（7）取下百分表，擦拭干净，放回盒内，使测量杆处于自由状态。

5. 用内径百分表，检测孔的内径

内径百分表主要用于测量精度较高且较深的孔，如图 3.26 所示。

内径百分表可以用来测量孔径和孔的形状误差，用于测量深度极为方便。通过可更换触头，可以调整内径百分表的测量范围。其测量方法是：

（1）根据孔径的大小，确定测量头，装上测杆。

（2）用内径千分尺或其他测量孔径的量具测出孔径，记下读数。

（3）用内径百分表测偏差。测量时，摆动内径百分表，读出百分表中的最小值，加上"（2）"的读数值就是孔的实际尺寸。

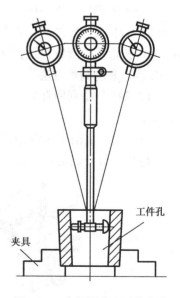

图 3.26　内径百分表测量方法

6. 百分表的其他用途及测量方法

（1）在偏摆仪上测量圆跳动,如图3.27所示。

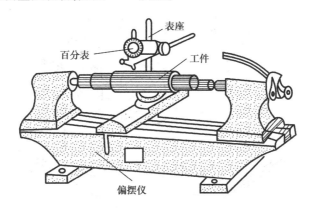

图3.27　在偏摆仪上测量圆跳动

（2）测量工件两边是否等高,如图3.28所示。

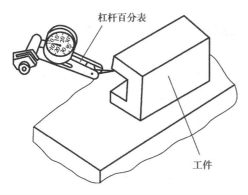

图3.28　测量工件两边是否等高

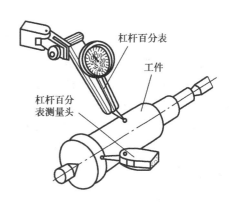

图3.29　测量工件径向圆跳动

（3）测量工件径向圆跳动,如图3.29所示。

（4）测量零件孔的轴线对底面的平行度,如图3.30所示。

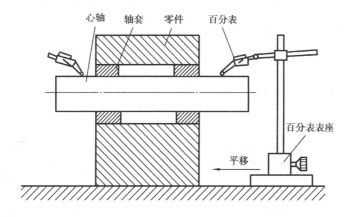

图3.30　测量零件孔的轴线对底面的平行度

（5）测量零件孔的轴线对底面的高度及平行度,如图3.31所示。其测量结果=百分表读

57

数＋量块值－心轴半径。

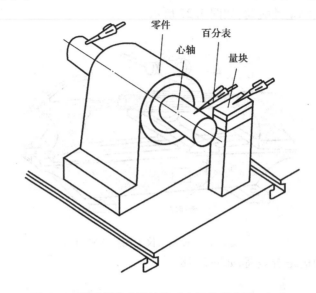

图 3.31　测量零件孔的轴线对底面的高度及平行度

7. 百分表的维护保养方法

（1）拉压测量的次数不宜过频，距离不要过长，测量的行程不要超过它的测量范围。

（2）使用百分表测量工件时，不能使触头突然放在工件的表面上。

（3）不能用手握测量杆，也不要把百分表同其他工具混放在一起。

（4）使用表座时要安放平稳牢固。

（5）严防水、油液、灰尘等进入表内。

（6）用后擦净、擦干放入盒内，使测量杆处于非工作状态，避免表内弹簧失效。

任务六　熟悉刀口尺、塞尺、直角尺

能读出具体数字的测量，称为定量测量，如游标卡尺、千分尺等的测量；不能读出具体数字的测量，称为定性测量。刀口尺、塞尺、直角尺等属于定性测量量具。

一、刀口尺

刀口尺外形如图 3.32（a）所示，主要是以透光法来测量工件表面的直线度、平面度，如图 3.32（b）所示。

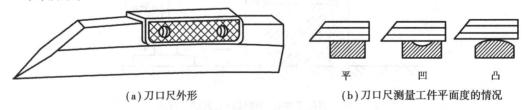

（a）刀口尺外形　　　　　　　　　　　　　（b）刀口尺测量工件平面度的情况

平　　　凹　　　凸

图 3.32　刀口尺及测量示意图

二、塞尺

塞尺如图 3.33 所示,由不同厚度的金属薄片组成。它是用来检测两个接合面之间间隙大小的量具。

使用塞尺时,根据间隙的大小,可用一片或数片叠合在一起插入间隙内。如用 0.4 mm 的塞尺能插入工件间隙,用 0.45 mm 的塞尺不能插入工件间隙,说明工件间隙在 0.4 ~ 0.45 mm 之间。

塞尺的片有的很薄,易弯曲和折断,测量时不能用力太大,不能测量温度较高的工件。

三、直角尺

直角尺如图 3.34(a) 所示。直角尺主要用于定性测量工件的垂直度。测量方法如图 3.34(b) 所示。

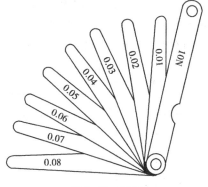

图 3.33 塞尺

在图 3.34(b) 中,左图是以直角尺为基准,用透光法来检测工件上面和右面的垂直度;右图是以平板为基准,用透光法来检测工件左面的垂直度。

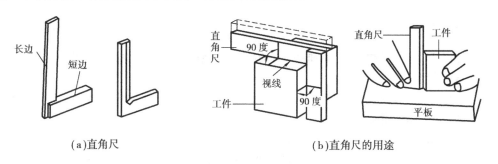

(a)直角尺   (b)直角尺的用途

图 3.34 直角尺及其用途

任务七 熟悉量块

一、长度计量基准

1983 年,第 17 届国际计量大会规定米的定义为:"米"是光在真空中在 1/299 792 458 秒的时间间隔内行进路程的长度,并把它作为长度基准。使用波长作为长度基准,不便在生产中直接用于尺寸的测量。因此,需要将基准的量值按照定义的规定,复现在实物计量标准器上。常见的实物计量标准器有量块(块规)和线纹尺。

量块用铬锰钢等特殊合金钢,或线膨胀系数小、性质稳定、耐磨以及不易变形的其他材料制成。其形状有长方体和圆柱体两种,常用的是长方体。

二、量块的构成、用途及选用

1. 量块的构成

长方体的量块有两个平行的测量面，其余为非测量面。测量面极为光滑、平整，其表面粗糙度 Ra 值达 0.012 μm 以上，两测量面之间的距离即为量块的工作长度（标称长度）。标称长度到 5.5 mm 的量块，其公称值刻在上测量面上；标称长度大于 5.5 mm 的量块，其公称长度值刻印在上测量面左侧较宽的一个非测量面上。如图 3.35(a)、(b)所示。

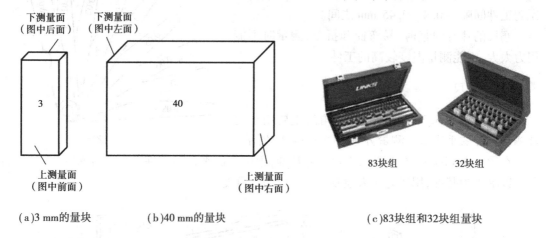

(a)3 mm 的量块　　　　(b)40 mm 的量块　　　　(c)83块组和32块组量块

图 3.35　量块的构成(3 mm 和 40 mm 的量块)和量块的类型(83 块组和 32 块组块)

2. 量块的用途

(1)作为长度尺寸标准的实物载体，将国家的长度基准，按照一定的规范，逐级传递到机械产品制造环节，实现量值统一。

(2)作为标准长度，标定量仪，检定量仪的示值误差。如检定千分尺、游标卡尺等。

(3)相对测量时，以量块为标准，用测量器具比较量块与被测尺寸的差值。

(4)也可直接用于精密测量、精密划线和精密机床的调整。

3. 量块的选用

量块是定尺寸量具，一个量块只有一个尺寸。为了满足一定范围的不同要求，量块可以利用其测量面的高精度所具有的黏合性，将多个量块研合在一起，组合使用。根据标准 GB 6093—85 规定，我国成套生产的量块共有 17 种套别。如常用的 83 块组(尺寸不同的 83 块量块)、32 块组(尺寸不同的 32 块量块)等。如图 3.35(c)所示。

量块测量层表面，有一层极薄的油膜，在切向推合力的作用下，由于分子间吸引力，使两个量块研合在一起，就可以把量块组合成一个尺寸，用于测量。

三、量块的组合

为了减少量块的组合误差，应尽量减少量块的组合块数，一般不超过 4 块。选用量块时，应从所需组合尺寸的最后一位数开始，每选一块至少应减去所需尺寸的一位尾数。例如，从 83 块组的量块中，组合 38.745 mm 的尺寸，其方法为：

```
  38.745  ……所需尺寸
-  3.005  ……第一块量块尺寸
  35.74
-  3.24   ……第二块量块尺寸
  34.5
-  4.5    ……第三块量块尺寸
  30      ……第四块量块尺寸
```

即从83块组的量块中,选尺寸为3.005,3.24,4.5,30的四块量块,研合在一起,就组成了38.745 mm的尺寸。

就可用38.745 mm的量块组作为标准,与其他量具(常用百分表或千分表)配合,测量与38.745 mm相近的长度尺寸,读出的数是量块与被测尺寸的差值,其测量结果=38.745+读出的"差值"。

按此方法,可组合其他所需尺寸的量块组,用来检测被测尺寸。

四、量块使用的注意事项

(1)量块必须在有效期内使用,否则应及时送专业部门检定。

(2)使用环境良好,防止各种腐蚀性物质及灰尘对测量面的损伤,影响其黏合性。

(3)所选量块应用航空汽油清洗、洁净软布擦干,待量块温度与环境温度相同后,方可使用。

(4)轻拿、轻放量块,杜绝磕碰、跌落等情况的发生。

(5)不得用手直接接触量块,以免造成汗液对量块的腐蚀及手温对测量精确度的影响。

(6)使用完毕,应用航空汽油清洗所用量块,擦干后涂上防锈脂存于干燥处。

任务八　认识正弦规、水平仪

一、正弦规(正弦尺)

正弦尺的外观如图3.36(a)所示,与其他量具配合使用,测量角度。

如图3.36(b)所示,用正弦规测量工件的角度。整个装置放在平板上进行,圆柱的一端用量块组垫高,用千分表检验,当工件表面与平板平行后,根据量块组的高度尺寸和正弦规的中心距,用公式:$\sin2\alpha=h/L$,计算工件的角度。

二、水平仪

水平仪分为框式水平仪和条式水平仪,其外观如图3.37(a)、(b)所示。它主要用来测量零件的直线度和平面度。如图3.37(c)、(d)所示。

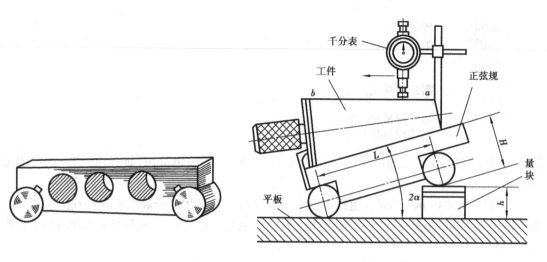

(a)正弦规　　　　　　　　　　　　(b)正弦规测量工件角度

图 3.36　正弦规及其测量工件角度

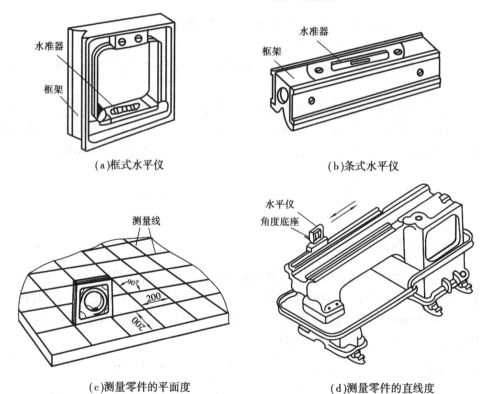

(a)框式水平仪　　　　　　　　　　　　(b)条式水平仪

(c)测量零件的平面度　　　　　　　　　　　(d)测量零件的直线度

图 3.37　水平仪及其用途

任务九　熟悉专用量具

在生产现场,大批量生产零件时,用千分尺等量具测量工件,就不太方便,常常使用量规来检测。量规是一种无刻度值的专用量具,用它来检验工件时,只能判断工件是否在允许的极限尺寸范围内,而不能测出工件的实际尺寸。

检验孔用的量规称塞规;检验轴用的量规称卡规,如图3.38(a)、(b)所示。

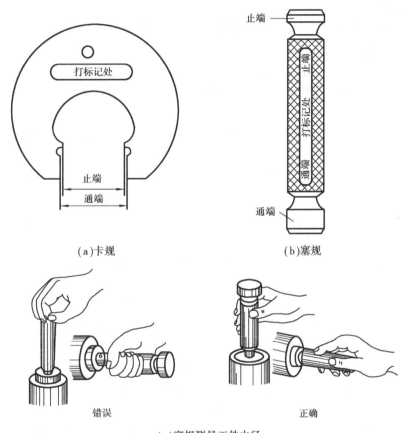

(a)卡规　　　　　　　　(b)塞规

错误　　　　　　　　正确

(c)塞规测量工件内径

图 3.38　量规及其使用方法

一、量规的使用方法

以塞规检验孔为例,讲述量规的一般用法,如图3.38(c)所示。

塞规是用来判断孔是否合格的量具。每一个尺寸的孔,就有一个对应的塞规。塞规有两个端,其直径不相等,大端的直径等于孔的最大直径,叫止端,用代号用"Z"表示;小端的直径等于孔的最小直径,叫通端,用代号用"T"表示。如图3.38(b)所示。

被加工的孔,用对应的塞规去塞,如果止端塞不进孔(叫止端不通),通端能塞进孔(叫通端通),则被加工的孔是合格的。否则,被加工的孔就不合格。如果止端与通端都不通,则孔小了;如果止端与通端都通,则孔大了。

卡规是用来判断轴是否合格的量具,其使用方法与塞规类似。

二、量规的种类

量规按用途不同分为工作量规、验收量规和校对量规。

1. 工作量规

工作量规是生产过程中操作者检验工件时所用的量规。

2. 验收量规

验收量规是验收工件时检验人员或用户所用的量规。

3. 校对量规

校对量规是检验工作量规的量规。

塞规在制造或使用过程中,常会发生碰撞变形,且通端经常通过零件,易磨损,所以要定期校对。

卡规虽也需定期校对,但它可很方便地用通用量仪检测,故不规定专用的校对量规。

任务十　量具的维护和保养及形位公差的其他检验方法

一、量具的维护和保养

(1)测量前应将量具的测量面和工件被测量面擦拭干净,以免脏物影响测量精度和加快量具磨损。

(2)根据精度、测量范围、用途等选择量具,测量时不允许超出测量范围。

(3)量具在使用过程中,不要和工具、刀具放在一起,以免碰坏。

(4)机床开动时,不要用量具测量工件。

(5)温度对量具精度的影响很大,因此,量具不应放在热源附近,以免受热变形。

(6)量具用完后,应该及时擦拭干净、涂油,放在专用盒中,保持干燥,以免生锈。

(7)精密量具应该定时定期鉴定、保养和检修。

(8)由于平面磨床有磁力吸盘,应避免游标卡尺被磁化,所以卡尺放置应远离磁场。

二、形位公差的其他检验方法

前面简要讲述了直线度、平面度、圆跳动、全跳动、平行度、垂直度的检测方法,下面对形位公差的测量做些补充。

1. 线轮廓度的检测方法

线轮廓度用同一横向截面内最大直径和最小直径之差表示。检验量具一般采用千分尺。检验方法:在同一截面上先测出一个直径尺寸,然后将轴转过 $90°$,再测另一个直径尺寸,这两个直径之差就是线轮廓度。工件精度较高时,应将轴多转几个角度,测出不同方向的几个直径值,其中,最大直径与最小直径之差即为线轮廓度。还可采用杠杆式卡规、杠杆式千分尺来测量。轴比较短、批量较大、精度较高时,可以用比较仪或电感仪测量。测量时可以在几个横截面上进行。

2. 圆柱度的检测方法

圆柱度用轴的同一纵向截面内最大直径和最小直径之差来表示。检验时,沿着轴的轴线方向在几个位置上测出轴的直径,其中最大值与最小值之差即为圆柱度。检验用量具有千分尺、杠杆式卡规、杠杆式千分尺、比较仪、电感仪等。

3. 端面跳动量的检测方法

检验时,可将工件装夹在两顶针间,百分表量杆触头垂直靠在工件端面最小一点。如图3.39所示。转动工件,百分表指针偏摆数值即为端面跳动量。在实际操作中,一般都用杠杆式百分表或千分表。

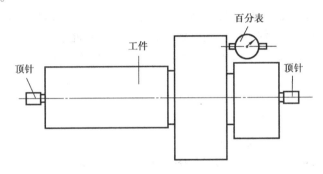

图 3.39　端面跳动量的检测方法

4. 同轴度的检测方法

将磨好的内孔套入标准心轴,然后将心轴装夹在两顶针间,将表顶在外圆上,转动心轴一周,百分表读数的变动值就是径向跳动量。当外圆的形状误差极小(可忽略不计)时,径向跳动量的一半就是工件内孔、外圆的同轴度,如图3.40所示。

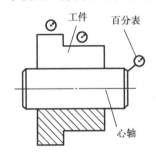

图 3.40　内外圆同轴度的检测方法

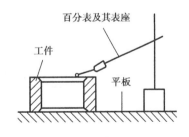

图 3.41　平行度的一般检测方法

5. 平行度的一般检测方法

工件上两平面之间的平行度可以用下面的方法检验:

(1)用千分尺或杠杆式千分尺测量工件上相隔一定距离的厚度,可测量出几点厚度值,几点厚度值的最大差值即为平面的平行度。

(2)用百分表或千分尺在平板上检验。如图3.41所示,将工件和百分表支架,都放在平面上,将百分表的触点顶在平面上,然后移动工件,让工件整个平面均匀通过百分表触头,百分表读数的变动量就是工件的平行度。测量时应将工件、平板擦拭干净,以免影响平行面的平行度和拉毛工件平面。

6. 直线度和平面度的检测方法

直线度和平面度的检验,最常用的方法是使用样板平尺来进行。检验时,应将样板平尺垂直放在被测量的平面上,查看透光情况,为了保证精度,可以多观察几个方向。使用时,切忌将样板平尺在工件平面上来回拉动,以保证样板平尺的使用寿命。平面较小时,可用平行平晶测量平面度。假如遇到工件长度较长或工件平面较大时,用样板平尺检验直线度,就比较困难,此时,可采用涂色法检验。检验时,在被检验的工件平面上涂一层极薄的显示剂(红丹粉),然后将工件放在精密平板上,平稳地前、后、左、右移动几下,再取下工件,仔细查看平面上摩擦痕迹的分布情况,就可以确定平面度好坏。

7. 表面粗糙度的检验

在实际生产中,通常是用目测,凭经验判断。也可用比较法,即用表面粗糙度标准样板与工件表面粗糙度比较。当工件表面粗糙度要求较高时,在成批生产中,可抽出几件工件,送到工厂计量室,用轮廓仪检验,用这种方法检验表面粗糙度比较准确。

复习思考题

1. 简述游标卡尺的测量步骤。
2. 简述使用游标卡尺的注意事项。
3. 分别读出图 3.42、图 3.43、图 3.44、图 3.45、图 3.46 的读数。

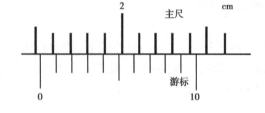

图 3.42

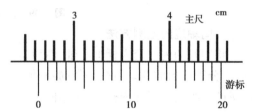

图 3.43

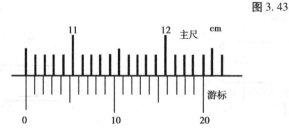

图 3.44

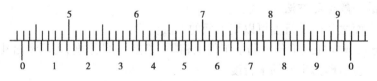

图 3.45

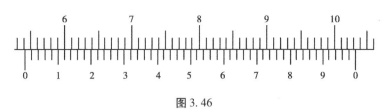

图 3.46

4. 简述千分尺的测量步骤。

5. 简述使用千分尺的注意事项。

6. 如图 3.47 所示的千分尺,标出指引线所指的名称。

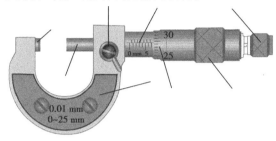

图 3.47

7. 分别读出图 3.48、图 3.49 的读数。

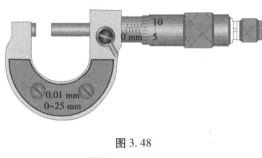

图 3.48

图 3.49

第 2 编

钳工基础

项目一　钳工基本知识

项目内容　1. 钳工的地位和作用。
　　　　　　2. 钳工常用设备及其正确使用。
　　　　　　3. 钳工工作场地和安全文明生产制度。
项目目的　1. 明确钳工的性质、地位、任务及内容。
　　　　　　2. 学会正确使用钳桌、台虎钳、砂轮机。
　　　　　　3. 了解台式钻床、立式钻床、摇臂钻床的结构原理及性能特点。
　　　　　　4. 认识安全文明生产的重要意义。

项目实施过程

任务一　认识钳工内容

一、钳工的地位和作用

1. 制造机器的一般过程

目前,人们在日常生活中大量使用各种机器产品,大多数机器产品的制造要经过"制造毛坯、零件加工、装配"的过程,即首先经过铸造、锻造等方法制成零件的毛坯,然后经过车、钳、铣、刨、磨及热处理等工序加工制成零件,最后将零件装配成机器设备。一台机器的产生,需要多种工种互相配合,才能完成。其中钳工是操作水平要求较高的基础工种之一,在机械生产过程中起着重要的作用。

2. 钳工的含义及特点

钳工是使用钳工工具及设备,主要从事工件的划线与加工、机器的装配与调试、设备的安装与维修以及工具的制造与修理等工作的工种。其特点是以手工操作为主、工作范围广、灵活性强、对操作者的技能水平要求高。

3. 钳工的用途

虽然随着机械工业的发展,很多工作已被现代化的机械加工方法所代替。但是钳工在机械制造过程中,仍被广泛应用。如:

(1)划线、刮削、研磨和装配等工作,尚无机械化设备能全部代替。

(2)某些精度要求高、形状复杂的样板、模具、量具和配合表面,仍需钳工来完成。

(3)在小批量或单件生产中,修理时采用钳工来加工,是方便、经济的方法。

(4)在缺乏相关机械设备时,使用钳工的方法能完成零件的制造与维修。

总之,在一些机械加工方法不适宜或难以解决的场合,还是需要使用钳工的方法来完成,故钳工被戏称为"万能钳工"。

二、钳工的分类

我国 2004 年颁布的《国家职业标准》规定钳工工种分为三类：

1. 装配钳工

主要从事工件加工、机器设备的装配、调试的人员。

2. 机修钳工

机器设备的维护和修理的人员。

3. 工具钳工

主要从事工具、夹具、量具、模具、刀具、辅具的制造与修理的人员。

在实际生产中，很多工厂根据其具体情况，将钳工的分工更为细化，如分为划线钳工、装配钳工、机修钳工、工具钳工、模具钳工、夹具钳工等。

三、钳工的基本技能

不论哪种钳工都必须掌握好钳工的各项基本技能。钳工的基本技能包括：划线、测量、錾削、锯削、锉削、孔加工、螺纹加工、矫正与弯曲、铆接、刮削、研磨、简单热处理和装配等。

四、学习钳工的方法

钳工是机械专业的基础专业课。其特点是实践性强，知识涉及面广，因此要想学好钳工，必须做到以下几点：

（1）以技能练习为主，通过具体操作，进一步理解和巩固所学的理论知识，再运用所学知识来解决实际问题，即坚持理论联系实际。

（2）在技能练习中，应注重各项基本功的训练，为今后的工作、学习打下扎实的基础。

（3）在学习过程中，注意与其他课程的紧密联系，不能孤立地看待钳工这一工种，这样才能真正学好钳工这门课程。

（4）在学习过程中，应注意归纳总结一些规律性的知识，做到学懂、学活，达到灵活运用的目的。

（5）在解决实际问题的过程中，应认真思考采用何种操作更合理，更能提高工作效率，这是钳工能力培养的重要方面。

任务二　认识钳工常用设备

钳工常用的设备有钳桌、台虎钳、砂轮、钻床等。

一、钳台

钳台也称钳桌，如图 1.1 所示。钳台是钳工工作的主要设备，用木材或者钢材制作。钳台高度约 800 ~ 900 mm，长度和宽度可随工作需要而定。其上面安装台虎钳，台虎钳的钳口高度，如图 1.2 所示。钳台上应安装防护网，并可放工作用的工具、量具等。

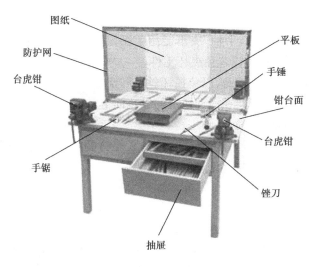

图 1.1　钳台

图 1.2　台虎钳的钳口高度

提示：

● 建议使用木制钳台，在强力作业时，能避免过大的振动和噪声。

二、台虎钳（简称虎钳）

1. 台虎钳的类型及构造

台虎钳是用来夹持工件的通用夹具。其规格是以钳口的宽度表示，常用的有 100 mm，125 mm，150 mm 等几种。台虎钳的类型及构造如图 1.3 所示。台虎钳的类型有固定式和回转式两种，回转式可以满足各种不同方位的加工要求，使用方便，应用广泛。

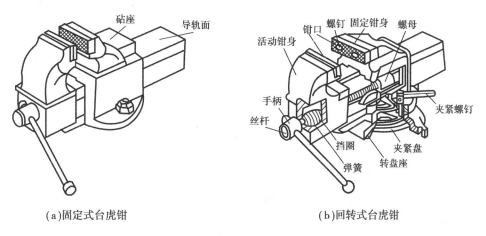

（a）固定式台虎钳　　　　　　　　（b）回转式台虎钳

图 1.3　台虎钳

提示：

● 台虎钳在钳台上安装时，应使固定钳身的工作面处于钳台边缘，以保证夹持长条形工件时，工件的下端不受钳台边缘的阻碍。

● 钳口可拆装，便于磨损后更换。

2. 台虎钳的正确使用

（1）在夹紧工件时，松紧要适当，只能用手拧紧手柄，决不能用手锤敲击手柄或借助长管子加力，以免丝杆、螺母或钳身受到损坏，同时还可以避免夹坏工件。

（2）在进行强力作业时，力的方向应朝向固定钳身，以免损坏丝杆和螺母。

（3）在台虎钳的砧座上可以进行敲击作业，严禁在活动钳身的导轨面上敲击。

（4）对丝杆、螺母等活动表面，应经常清洁、润滑，以防生锈。

（5）台虎钳在钳桌上的固定要牢固，工作时，应注意左右两个夹紧螺钉必须扳紧，钳身不得松动，避免损坏钳桌、台虎钳以及影响工件的加工质量。

三、砂轮机

1. 砂轮机的作用与类型

砂轮机主要用来刃磨各种刀具，也可以用来磨去工件或材料的毛刺、锐边等。砂轮机主要由机身、电动机、砂轮组成。砂轮机按外形分为台式和立式两种，如图 1.4 所示。砂轮机所用电源有 220 伏和 380 伏两种。

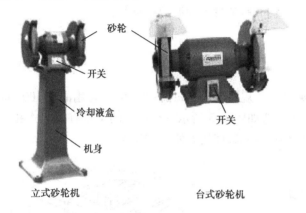

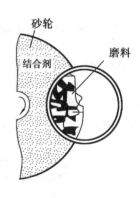

图 1.4　砂轮机　　　　　　　　　　　　　　　　　　　图 1.5　砂轮的结构

2. 砂轮的构造及选择

砂轮是由许多极硬的颗粒（磨料），通过结合剂黏结而成的，如图 1.5 所示。

砂轮在工作中必须具备高硬度、高耐磨性和一定的韧性。其中磨料是砂轮的主要成分，它主要负责切削工作。目前钳工常用的砂轮有 3 种。

（1）棕刚玉砂轮。代号 A，磨料颜色为棕褐色，硬度高、韧性好、价格便宜。适用于磨削各种强度较高的金属材料，如碳素钢、铸铁和硬青铜等。

（2）白刚玉砂轮。代号 WA，磨料颜色为白色，硬度比棕刚玉高，韧性不如棕刚玉好。工作时，磨料易破碎而形成新的刀锋。白刚玉制成的砂轮磨削性能好、磨削力小、磨削热小，避免了工件在加工时的烧伤和变形。适用于精磨淬硬的高碳钢、高速钢、薄壁零件等。

（3）绿色碳化硅砂轮。代号 GC，磨料颜色为绿色，硬度和脆性高，具有良好的导热、导电性。适用于磨削硬质合金、宝石、玉石、陶瓷和光学玻璃等。

砂轮的磨料种类还有很多，本书将在"项目十一　研磨"中具体讲述。

3. 砂轮机的安全操作规程

由于砂轮较脆,转速又高,如使用不当,容易产生砂轮碎裂飞出伤人。因此使用砂轮机时必须严格遵守安全操作规程。特别要注意以下几点:

(1)使用砂轮机前,必须检查砂轮机的安全装置是否完好、齐全,无砂轮罩的砂轮禁止使用,严禁用金属工具等物品敲击砂轮。

(2)砂轮机的搁架与砂轮间的距离,应保持在 3 mm 以内,以防磨削件扎入,造成事故。

(3)砂轮启动后,应待砂轮转速达到正常后再进行磨削,且应保证砂轮旋转方向正确,使磨屑向下方飞离砂轮。

(4)磨削时,操作者应站在砂轮的侧面或斜侧面。

(5)在砂轮机上磨削时,应小心、平稳地接触,不能产生冲击或用力过大挤压砂轮。

(6)不允许在砂轮机上打磨木质、尼龙、塑料等容易阻塞孔隙的工件。

(7)砂轮表面跳动严重时,应及时停机修整。

(8)砂轮使用完毕后,应及时切断电源,避免砂轮机空转。

四、钻床

钻床是用于加工孔的设备。在钻床上可装夹钻头、扩孔钻、锪孔钻、铰刀、镗刀、丝锥等刀具。钻床可用来进行钻孔、扩孔、锪孔、镗孔及攻螺纹等工作。钳工常用的钻床,根据其结构和适合范围的不同,可分为台式钻床、立式钻床和摇臂钻床 3 种。

1. 台式钻床

台式钻床是一种小型钻床,具有转速高、结构简单、操作方便等特点。其结构如图 1.6(a)所示。台式钻床一般用来钻直径 13 mm 以下的孔,常用的有 6 mm 和 12 mm 等几种规格(其规格是指所钻孔的最大直径)。但由于台式钻床的最低转速较高,一般不低于 400 r/min,不适合进行铰孔和攻螺纹等操作。

台式钻床的主轴转速是依靠塔形带轮来进行调整。调整时,应先停止主轴的运转,打开罩壳,用手转动带轮,并将 V 形带挂在小带轮上,然后再挂在大带轮上,直至将 V 形带挂到适当的带轮上为止。

台式钻床主轴的进给是靠转动进给手柄来实现的,一般台式钻床都具有控制钻孔深度的装置。钻孔后,主轴能在蜗圈弹簧的作用下自动复位。

2. 立式钻床

立式钻床一般用来钻中、小型工件上的孔,其结构如图 1.6(b)所示。立式钻床按最大钻孔直径分,有 25 mm,35 mm,40 mm,50 mm 等几种规格。立式钻床可以自动进给,主轴的转速和自动进给量都有较大的变动范围,能适应于各种中型件的钻孔、扩孔、锪孔、铰孔、攻螺纹等加工工作。由于它的功率较大,机构也较完整,因此可获得较高的效率及加工精度。

3. 摇臂钻床

摇臂钻床是一种大型钻床,适用于大型、复杂工件以及多孔工件的加工,其外形如图 1.7所示。由于主轴变速箱能在摇臂上移动,且摇臂能绕立柱做 360°回转,所以摇臂钻床的工作范围很大。摇臂钻床的主轴转速范围和进给量范围都很广,可用于钻孔、扩孔、锪孔、铰孔、攻螺纹等加工,并可获得较高的生产效率及加工精度。另外摇臂钻床在工作时,是依靠移动主轴

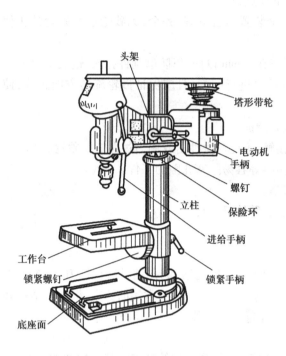

（a）台式钻床

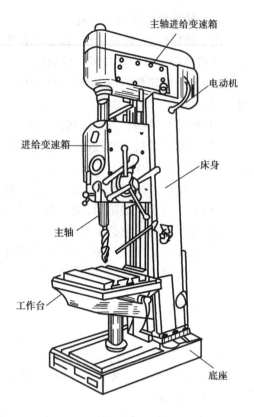

（b）立式钻床

图1.6　台式钻床和立式钻床

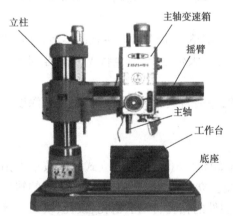

图1.7　摇臂钻床

来对准工件上孔的中心，因此摇臂钻床的使用比立式钻床更为方便。

4. 钻床的安全操作规程

（1）使用前，应认真对钻床、工具、夹具进行检查，特别注意钥匙或斜铁是否取下。

（2）操作钻床前，须将各操纵手柄移到正确位置，空转试车，在各部机构能正常工作时，方可操作使用。

（3）钻削时，工件装夹必须牢固、可靠。

（4）钻削时，工件应放正，用力要均匀，以防钻头折断。

（5）操作钻床时严禁戴手套，钻削产生的切屑，应使用铁钩钩出或停车后用刷子清除，不能用嘴吹或用棉纱清除，更不可用手直接清除切屑。

（6）变换主轴转速或机动进给时，必须在停车后进行调整。

（7）严禁在主轴旋转的状态下，装夹、检测工件。

（8）清洁钻床或加注润滑油时，必须切断电源。

（9）在使用摇臂钻床时,在摇臂的回转范围内不能有障碍物,工作前横臂必须夹紧,横臂和工作台上不能放有其他物品。

（10）工作结束后,应将横臂降到最低位置,主轴箱靠近立柱,并都要夹紧。

任务三 钳工工作场地和安全文明生产制度

一、如何布置钳工工作场地

钳工工作场地是钳工固定的工作地点,钳工的工作场地,应保障安全文明生产,提高劳动生产效率、保证产品质量。合理组织钳工的工作场地,应做好以下几个方面:

1. 布局合理

（1）钳工工作场地应选择在采光、通风良好的地方。

（2）钳工工作场地内,应保证通道畅通。

（3）待加工件、已加工件和废品,应划定指定区域,分类堆放。指定区域,应有清晰、明显的标志线。

（4）钳台之间的距离要适当,面对面使用的钳台中间,要装安全隔离网。

（5）砂轮机和钻床等设备,应安装在工作场地的边缘,特别是砂轮机,应安放在专用房间内,以保证安全。

2. 合理摆放物品

（1）工具箱内工、量具,应定置摆放,做到开箱知数。

（2）量具、刀具和其他工具,不能重叠堆放,使用时不能放置于钳台的边缘处,应放置在工作台上适当位置,便于随时取用。

（3）各工序用的工装、夹具、设备附件等,应分类、定点摆放整齐。

（4）场地内各种毛坯、工件,应按定置规定进行整理,达到整齐洁净,做到井然有序。

（5）工作中,待加工件、已加工件和废品,应分类存放在指定区域,按规定摆放。

（6）严禁乱堆乱放、超高摆放。

3. 保持工作场地整洁

（1）钳工场地的地面,应随时保持整洁,做到无积水、无油污、铁屑不散乱。

（2）工作完毕后,应对使用过的工、量具及设备,进行清理、润滑,清扫工作场地,并将铁屑等生产性垃圾运送到指定废物箱中存放。

二、安全文明生产制度

遵守安全文明生产制度,能有效地保护操作者在工作过程中的人身和财产安全,避免国家财产遭受重大损失。在工作时养成良好的文明生产习惯,严格遵守安全文明生产的操作规程是顺利完成工作的有力保障。

（1）工作时,应按规定穿工作服,且工作服的袖口和下摆要扎紧。

（2）不准穿拖鞋、高跟鞋,不准戴手套、围巾,进入工作场地,留长发者,应戴上工作帽。

（3）在工作场地内,不准大声喧哗、打闹或随意跑动。

（4）在工作过程中，必须集中精力，坚守工作岗位，不得随意串岗。

（5）易滚、易翻的工件，应放置牢固。

（6）移动工件时，应轻拿轻放，做到不磕、不碰、不划伤、不落地、不锈蚀。

（7）合理安排工作时间，保证按规定的程序和方法完成自己的工作任务。

（8）不准擅自动用不熟悉的工具和设备。

（9）未经批准，不得将与工作无关的物品带入工作场地内，更不得将公物带走。

（10）工作过程中，如遇到机器设备出现故障，应立即停止使用，马上向管理人员汇报，不得私自处理。

（11）工作结束后，对所使用的工具、设备应按要求进行清理、润滑。

（12）最后应关好门窗。

复习思考题

1. 在机械制造中，钳工主要从事哪些工作？目前钳工分为哪三类？

2. 钳工的工作场地一般应配备哪些设备？

3. 简述砂轮机、钻床安全操作规程。

4. 要组织好钳工工作场地，应做到哪些方面？

项目二　划　线

项目内容　1. 划线的作用及种类。

2. 常用划线工具的种类及使用方法。

3. 划线基准的选择。

4. 划线的程序。

5. 划线时找正、借料的方法。

项目目的　1. 正确掌握各种常用划线工具的使用方法。

2. 正确选择划线基准。

3. 掌握划线的程序。

4. 掌握找正、借料的方法。

项目实施过程

任务一　划线的基本知识

一、划线的含义

划线是根据图样和技术要求,使用划线工具在毛坯或工件上划出加工界限,或划出作为基准的点、线的操作。一般零件在加工前,都需要进行划线。划线是钳工基本操作技能之一。

二、划线的作用及要求

1. 划线的作用

(1)使机械加工有明确的尺寸界线,作为金属切削加工的依据。

(2)检查毛坯件,能够及时发现和处理不合格的毛坯,避免加工后造成损失。

(3)补救缺陷,即采用借料划线,可以使误差不大的毛坯得到补救,使加工后的零件仍能符合要求。

2. 划线的要求

对划线的基本要求是:线条清晰均匀,定形、定位尺寸准确;线条宽度应控制在0.25 ~ 0.5 mm。

提示:

● 工件加工后的尺寸不能由划线来确定,而应通过测量来保证尺寸的准确性。

三、划线的种类

划线分为平面划线和立体划线两种。

1. 平面划线

只在工件一个表面上划线就能明确地表示加工界限,称为平面划线,如图2.1所示。平面划线又分几何划线法和样板划线法两种。

(1)几何划线法。几何划线法是指根据图样要求,直接在毛坯或工件上利用几何作图的方法,划出加工界限。

几何划线法适用于批量小、精度要求较高的场合。

(2)样板划线法。样板划线法是将加工成形的样板,直接放在工件表面的适当位置,直接划出加工界限的方法。

样板划线法适用于批量大、形状复杂、精度要求不高的场合。

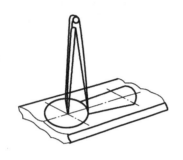

图2.1　平面划线

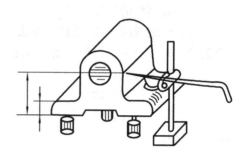

图2.2　立体划线

2. 立体划线

需要在工件上几个互成不同角度(通常互相垂直)的表面上划线,才能明确表示工件的加工界限,称为立体划线,如图2.2所示。

任务二　认识划线工具

划线工具按用途来分类,可分为基准工具、划线工具、量具及辅助工具4类。

一、基准工具

划线时安放工件,利用其一个或几个尺寸精度及形状精度较高的表面作为引导划线,并控制划线质量的工具,称为基准工具。

1. 划线平板

划线平板,如图2.3所示。划线平板是进行划线操作的平台,用来安放工件,摆放划线工具。划线平板一般为铸铁制成,其工作表面经过刨削和刮削加工,平面度较高,以保证划线精度。

划线平板的正确使用和保养方法如下:

(1)安装时,平板的工作面应处于水平状态。

(2)工作面要经常保持清洁,防止铁屑、砂粒划伤,更不得用硬物敲击工作表面。

(3)工作面各处要均匀使用,以免局部磨损。

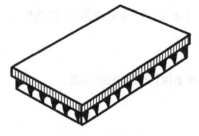

图2.3　划线平板

（4）划线工作结束后，要把平台表面擦净，上油防锈。

（5）划线平板应定期检查、调整和研修，以保证其精度。

2. 方箱

方箱如图 2.4 所示。方箱是用铸铁制成的空心箱体，经精密加工，使各相邻工作表面相互垂直。在划线时，用方箱上的夹紧装置将工件加紧，翻转方箱即可划出全部相互垂直的线。使用方箱进行划线，不仅划线效率高，而且相互位置精度也较高。

适用于小型工件，特别是异形工件的划线。

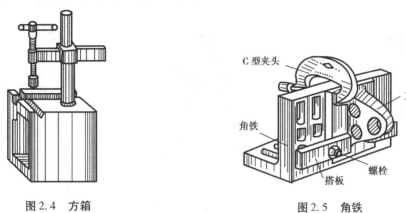

图 2.4　方箱　　　　　　　　　　　　图 2.5　角铁

3. 角铁

角铁如图 2.5 所示。一般采用铸铁制成，其工作表面相互垂直。工作表面上的槽是用来穿螺栓并配合搭板来固定工件。

二、划线工具

1. 划针

划针如图 2.6 所示，是直接在工件上划线的工具。一般由 $\phi 3 \sim \phi 5$ mm 的弹簧钢丝制成，尖端磨成 15°～20°，并淬硬处理，以提高耐磨性。

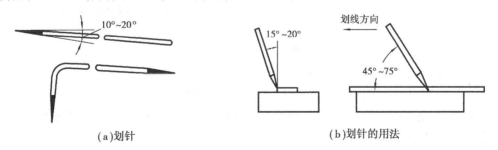

（a）划针　　　　　　　　　　　　（b）划针的用法

图 2.6　划针及其用法

用划针划线时，一手压紧导向工具，另一手握住划针，使针尖紧贴在导向工具的边缘，上部向外倾斜 15°～20°，同时向移动方向倾斜 45°～75°，这样既便于观察，又能保证所划线条的准确性。

提示：

● 划线时，应注意划线的方向。一般水平线，应自左向右划；竖直线，应自上向下划；倾斜线,应自左下向右上方划或左上向右下划线。

• 划线时,用力大小适度,线条清晰均匀,并注意控制线条宽度。一根线条应一次划成,避免因重复划线,而造成不必要的误差。

2. 划规

划规用来划圆和圆弧、等分线段和圆,也可用来量取尺寸。一般用中碳钢或工具钢制成,两脚尖刃磨后淬硬处理。钳工用的划规有普通划规、扇形划规、弹簧划规和长划规。如图2.7所示。

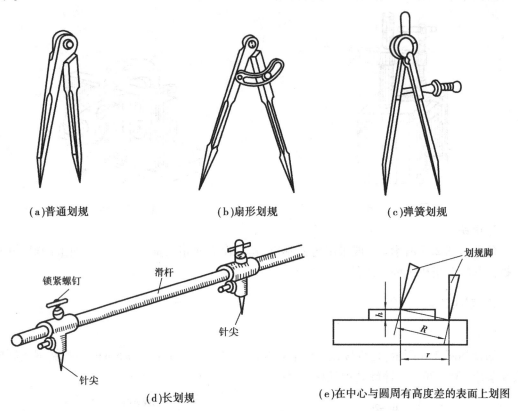

(a)普通划规　　　　　　(b)扇形划规　　　　　　(c)弹簧划规

(d)长划规　　　　　　(e)在中心与圆周有高度差的表面上划图

图2.7　划规及其使用

普通划规,因结构简单、制作方便,应用较广。

扇形划规,因有锁紧装置,两脚间的尺寸较稳定,常用于毛坯表面的划线。

弹簧划规,易于调整尺寸,但用来划线的一脚易滑动,因此一般只限于在半成品表面划线。

长划规,专用于划大尺寸圆或圆弧。

提示:

• 使用划规时,划规两脚尖应等长。划小圆弧时,两脚尖应能合紧。

• 划圆弧时,应将手力重心放在圆心一脚,防止圆心滑移。

• 当圆与圆心有高度误差时,应调节两脚尖距离。如图2.7(e)所示。

3. 划线盘

划线盘如图2.8所示,是直接划线或找正工件位置的常用工具。一般直头用于划线,弯头用于找正。

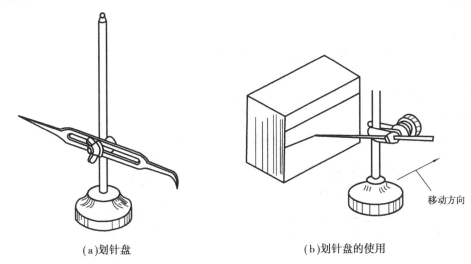

(a)划针盘   (b)划针盘的使用

移动方向

图2.8　划线盘及其使用

提示：

● 使用划针盘划线时，划针的伸出端应尽量短，以增大刚性，防止抖动。

● 用手拖动盘底划线时，应使盘底始终贴紧平板移动。

4. 游标高度尺

具体内容见"金属切削测量基础项目三"的游标高度尺。

5. 样冲

样冲是用碳素工具钢制成，也可用旧丝锥、铰刀等改制，如图2.9所示。尖端磨成90°～120°，并淬硬。样冲的作用是在工件划出的线条上冲眼，使加工界限清晰，避免被擦掉；划圆时，在圆心位置冲眼，可防止划规滑动；钻孔时，冲眼有利于钻头的定位。

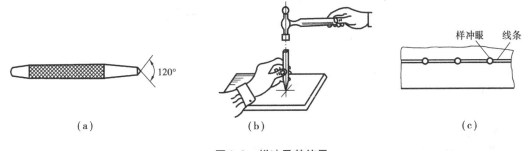

样冲眼   线条

120°

(a)   (b)   (c)

图2.9　样冲及其使用

提示：

● 冲眼时，先将样冲斜放在线上，锤击前再竖直，以保证冲眼的准确性。

● 冲眼间距要视线条的长短、曲直而定。如在长直线上的冲眼间距，应大些；反之，间距小些。在曲线上冲眼，间距应小些。在线的交接处，必须冲眼。

● 冲眼的深度一般应视工件的表面粗糙程度而定。粗糙表面或孔的中心冲眼要深，光滑表面或薄壁工件冲眼要浅，精加工表面不允许冲眼。

三、量具

1. 钢直尺

具体内容见"金属切削测量基础项目三"的钢直尺。

2. 90°角尺

具体内容见"金属切削测量基础项目三"的游标高度尺。

3. 角度尺

角度尺如图 2.10 所示。适用于划各种角度的线条。

(a)角度尺　　　　　　　　　　(b)角度尺的使用

图 2.10　角度尺及其使用

四、辅助工具

辅助工具是在划线中起支撑、调整、装夹等作用的工具。

1. 垫铁

垫铁如图 2.11 所示,用来支承、垫平毛坯工件。有平垫铁和斜垫铁两种。

(a)平垫铁　　　　　　(b)斜垫铁

图 2.11　垫铁　　　　　　　　　　　　　　　图 2.12　V 形铁

平垫铁一般每副两块,具有相同的准确尺寸,用于在划线中平行垫高工件。

斜垫铁能对工件的高低做少量调节。

2. V 形铁

V 形铁,一副两块,主要是用来支承圆柱形工件。如图 2.12 所示。

3. 千斤顶

千斤顶如图 2.13 所示。通常是三个为一组。支撑时可方便地调节工件各处的高度。主要适用于不规则工件的划线。

4. C 形夹

C 形夹主要用来配合角铁和方箱对工件进行夹紧固定。

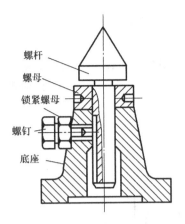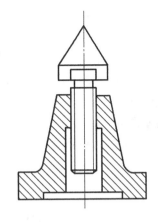

螺杆
螺母
锁紧螺母
螺钉
底座

图 2.13 千斤顶

任务三 划线基准和划线步骤

一、基准

基准是指图样或工件上用来确定其他点、线、面位置的依据。基准分设计基准和工艺基准。

1. 设计基准

在图纸上用来确定其他点、线、面位置的基准称为设计基准。

2. 工艺基准

在零件加工时,根据工艺需要用于确定其他点、线、面位置的基准称为工艺基准。

二、划线基准

划线基准属于工艺基准,是指划线时选择工件上某些点、线、面作为依据,用来确定工件其他点、线、面位置的尺寸和位置。

划线时,首先应确定划线基准。平面划线时需要确定两个基准,立体划线时需要确定三个基准。

三、划线基准的选择

合理的选择划线基准是做好划线工作的关键。只有划线基准选择合理,才能提高划线质量和效率,还可以提高工件的合格率。

1. 划线基准的选择原则

(1)划线时,应尽量使划线基准与设计基准保持一致,以减少误差。这是选择划线基准的基本原则。

(2)对称形状的工件,应以对称中心线作为划线基准。

(3)有孔或凸台的工件,应以主要的孔或凸台的中心线作为划线基准。

(4)未加工的毛坯件,应以主要的、面积较大的不加工面作为划线基准。

（5）加工过的零件,应以加工后的较大表面作为划线基准。

提示:

● 对于工艺要求复杂的工件,通常需要进行几次划线。如在工件毛坯上划线称为第一次划线;经过车、铣、刨等加工后,再划线称为第二次划线……。在每次划线时,应根据工件的具体情况来选择划线基准。

2. 常见划线基准类型

（1）以两个相互垂直的平面或直线为基准,如图 2.14 所示。

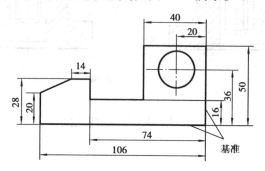

图 2.14　相互垂直的平面为基准

（2）以一个平面（或直线）和一条对称中心线为基准,如图 2.15 所示。

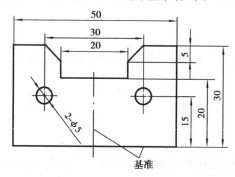

图 2.15　以一个平面（或直线）和一条对称中心线为基准

（3）以两个相互垂直的中心线为基准,如图 2.16 所示。

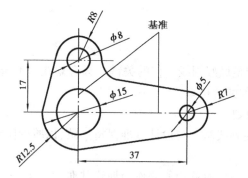

图 2.16　以两个相互垂直的中心线为基准

四、划线程序

1. 划线前的准备工作

（1）划线前，应认真分析图纸的技术要求和工件的工艺规程，合理选择划线基准、确定划线位置、划线步骤和方法。

（2）清理工件上的油污、毛刺、氧化皮及锈斑。

（3）在工件上涂色。为了使划出的线条清晰，一般都需要在工件的划线部位涂上一层涂料。常用的涂料及应用，见表 2.1。

表 2.1　划线常用涂料

名　称	配制比例	应　用
石灰水	稀糊状石灰水 + 适量牛皮胶	铸件、锻件毛坯
蓝油	2% ~ 4% 龙胆紫 + 3% ~ 6% 虫胶漆 + 91% ~ 95% 酒精配制而成	已加工表面
硫酸铜溶液	100 g 水 + 1 ~ 1.5 g 硫酸铜和少许硫酸溶液	形状复杂的工件

提示：

● 涂色时，为使所划线条清晰，应尽量涂得薄而均匀，如涂得太厚则容易剥落。

2. 划线

（1）正确安放工件和选用工具。

（2）先划出基准线和位置线，再按水平线、垂直线、角度斜线、圆弧线的顺序依次划线。

（3）按图纸要求检查所划线条的准确性、完整性。

（4）检查无误后，在线条上打上样冲眼。

任务四　划线时的找正与借料

工件毛坯在铸、锻过程中，由于各种原因，可能造成形状变形、偏心、壁厚不均匀等缺陷。当这些缺陷误差不大时，可通过找正和借料的方法来补救，以提高毛坯的利用率。

一、找正

1. 找正的含义

找正就是利用划线工具，使工件上与加工表面有关的毛坯表面处于合适的位置。

如图 2.17 所示，为轴承座毛坯，其毛坯因铸造导致底面与平面 A（A 为不加工面）不平行；内孔与外孔不同心。在划底面的加工线时，应以上平面 A 为依据找正工件位置，使底座各处厚度均匀；在划内孔加工线时，应以外圆作为找正依据，来确定内孔的中心。

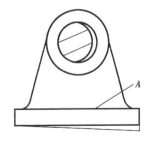

图 2.17　轴承座毛坯的找正

2. 找正的原则

（1）工件若有几个与加工表面有关的不加工表面时,应选重要的、较大的或外观质量较高的不加工表面作为找正的主要依据,并兼顾其他次要的不加工表面,使划线后的加工表面与不加工表面之间的尺寸和位置符合图纸要求,而将无法弥补的误差集中到次要的或不显眼的部位。

（2）若毛坯没有不加工表面时,可以通过对各加工表面自身位置的找正,尽量合理、均匀地分布各加工面的加工余量。

二、借料

1. 借料的作用

当工件毛坯上的误差或缺陷用找正的方法不能补救时,可采用借料的方法来解决,以提高毛坯的利用率。

2. 借料的含义

借料就是通过对缺陷的工件毛坯进行试划和调整,将各个待加工面的加工余量进行合理分配,相互借用,从而保证各个待加工面都有足够的加工余量。

如图 2.18(a)所示,为一圆环形工件图样,其内孔、外圆都需要加工。当毛坯比较精确时,所划线条如图 2.18(b)所示。当内孔、外圆偏心量较大时,如以外圆作为找正依据,则内孔的加工余量不足,如图 2.18(c)所示;反之,则外圆的加工余量不足,如图 2.18(d)所示。因此,只有同时兼顾内孔、外圆的情况下,适当地选择圆心位置,才能保证内孔、外圆都有足够的加工余量,如图 2.18(e)所示。

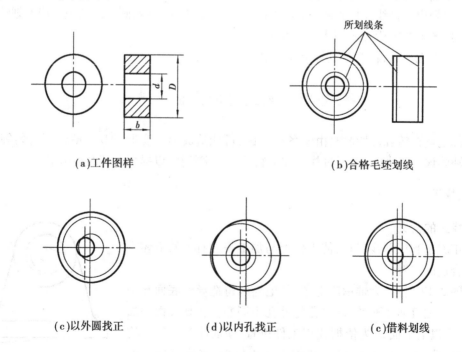

（a）工件图样　　　　　　　　　　　　　　　　　（b）合格毛坯划线

（c）以外圆找正　　　　　　（d）以内孔找正　　　　　　（e）借料划线

图 2.18　找正与借料示例（圆环的划线与借料）

3. 借料的一般步骤

借料时,往往要经过多次试划,才能确定合理的借料方案。借料的一般步骤是:

(1)详细测量工件毛坯的各部分尺寸,找出偏移部位及偏移量。

(2)分析工件毛坯,确定借料的方向及大小,划出基准线。

(3)根据图纸要求,以基准线为依据,划出其余各线。

(4)全面复查各加工表面的加工余量,若发现余量不足,则应继续调整,重新划线。

提示:

● 划线时工件的找正和借料往往是结合起来进行的。

● 借料也存在局限性,当毛坯误差太大不能补救时,则只能报废。

任务五　划线实训

一、平面划线

1. 平面划线的图样

平面划线的图样,如图 2.19 所示。

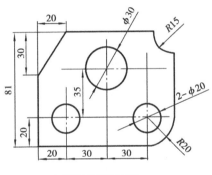

(a)平面划线图样1

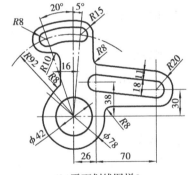

(b)平面划线图样2

图 2.19　平面划线图样

2. 实训要求

(1)正确使用划线工具。

(2)正确选择划线基准。

(3)掌握平面划线的操作方法。

3. 工、量具

划线平板、划针、划规、游标高度尺、样冲、手锤、钢直尺、角度尺、角尺等。

4. 实训步骤

(1)认真分析图纸,确定划线基准、划线位置和划线步骤。

(2)将工件清理干净并涂色。

(3)根据图纸要求,在工件上先划出基准线,再按水平线、垂直线、角度斜线、圆弧线的顺序,依次划线。

(4)对图形和尺寸进行认真校对,检查无误后,在线条上打上样冲眼。

5. 实训记录及评分标准

实训记录及评分标准,见表2.2。

表2.2 平面划线的评分表

项次	项目与技术要求	配分	评分方法	实测记录	得分
1	涂色薄而均匀	5	酌情扣分		
2	图形位置合理	10	酌情扣分		
3	使用工具正确、操作姿势正确	20	错误一次扣2分		
4	线条清晰无重线	15	线条不清或有重线,每处扣1分		
5	线条位置公差±0.3 mm	20	每处超差扣2分		
6	各圆弧连接圆滑	10	圆弧连接不圆滑,每处扣2分		
7	样冲眼分布均匀、合理	10	冲眼分布不均匀、合理,一处扣1分		
8	安全文明生产	10	违反一次扣2分,违反3次不得分		

二、立体划线

1. 立体划线的图样

立体划线的图样,如图2.20(a)所示。

2. 实训要求

(1)正确使用工具对工件进行支承。

(2)正确选择划线基准。

(3)掌握立体划线的操作方法。

3. 工、量具

划线平板、划针、划规、游标高度尺、样冲、手锤、钢直尺、角尺、垫铁、千斤顶等。

4. 实训步骤

(1)认真分析图纸,确定划线基准和划线步骤。

(2)将工件清理干净并涂色。

(3)以 $R50$ 的外圆轮廓为找正依据,确定轴承座内孔的中心。

(4)用三个千斤顶支承轴承座底面,如图2.20(b)所示。调整千斤顶配合用划针盘,使两端孔中心调整至同一高度,同时兼顾找平 A 面(A 面为不加工面),划出基准线Ⅰ—Ⅰ、底面加工线和两端螺钉孔的上平面加工线。

(5)将工件侧翻90°用千斤顶支承,如图2.20(c)所示。用90°角尺按已划出的底面加工线,来找正垂直位置,划出基准线Ⅱ—Ⅱ和两端螺钉孔的中心线。

(6)再将工件翻转,用千斤顶支承,如图2.20(d)所示。划出基准线Ⅲ—Ⅲ和两个大端面的加工线。

(7)用划规划出轴承座内孔和两端螺钉孔的圆周尺寸线。

(8)对图样和尺寸进行认真校对,检查无误后,在线条上打上样冲眼。

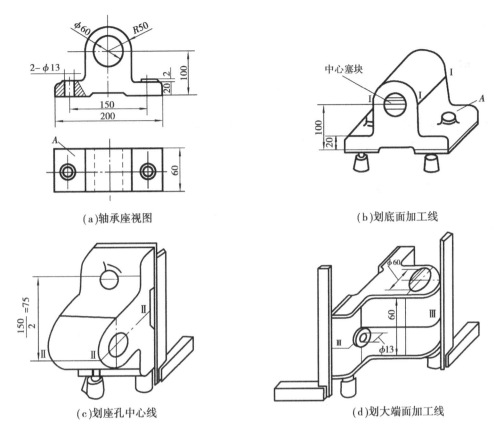

(a)轴承座视图　　　　　　　　　　(b)划底面加工线

(c)划座孔中心线　　　　　　　　　　(d)划大端面加工线

图 2.20　立体划线(轴承座)

提示:

● 在支承工件时,一定要稳定可靠,防止工件倾倒。

5. 实训记录及评分标准

实训记录及评分标准,见表2.3。

表 2.3　立体划线的评分表

项次	项目与技术要求	配分	评分方法	实测记录	得分
1	涂色薄而均匀	5	酌情扣分		
2	使用工具正确、操作姿势正确	10	错误一次扣2分		
3	基准位置误差小于 0.30 mm	24	超差一次扣8分		
4	三个方向垂直度找正误差小于 0.5 mm	15	超差一次扣5分		
5	线条清晰无重线	10	线条不清或有重线,每处扣1分		
6	线条位置公差 ±0.3 mm	16	每处超差扣2分		
7	样冲眼分布均匀、合理	10	冲眼分布不均匀、合理,一处扣1分		
8	安全文明生产	10	违反一次扣2分,违反3次不得分		

复习思考题

1. 在机械加工中,划线有什么作用?

2. 什么是平面划线? 什么是立体划线?

3. 常用的划线工具有哪些?

4. 什么是划线基准? 平面划线和立体划线时分别要选几个基准?

5. 简述划线基准的选择原则。

6. 简述划线的程序。

7. 什么叫找正? 什么叫借料?

项目三 錾 削

项目内容 1. 錾削工具的结构和种类。

2. 各种工件的錾削方法。

3. 錾削的安全文明生产规范。

项目目的 1. 理解錾削角度对錾削质量、錾削效率的影响及錾子楔角的正确选择。

2. 掌握錾子的刃磨及热处理方法。

3. 熟练掌握錾削的姿势和方法。

项目实施过程

任务一 认识錾削工具

一、錾削概述

錾削是利用手锤击打錾子,实现对工件切削加工的一种方法。

它主要用于不便于机械加工的场合。工作范围包括去除毛坯的飞边、毛刺、浇冒口,也可以切割板料、条料,开槽以及对金属表面进行粗加工。尽管錾削工作效率低,劳动强度大。但是由于它所使用的工具简单,操作方便,因此,仍起到重要的作用。另外手锤是各种机械加工的常用工具,特别是机修钳工。所以錾削时,手锤的使用训练能为学习者打下扎实的基础。

二、錾子的结构与种类

1. 錾子的结构

錾子一般由碳素工具钢 T7A,T8A 锻成。它由切削部分、錾身、头部组成,如图 3.1 所示。

一般錾身制成多棱形,便于操作者握持,防止錾削时錾子转动。錾子头部有一定的锥度,顶端略带球形,便于捶击时的作用力集中并通过錾子的中心线;另外,还可以防止在錾削时,錾子头部的金属毛刺断裂扎手。

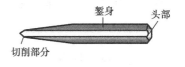

图 3.1 錾子的结构

2. 錾子的种类

錾子的类型,如图 3.2 所示。

(1)扁錾。扁錾的切削刃较长,切削部分扁平,用于錾削平面、去除毛刺、飞边,切断材料等,应用最广,如图 3.2(a)所示。

(2)窄錾。窄錾的切削刃较短,且刃的两侧自切削刃起向柄部逐渐变窄,以保证在錾槽时,两侧不会被工件卡住。窄錾用于錾槽及将板料切割成曲线等,如图 3.2(b)所示。

(3)油槽錾。油槽錾的切削部分制成弯曲形状,切削刃很短,且制成圆弧形,如图 3.2(c)所示。

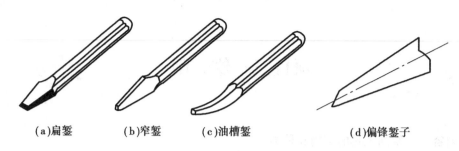

(a)扁錾　　　　(b)窄錾　　　　(c)油槽錾　　　　　(d)偏锋錾子

图 3.2　錾子的种类

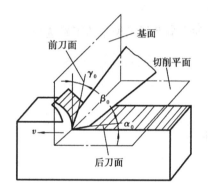

图 3.3　錾子切削部分的几何角度

提示：

● 在实际工作中精修平面时，錾子容易打滑，故可以将扁錾或窄錾刃磨成偏锋錾子，在錾削时，使錾子刃口更容易贴合被加工表面。錾削时，要求刃口窄的一面作为錾子的后刀面，如图 3.2(d)所示。

三、錾子切削部分的几何角度

如图 3.3 所示，为錾削时的几何角度。錾削角度的定义、作用和楔角大小的选择，分别见表 3.1、表 3.2。

表 3.1　錾削角度的定义及作用

錾削角度	定　　义	作　　用
楔角 β_0	前刀面与后刀面所夹的锐角	楔角的大小由刃磨时形成，楔角的大小决定了切削部分的强度及切削阻力的大小。楔角大，刃部的强度就高，但錾削费力。通常应根据工件材料的软硬程度，选取适当的楔角
后角 α_0	后面与切削平面所夹的锐角	后角的大小，决定了切入深度及切削的难易程度。后角太大，会使錾子切入太深，造成錾削困难。后角太小，切入就浅，切削容易，但工作效率低。另外后角太小会使錾子滑出工件表面，造成不能切入
前角 γ_0	前面与基面所夹的锐角	前角的大小决定切屑变形的程度及切削的难易度

表 3.2　錾削角度的选择

工件材料	楔角 β_0	后角 α_0	前角 γ_0
铸铁、高碳钢等硬材料	$60° \sim 70°$		
结构钢、中碳钢等中硬材料	$50° \sim 60°$	$5° \sim 8°$	$\gamma_0 = 90° - (\beta_0 + \alpha_0)$
铜、铝、锡等软材料	$30° \sim 50°$		

四、錾子的刃磨

1. 刃磨錾子的原因

錾子刃部在使用过程中容易磨损变钝,会直接影响加工表面的质量和工作效率,故需经常刃磨,以保证刃口锋利。另外錾子的头部在长时间敲击后会产生毛刺,也应及时磨掉,否则容易在敲击过程中打崩伤手。

2. 錾子刃部的刃磨方法

如图3.4(a)所示。双手握持錾子,将錾子的切削刃置于砂轮水平中心线以上的轮缘处进行刃磨。刃磨时用力不能太大,錾子左右移动要平稳、均匀。当錾削面要求较高时,錾子还应在油石上精磨,如图3.4(b)所示。錾子楔角的两面应交替进行刃磨,直至錾刃平直。錾子楔角刃磨后,可用样板检查,如图3.4(c)所示。

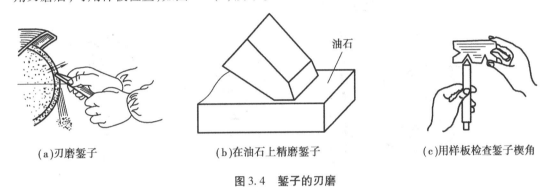

(a)刃磨錾子   (b)在油石上精磨錾子   (c)用样板检查錾子楔角

图3.4　錾子的刃磨

提示:

● 錾子在刃磨时,左右压力不均,使錾刃倾斜是常见的问题,可先使用扁铁,进行刃磨楔角的训练。

● 錾子在刃磨时,应经常浸水冷却,以免錾子过热退火。

五、錾子的热处理

新锻打的錾子和刃磨退火后的錾子,需经热处理后才能满足切削要求。錾子的热处理包括淬火和回火两个过程。

淬火是提高材料硬度、强度、耐磨性的热处理方法,如图3.5所示。淬火时,将錾子切削部分10~20 mm长加热至750~780 ℃后,呈暗樱红色,快速将錾子前5 mm左右的切削部分浸入水中冷却,至露出水面的部分变成黑色后,取出。

提示:

● 錾子应在水中轻轻晃动,利用水的波纹,使淬火后的切削部分与錾子其他部分的结合处不成为一条直线。否则,錾子在该分界处容易产生断裂。

回火的作用是减少或消除材料淬火时产生的内应力,以提高錾子的韧性。錾子的回火是利用錾子淬火后的余

图3.5　錾子的热处理

热,而不需重新加热。錾子的切削部分在取出水后,会出现白色、黄色、蓝色的变化。当錾子在呈现黄色时,将錾子全部浸入水中冷却,称为"淬黄火"。"淬黄火"后的錾子,硬度较高,韧性较差;当錾子在呈现蓝色时,将錾子全部浸入水中冷却,称为"淬蓝火","淬蓝火"后的錾子,韧性较好,但硬度稍差。操作者可以根据实际情况选择回火时的颜色。

提示:

● 热处理就是利用冷却速度的不同,达到所需要的机械性能。即冷却速度越快,热处理后錾子的硬度越高,反之,硬度越低。

六、手锤

手锤又称为榔头,是钳工常用的敲击工具,如图 3.6 所示。

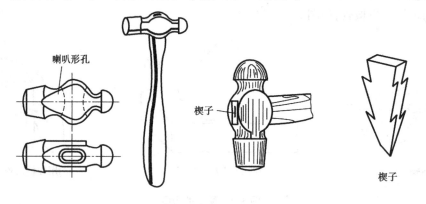

图 3.6　手锤

手锤由锤头和木柄两部分组成。其规格是以锤头的重量大小来表示,有 0.25,0.5,0.75,1 kg 等几种(工厂常按磅来分,1 磅 ≈ 0.9 市斤)。锤头用碳素工具钢制成并经淬硬处理。木柄选用硬木制成,木柄长度应根据操作者的肘长来确定。确定方法为手握锤头,木柄应与手肘对齐,常用的手锤柄长为 350 mm 左右。

木柄安装须可靠,为防止锤头脱落造成事故,锤头的孔做成喇叭形,即孔的中间小,两端大,以便木柄装入后再敲入楔子固定。为防止楔子松脱,通常楔子制有倒刺。

任务二　正确使用錾削工具

一、錾子的握法

錾子的握法,如图 3.7 所示,一般有正握法和反握法两种。操作熟练后,可根据生产过程中的实际需要握持。

1. 正握法

正握法握持时,手心向下,用的中指、无名指和小指握持錾身,大拇指与食指自然合拢。

2. 反握法

反握法握持时,手心向上,錾身不接触手心,用手指指端自然合拢握持錾子。

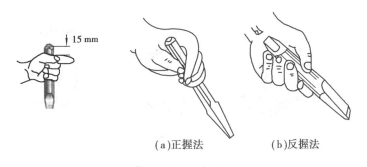

(a)正握法　　　　　　(b)反握法

图 3.7　錾子的握法

提示:

● 握持錾子时,錾子头部伸出约 15 mm 左右,如伸出过长,錾子容易出现摆动,敲击时容易打手。

● 錾子不能握得太紧,否则手所受的振动就大。

二、手锤的握法

手锤的握法一般有紧握法和松握法两种,如图 3.8 所示。

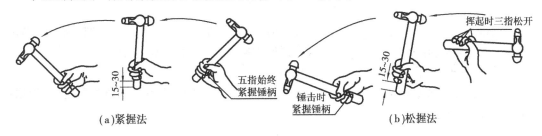

(a)紧握法　　　　　　　　　　　　(b)松握法

图 3.8　手锤的握法

1. 紧握法

紧握法如图 3.8(a)所示。敲击过程中五指始终紧握锤柄,尾部露出 15 ~ 30 mm。

2. 松握法

松握法,如图 3.8(b)所示。用大拇指和食指始终紧握锤柄。锤挥起时,小指、无名指、中指依次松开锤柄。捶击时,在运锤过程中再按相反顺序依次握紧锤柄。松握法可减轻操作者的疲劳。熟练后,可增大敲击力。

提示:

● 采用紧握法敲击,手心容易出汗,容易造成握持手锤打滑而出现事故,且容易造成操作疲劳,故不建议初学者使用。

三、挥锤方法

1. 腕挥

腕挥,如图 3.9(a)所示,只依靠手腕的运动来挥锤。此方法捶击力较小,腕挥一般适用于起錾、收尾、修整或錾油槽等场合。

(a)腕挥   (b)肘挥   (c)臂挥

图 3.9 挥锤方法

2. 肘挥

肘挥,如图 3.9(b)所示,利用手腕和手肘一起运动来挥锤。肘挥的敲击力较大,应用最广。

3. 臂挥

臂挥,如图 3.9(c)所示,利用手腕、手肘和手臂一起来挥锤。臂挥的敲击力最大,用于需要大量錾削的场合,在装配工作中也应用较多。

四、錾削站姿

錾削时的站姿,如图 3.10 所示,錾削时,面对台虎钳,左脚自然向前斜跨半步,重心偏于右脚。

提示:

● 操作者与台虎钳的距离和左右脚的跨度,应根据操作者的身高来决定。

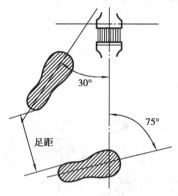

图 3.10 錾削站姿

任务三 錾削加工和安全文明生产

一、平面的錾削

錾削平面时,主要用扁錾。每次錾削余量取 0.5 ~ 2 mm。如錾削余量超过 2 mm,应分几次錾削。

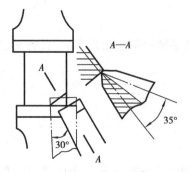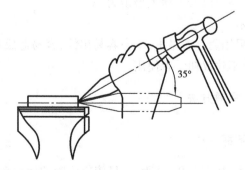

图 3.11 起錾方法

　　起錾方法,如图 3.11 所示,起錾时,应将錾子的刃口抵紧工件边缘的尖角处,使錾子轴心线与工件端面基本垂直,用腕挥轻轻起錾。起錾后,再将錾子的后角调整到 5°~8°,进行正常錾削。当每次錾削距尽头约 10 mm 时,应掉头錾削,如图 3.12 所示。否则会造成尽头的材料崩裂,对铸铁、青铜等脆性材料尤其要重视。

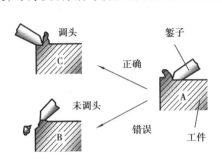
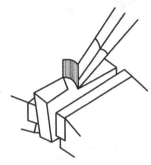

图 3.12　调头錾削　　　　　　　　　　　　　　　图 3.13　錾窄平面

提示:
- 錾削时,眼睛应注视工件的切削部位,以便随时观察錾削的情况。
- 錾削时,应控制好捶击的速度,一般每分钟捶击 40 次左右。

　　錾较窄平面时,如图 3.13 所示。錾子的切削刃最好与錾削前进方向倾斜一个角度,这样錾子容易握稳。

　　錾较宽平面时,如图 3.14 所示。应先用窄錾在工件上錾若干条平行槽,再用扁錾将剩余部分錾去,这样能避免錾子的切削部分两侧受工件的卡阻,錾削较省力。

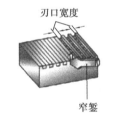

图 3.14　錾较宽平面　　　　　　　　　　　　　　图 3.15　錾削油槽

二、油槽的錾削方法

　　錾削前,首先要根据图样上油槽的断面形状,把油槽錾的切削部分刃磨准确。

　　錾削时,錾子的倾斜角度应随着曲面而变动,使錾削时的后角保持不变,这样能使錾出的油槽光滑且深浅一致,必要时可进行一定的修整。

　　錾好后还要用砂布或刮刀把槽边的毛刺修光,如图 3.15 所示。

三、錾切板料的方法

　　在台虎钳上錾切,工件的切断线要与要与钳口平齐,工件要夹紧,用扁錾沿着钳口并斜对着板面,自右向左錾切,如图 3.16 所示。

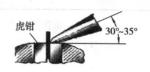

图 3.16 錾切板料

对尺寸较大的薄板料在铁砧(或平板)上进行切断时,应在板料下面衬以软材料,以免损坏錾子刃口。如图 3.17 所示。錾切时,应由前向后依次錾切。开始时錾子应放斜一些,以便于对齐切断线,对齐后再将錾子竖直进行錾切。如图 3.18 所示。

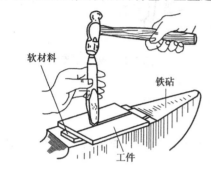

图 3.17 在铁砧上錾切板料

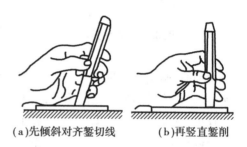

(a)先倾斜对齐錾切线　　(b)再竖直錾削

图 3.18 錾切板料时錾子的握法

形状较复杂板料的錾切方法,一般是先按轮廓线钻出密集的排孔,再用扁錾或窄錾逐步切成,如图 3.19 所示。

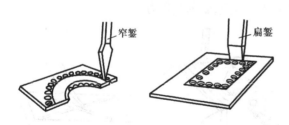

图 3.19 形状较复杂板料的切割

四、錾削时的安全文明生产

(1)錾削前,应认真检查锤头有无松动,锤柄有无裂纹,避免操作时锤头飞出伤人。

(2)錾削前,应注意四周环境,錾削者前方不能站人,避免铁屑飞溅伤人。挥锤时应注意背后是否有人。

(3)錾削时,工件必须夹持正确,且夹持力应适当,夹持太紧,会夹伤工件表面;夹持太松,会造成工件夹持不稳而影响加工精度,甚至工件掉落伤人。

(4)錾削时的受力方向应朝向固定钳身,避免损坏台虎钳。

(5)錾削时,操作者应佩戴防护眼镜。

(6)铁屑的清除,应使用刷子清除,不能用嘴吹,避免铁屑入眼。

(7)錾削时,操作者不准戴手套操作,且操作者手上不能粘有油污,避免錾削时手锤滑出伤人。

(8)錾削过程中,应及时磨掉錾子头部的毛刺,防止毛刺扎手。

(9)合理安排操作时间,严禁疲劳作业。

任务四　錾削实训及缺陷分析

一、制作扁錾

1. 制作扁錾的图样

制作扁錾的图样,如图 3.20 所示。

2. 实训要求

(1)正确使用砂轮机。

(2)正确掌握錾子的刃磨方法。

(3)初步掌握观察錾子的颜色变化来判断加热温度。

(4)掌握錾子楔角的检查方法。

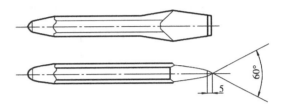

图 3.20　制作扁錾的图样

3. 工、量具

砂轮机、加热设备、抱钳、角度样板。

4. 实训步骤

(1)将錾子刃磨成型,并用样板检查,达到图样要求。

(2)将錾子切削部分加热至 750 ~ 780 ℃,呈暗樱红色,进行淬火。

(3)将錾子进行回火处理。

(4)将錾子进行精磨。

(5)通过试錾来判断錾子的机械性能。

提示:

• 刃磨錾子时,应严格遵守砂轮机的安全操作规范。

• 淬火时注意錾子的浸入深度和移动方法。

• 通过錾子颜色来判断加热温度和回火温度是錾子热处理的关键。注意在进行热处理时,不能过多地注视炉子内的火光,避免眼睛发花,造成颜色判断不准。

5. 实训记录及评分标准

实训记录及评分标准,见表 3.3。

表 3.3　制作扁錾的评分表

项次	项目与技术要求	配分	评分方法	实测记录	得分
1	刃磨姿势正确	20	错误一次扣 5 分		
2	錾子前、后刀面光滑平整	10	一面不合格扣 5 分		
3	楔角正确	15	酌情扣分		
4	切削刃平直	15	酌情扣分		
5	热处理姿势正确	10	错误一次扣 2 分		
6	控制温度及冷却速度	10	酌情扣分		
7	安全文明生产	20	违反一次扣 2 分,违反 3 次不得分		

二、錾削平面

1.錾削平面的图样

錾削平面的图样,如图 3.21 所示。

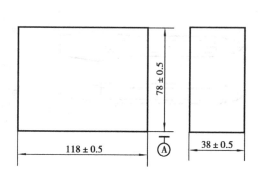

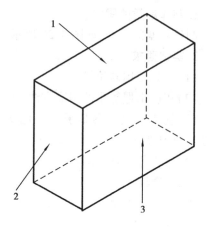

图 3.21 錾削平面

2.实训要求

(1)牢记錾削的安全文明生产规范。

(2)掌握錾削的姿势、锤击速度及力度,掌握锤击的准确性。

(3)正确掌握平面錾削的方法,特别注意起錾、收尾的方法。

(4)初步掌握检查尺寸和形位公差的方法。

3.工、量具

台虎钳、平板、划针、划针盘、手锤、扁錾、钢直尺、90°角尺、塞尺、游标卡尺、游标高度尺。

4.实训步骤

(1)錾削前,应先检查手锤的木柄是否有裂纹、木柄安装是否牢固可靠。

(2)检查坯件尺寸是否符合图样要求。

(3)以底面为基准划出錾削加工线。

(4)錾削面 1,使錾削面的平面度、尺寸精度和平行度达到图样要求,并将锐边倒钝。

(5)錾削面 2,使錾削面的平面度、尺寸精度和垂直度达到图样要求,并将锐边倒钝。

(6)用錾削宽平面的方法錾削面 3,达到图样要求。

(7)整理好工、量具,并清理工作场地。

提示:

● 工件在夹持时,应在底面垫上木块,防止振动过大。

5.实训记录及评分标准

实训记录及评分标准,见表 3.4。

表 3.4 錾削平面的评分表

项次	项目与技术要求		配分	评分方法	实测记录	得分
1	錾削姿势正确		10	错误一次扣 2 分		
2	錾削痕迹整齐(3 面)		15	一面不合格扣 5 分		
3	尺寸精度	118 ± 0.5	10	超差 0.1 扣 1 分,一面超差 0.20 扣 10 分		
		78 ± 0.5	10			
		38 ± 0.5	10			
4	平面度 0.5 mm(3 面)		15	超差 0.1 扣 1 分		
5	平行度 0.5 mm(面 1 与 A 面)		5	超差 0.1 扣 1 分		
6	垂直度 0.5 mm(面 2、3 与 A 面,面 2 与面 3)		15	超差 0.1 扣 1 分		
7	安全文明生产		10	违反一次扣 2 分,违反 3 次不得分		

三、錾削缺陷分析

錾削时常见的缺陷形式及原因分析见表 3.5。

表 3.5 錾削缺陷分析

缺陷形式	产生原因
錾子刃口崩裂	1. 錾子刃部淬火硬度过高,回火不好; 2. 工件材料硬度过高或硬度不均匀; 3. 锤击力太猛
錾子刃口卷边	1. 錾子刃部淬火硬度偏低; 2. 錾子楔角太小; 3. 一次錾削量太大
錾削超过尺寸线	1. 工件装夹不牢; 2. 起錾超线
零件棱边、棱角崩缺	1. 錾子刃口后部宽于切削刃部; 2. 錾削收尾未调头錾削; 3. 錾削时,錾子掌握不稳
錾削表面凸凹不平	1. 錾子刃口不锋利; 2. 錾子未握正、左右、上下摆动; 3. 錾削时,后角过大或时大时小; 4. 锤击力不均匀

复习思考题

1. 錾削时,錾子各角度对切削工作有什么影响?
2. 简述錾子的热处理过程。
3. 握锤的方法有几种? 哪种握法较好,为什么?
4. 錾削平面时应注意哪些问题?
5. 试述錾削的安全文明生产规范。

项目四 锯 削

项目内容 1.锯弓的种类及锯条的规格。
2.锯弓的正确使用。
3.锯削的安全文明生产规范。

项目目的 1.能根据不同材料正确选用锯条。
2.熟练掌握锯削的姿势和方法。
3.严格遵守安全文明生产规范。

项目实施过程

任务一 认识锯削工具

一、锯削概述

用手锯对材料或工件进行分割或开槽的操作称为锯削。锯削加工是一种粗加工,一般平面度可控制在0.2 mm范围内。锯削具有操作方便、简单、灵活的特点,适合于较小材料或工件的单件小批量的加工。

二、锯弓

锯弓又称锯架,其作用是张紧锯条,有可调式和固定式两种。如图4.1所示。

1. 可调式锯弓

可调式锯弓,如图4.1(a)所示。它可以安装几种规格的锯条,并且携带方便,故应用广泛。

2. 固定式锯弓

固定式锯弓,如图4.1(b)所示。虽然其只能安装一种规格的锯条,但是其强度好,精度相对较高,故在锯削要求较高的场合,应多使用固定式锯弓。

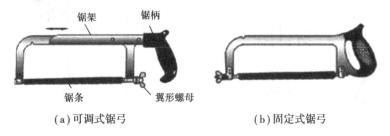

(a)可调式锯弓　　　　　　　　　　(b)固定式锯弓

图4.1 锯弓的种类

三、锯条

锯条一般用碳素工具钢 T10,T10A 或高速钢(锋钢)制成,并经热处理淬硬。

1. 锯条的规格

锯条的规格是以两端安装孔的中心距来表示,如图 4.2 所示。钳工常用的锯条规格是 300 mm。其宽度为 10~25 mm,厚度为 0.6~1.25 mm。

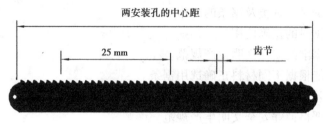

图 4.2　锯条

2. 锯齿的粗细及其选择

锯齿粗细是以锯条每 25 mm 长度内的齿数来表示的,常用的有 14,18,24,32 等几种。齿数越多,则表示锯齿越细。

(1)粗齿锯条。粗齿锯条的容屑槽较大,不容易产生切屑堵塞而影响切削效率,适合于锯软材料。

(2)细齿锯条。细齿锯条适合于锯硬材料、管子及薄材料。使用细齿锯条锯削硬材料时,可以使参加锯削的锯齿增多,使每齿的锯削量减少,切削省力,且降低了锯条的磨损。使用细齿锯条锯削管子或薄材料,可防止锯齿被材料棱边钩住而将锯齿崩裂,甚至折断锯条。

3. 锯路

锯条在制造时,将锯齿按一定规律左右错开,排成一定的形状,称为锯路。锯路有交叉形和波浪形,如图 4.3 所示。锯路的作用是使锯缝的宽度大于锯条的厚度,防止锯削时锯条不会被卡住,减少锯条因发热而加快磨损,延长锯条的使用寿命,使锯削省力。

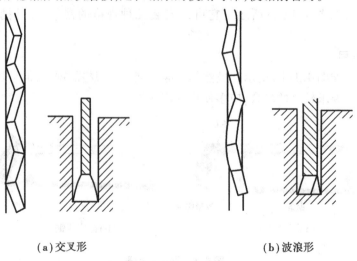

(a)交叉形　　　　　　　　　　　　(b)波浪形

图 4.3　锯路

任务二　正确使用手锯

一、锯条的安装

1. 安装时要使齿尖的方向朝前

手锯是在前推时，才起切削作用，因此，安装时要使齿尖的方向朝前。如图 4.4 所示。

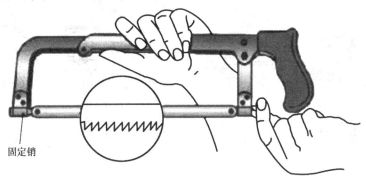

固定销

图 4.4　锯条的安装

2. 锯条的松紧度要适当

一般要求只能用手拧紧翼形螺母，再用手扳动锯条，感觉硬实即可。锯条安装得太松或太紧，都容易折断。

3. 检查锯条与锯弓是否在同一中心平面内

锯条安装后，还应检查锯条与锯弓是否在同一中心平面内，如出现歪斜或扭曲，应及时矫正，否则锯缝容易歪斜，影响锯削的质量。

二、握锯方法

握锯方法如图 4.5 所示，右手握住锯柄，左手轻扶在锯弓前端。锯削时的压力和推力主要由右手控制，左手主要是协助右手扶正锯弓。

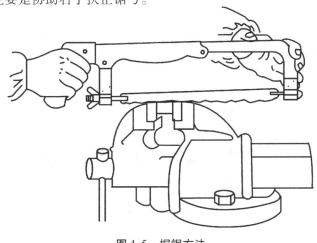

图 4.5　握锯方法

三、锯削姿势

1.锯削站势

锯削时的站立姿势与錾削基本相似。推锯时,重心从右脚转移至左脚,依靠身体的力量来帮助锯削。既可提高锯削的工作效率,又可减轻操作者的疲劳。如图4.6所示。

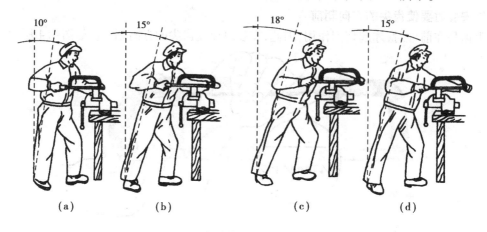

（a）　　　　（b）　　　　（c）　　　　（d）

图4.6　锯削姿势

2.锯弓的运动方式

（1）直线运动式。直线运动由于其锯痕平直,适合于对锯削面要求较高工件和直槽的锯削。前推时,左右手同时下压;后拉时,不加压力。如图4.7所示。

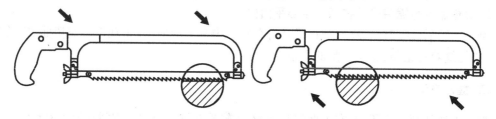

图4.7　直线运动式

（2）摆动式。开始时左右手同时下压,推锯过程中,右手下压、左手上翘;后拉时,右手上抬,左手自然收回。该方法由于同时参加锯削的齿数减少,切入容易,可以减小切削阻力,提高工作效率。如图4.8所示。

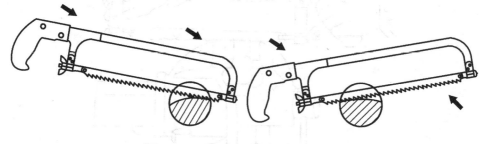

图4.8　摆动式

3.锯削速度

锯削速度以每秒20~40次为宜。速度过快,易使锯条发热,会加快锯条的磨损;速度过慢,又直接影响锯削的效率。一般锯软材料时,可以锯快些;锯硬材料时,应慢些。如锯条发热,可使用切削液进行冷却。

4.锯条的行程

锯削时,为避免局部磨损,应尽量使锯条在全长范围内使用,以延长锯条的使用寿命。一般应使锯条的行程不小于锯条长度的2/3。

四、锯条的修磨

锯条在使用过程中,经常会出现个别锯齿损坏的情况,如不及时修磨,会造成连续的断齿,使锯条报废。修磨方法如图4.9所示。磨光锯条的断齿部位,并磨斜断齿后面的2~3个齿后,锯条还可以继续使用。

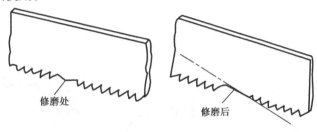

图4.9 修磨锯条

任务三 锯削加工和安全文明生产

一、起锯方法

起锯是锯削工作的开始。起锯质量的好坏,直接影响锯削的质量。起锯有远起锯和近起锯两种方法,如图4.10所示。一般采用远起锯。

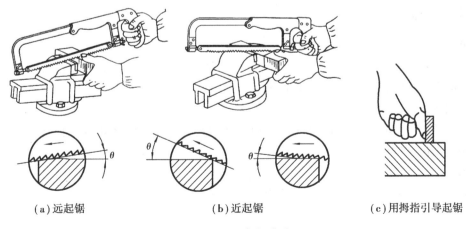

(a)远起锯　　　　　　(b)近起锯　　　　　(c)用拇指引导起锯

图4.10 起锯方法

无论哪种起锯方法,起锯角度都要求不大于15°。如果起锯角度太大,锯齿容易被工件的棱边卡住,造成锯齿崩裂。但起锯角度也不能太小,否则由于同时参加锯削的齿数较多,切入材料困难,容易使锯条打滑而影响表面质量。为了使起锯平稳,位置准确,可用左手大拇指挡住锯条来导向。如图4.10(c)所示。起锯时,要求压力小、行程短。

二、管子的锯削方法

1. 薄壁管子的夹持

若是薄壁管子,应使用两块木制V形或弧形槽垫块来夹持薄壁管子,防止夹扁管子或夹坏表面,如图4.11(a)所示。

2. 锯削方法

锯削时,每个方向只锯到管子的内壁处,然后把管子转动一个角度再起锯,且仍只锯到内壁处,如此多次,直至锯断,如图4.11(b)所示。

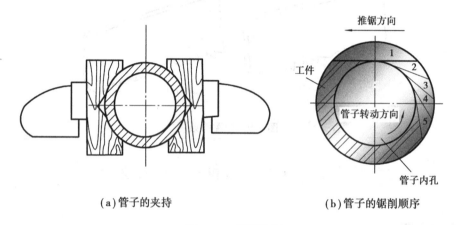

(a)管子的夹持　　　　　　　　(b)管子的锯削顺序

图4.11　锯削管子

提示:
- 在转动管子时,应使已锯部分向推锯方向转动,否则锯齿会被管壁钩住而崩裂。

三、板料的锯削方法

1. 锯削板料

锯削的板料,如图4.12(a)所示。将板料夹持在台虎钳上,用手锯横向斜推,以增加同时参与切削的齿数,从而避免锯齿被钩住而崩裂。

2. 锯削薄板料

薄板料的锯削,如图4.12(b)所示。可以将薄板料夹在两木块之间,连同木块一起锯削,这样可避免锯齿被钩住而崩裂。

提示:
- 薄板料的切割,一般采用铁皮剪或錾子剪切,以节约木材的消耗。

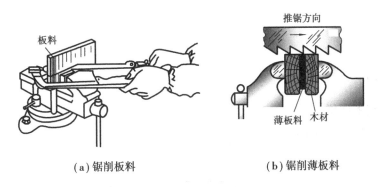

(a) 锯削板料　　　　　　　　　　(b) 锯削薄板料

图 4.12　锯削板料

四、深缝的锯削

当锯缝的深度超过锯弓高度时,为防止锯弓与工件相撞,应在锯弓快要碰到工件时,将锯条拆出并转动90°,重新安装,或把锯条的锯齿朝向锯弓背,进行锯削。如图4.13所示。

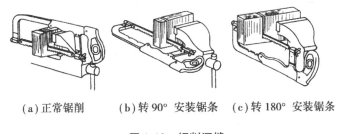

(a) 正常锯削　　　(b) 转90° 安装锯条　　(c) 转180° 安装锯条

图 4.13　锯削深缝

五、锯削的安全文明生产

(1)安装锯条时,不能过松或过紧,以免在锯削时,造成锯条折断后弹出伤人。

(2)工件一般应夹持在台虎钳左侧,以便于操作。

(3)工件夹持在台虎钳上时,应使工件的锯削线尽量靠近钳口,且伸出端尽量短,防止工件在锯削时产生振动。

(4)锯削时工件应夹紧,避免工件松动,以防止造成锯缝歪斜而影响加工质量。另外,工件夹持不紧还容易造成锯条的折断而伤人。

(5)锯削过程中,应做到压力适当,推锯平稳,避免锯条左右摆动而折断锯条。

(6)工件将锯断时,应做到推锯压力小,并及时用手扶持好工件的锯断部分,避免锯断部分落下砸脚。

(7)锯削完毕后,应将锯弓上的翼形螺母旋松,以放松锯条,防止锯弓变形。

任务四 锯削实训

一、锯削棒料

1. 锯削棒料的图样

锯削棒料的图样,如图4.14所示。

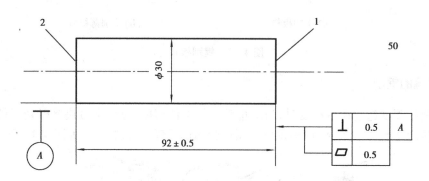

图4.14 锯削棒料的图样

2. 实训要求

(1)正确选用锯条。

(2)掌握锯条安装方法和工件的夹持方法。

(3)熟练掌握锯削的姿势、锯削速度。

(4)熟练掌握起锯的方法。

(5)牢记锯削的安全文明生产规范。

3. 工、量具

台虎钳、平板、划线工具、手锯、钢尺、游标卡尺、90°角尺、塞尺等。

4. 实训步骤

(1)检查坯件尺寸并划线。

(2)锯削端面1,达到平面度、垂直度要求。

(3)锯削端面2,达到尺寸要求。

(4)整理好工、量具,并清理工作场地。

提示:

● 锯削钢件时,一般应使用机油进行润滑、冷却,以提高锯条的使用寿命。

● 测量时,应将工件锐边倒钝,锯削面不允许修整。

5. 实训记录及评分标准

实训记录及评分标准见表4.1。

表 4.1 锯削棒料的评分表

项次	项目与技术要求	配分	评分方法	实测记录	得分
1	锯削姿势正确、锯削速度适当	20	错误一次扣 2 分		
2	锯削面锯痕整齐	10	一面不合格扣 5 分		
3	尺寸精度 92 ± 0.50	20	超差 0.05 mm 扣 2 分，超差 0.3 mm 不得分		
4	平面度 0.50 mm(2 面)	20	超差 0.05 mm 扣 2 分，一面超差 0.20 mm 扣 10 分		
5	平行度 0.50 mm	10	超差 0.05 mm 扣 2 分		
6	垂直度 0.50 mm(2 面)	10	超差 0.05 mm 扣 2 分		
7	安全文明生产	10	违反一次扣 2 分,违反 3 次不得分		

二、锯削深缝

1. 锯削深缝的图样

锯削深缝的图样,如图 4.15 所示。

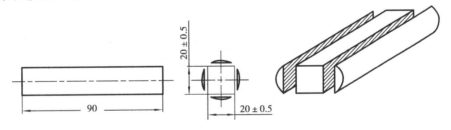

图 4.15 深缝锯削图样

2. 实训要求

掌握深缝的锯削方法。

3. 工、量具

台虎钳、平板、划线工具、手锯、钢尺、游标卡尺、90°角尺、塞尺等。

4. 实训步骤

(1)检查坯件尺寸,并划线。

(2)将棒料锯削成长方体,达到图样要求。

(3)整理好工、量具,并清理工作场地。

5. 实训记录及评分标准

实训记录及评分标准,见表 4.2。

表 4.2　锯削深缝的评分表

项次	项目与技术要求	配分	评分方法	实测记录	得分
1	锯削姿势正确、锯削速度适当	10	错误一次扣 2 分		
2	锯削面锯痕整齐	20	一面不合格扣 5 分		
3	尺寸精度 20±0.50（2 组）	20	超差 0.05 mm 扣 2 分，一组超差 0.20 mm 扣 10 分		
4	平面度 0.50 mm（4 面）	10	超差 0.05 mm 扣 2 分		
5	平行度 0.50 mm	20	超差 0.05 mm 扣 2 分		
6	垂直度 0.50 mm（4 面）	10	超差 0.05 mm 扣 2 分		
7	安全文明生产	10	违反一次扣 2 分，违反 3 次不得分		

三、锯削缺陷分析

锯削常见的缺陷形式及原因分析，见表 4.3。

表 4.3　錾削缺陷分析

缺陷形式	原因分析
锯缝歪斜	1. 工件装夹不正； 2. 锯条安装过松； 3. 锯削姿势不当，压力过大
锯条折断	1. 锯条选用不当或起锯角度不当； 2. 锯条安装过紧或过松； 3. 工件未夹紧； 4. 推锯时用力过猛或锯削压力过大； 5. 锯缝歪斜后强行矫正； 6. 新锯条在原锯缝中卡住而折断
锯齿崩裂	1. 锯齿粗细选用不当； 2. 起锯方法不正确； 3. 锯削薄壁工件时，采用的方法不当； 4. 锯削中遇到材料组织缺陷，如杂质、砂眼等
锯齿过早磨损	1. 锯削速度过快； 2. 锯削硬材料时未进行冷却、润滑

复习思考题

1. 锯条的规格是指什么？常用的锯条规格是多少？

2. 怎样选择锯条的粗细？

3. 什么叫锯路？锯路有什么作用？

4. 起锯的方法有几种？起锯的角度是多少，为什么？

5. 为什么在锯削薄板料和管子时容易崩齿？应如何防止？

6. 试述锯削时应注意哪些问题？

项目五　锉　削

项目内容　1. 锉刀的结构、种类及选择。
　　　　　　2. 正确使用锉刀进行加工。
　　　　　　3. 锉削加工的安全文明生产。

项目目的　1. 学会正确选用各种锉刀。
　　　　　　2. 掌握锉削的姿势、速度和施力方法。
　　　　　　3. 掌握平面、曲面的锉削和检验方法。

项目实施过程

任务一　认识锉刀

一、锉削概述

1. 锉削的含义

锉削是用锉刀对工件表面进行切削加工,使工件达到所要求的尺寸、形状和表面粗糙度的加工方法。锉削可以对工件进行较高精度的加工,其尺寸精度可达 0.01 mm,表面粗糙度可达 $Ra\,0.8\ \mu m$。

2. 锉削的用途

尽管锉削的效率不高,但在现代工业生产中,锉削方法仍被广泛使用。

(1)在修理、装配过程中对零件的修整。

(2)样板、模具的制造。

(3)复杂零件的加工等。

锉削是钳工中重要的一项基本操作。

二、锉刀的构造

锉刀是用碳素工具钢 T12 或 T13 制成,经热处理后,硬度可达 62～67HRC。

锉刀由锉身和锉刀舌两部分组成。其构造如图 5.1 所示。

1. 锉身

锉身是指锉梢到锉肩的部分,无锉肩的整形锉和异形锉是指有锉纹的部分。

2. 锉刀面

锉刀面是锉削加工的主要工作面,其两面均有锉齿,都可以进行锉削加工。

3. 锉刀边

锉刀边是指锉刀的两侧面。锉刀边上可以制有锉齿,也可以不制锉齿,有锉齿的锉刀边,一般是用来锉削粗糙的表面和窄缝;没有锉齿的锉刀边称为光边,其作用是在锉削时,防止碰伤相邻的工件表面。

4. 锉刀舌

锉刀舌用于安装锉刀柄,便于操作者握持。

提示：

●通常在锉削平面时，最容易出现的缺陷是中间凸、两边低。可利用锉刀的过渡圆弧对平面中间凸出部位进行加工。

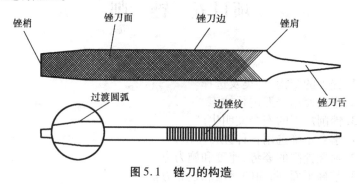

图 5.1　锉刀的构造

三、锉刀的种类

一般钳工常用的锉刀有钳工锉和整形锉。

1. 钳工锉

钳工锉按断面形状的不同，又可分为平锉、半圆锉、圆锉、三角锉、方锉等多种。其断面形状，如图 5.2 所示。

图 5.2　钳工锉的断面形状

2. 整形锉

整形锉又称什锦锉，主要用于修整工件的细小部分。一般整形锉由多把不同断面形状的锉刀组成一套。常见的有 5 把、6 把、8 把、10 把、12 把为一套，如图 5.3 所示。

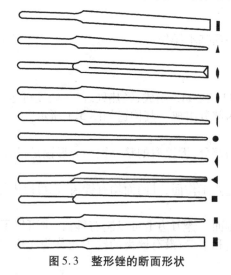

图 5.3　整形锉的断面形状

3. 异形锉

异形锉又称为特种锉，主要用于特殊表面的加工。异形锉的断面形状很多，常用的有刀口形、菱形、扁三角形、椭圆形、圆肚形等，如图5.4所示。

图5.4　异形锉的断面形状

四、锉刀的选择

1. 锉刀断面形状的选择

锉刀断面形状的选择，应取决于工件被加工部位的几何形状，如图5.5所示。

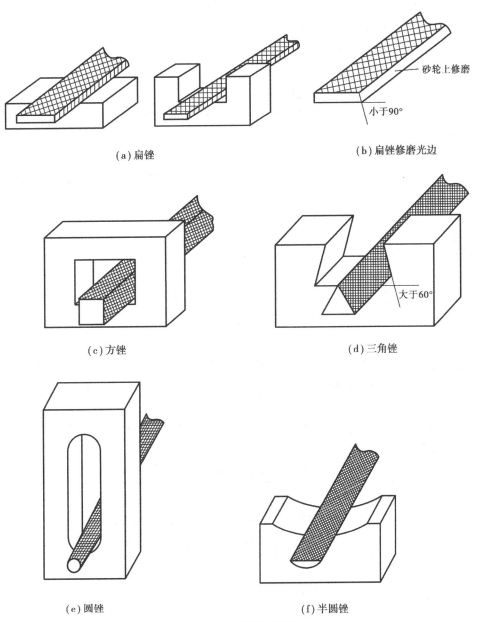

（a）扁锉　　　　　　　　　　　（b）扁锉修磨光边

（c）方锉　　　　　　　　　　　（d）三角锉

（e）圆锉　　　　　　　　　　　（f）半圆锉

图5.5　锉刀断面形状的选择

提示：

●锉刀的锉齿一般是由剁齿机剁成，即使是锉刀光边，也会存在微量的锉齿凸出，故在精修90°内角工件时，为防止锉刀边损伤相邻的工件表面，可以将扁锉的侧面进行修磨。如图5.5(b)所示。

●三角锉适用于锉削大于60°的内角。如图5.5(d)所示。

●圆锉适用于锉削圆孔和小半径圆弧；锉削半径大的圆弧，应使用半圆锉。如图5.5(e)、(f)所示。

2. 锉刀尺寸规格的选择

不同锉刀的尺寸规格，用不同的参数表示。

(1)圆锉的尺寸规格以直径表示。

(2)方锉的尺寸规格以方形尺寸表示。

(3)其他锉刀是以锉身的长度来表示。

(4)整形锉的规格是指锉刀的全长。

锉刀规格的选择，一般应根据加工表面的大小来决定，大的加工表面，应选择长锉刀；反之，则选用短锉刀。

3. 锉齿粗细的选择

锉齿的粗细由锉纹号来表示，即按每10 mm内主锉纹条数的多少来划分。钳工锉的锉纹号分为1~5号。

(1)1号锉纹为粗齿锉刀。

(2)2号锉纹为中齿锉刀。

(3)3号锉纹为细齿锉刀。

(4)4号锉纹为双细齿锉刀。

(5)5号锉纹为油光锉。

锉纹号越小，表示锉齿越粗。钳工锉锉齿的粗细规格，见表5.1。

提示：

●尺寸规格大的锉刀并不一定是粗齿锉刀；反之，尺寸规格小的锉刀并不一定是细齿锉刀。

锉齿粗细规格的选择，一般应根据工件的加工余量、加工精度、表面粗糙度来决定。其具体选择，见表5.2。

另外，材质的软硬，也是在选择锉齿粗细规格的因素之一，材质软，应选用粗齿锉刀；材质硬，应选用细齿锉刀。

表5.1　钳工锉的锉齿粗细规格

锉刀规格/mm	每10 mm内主锉纹条数				
	1号锉纹	2号锉纹	3号锉纹	4号锉纹	5号锉纹
100	14	20	28	40	56
125	12	18	25	36	50
150	11	16	22	32	45
200	10	14	20	28	40

锉刀规格/mm	每 10 mm 内主锉纹条数				
	1 号锉纹	2 号锉纹	3 号锉纹	4 号锉纹	5 号锉纹
250	9	12	18	25	36
300	8	11	16	22	32
350	7	10	14	20	—
400	6	9	12	—	—
450	5.5	8	11	—	—

表 5.2　锉齿粗细规格的选择

锉齿粗细规格	选用依据		
	加工余量/mm	加工精度/mm	表面粗糙度
1 号粗齿锉刀	0.5 ~ 1	0.2 ~ 0.5	$R_a100 ~ 25$
2 号中齿锉刀	0.2 ~ 0.5	0.05 ~ 0.2	$R_a25 ~ 6.3$
3 号细齿锉刀	0.1 ~ 0.3	0.02 ~ 0.05	$R_a12.5 ~ 3.2$
4 号双细齿锉刀	0.1 ~ 0.2	0.01 ~ 0.02	$R_a6.3 ~ 1.6$
5 号油光锉	0.1 以下	0.01	$R_a1.6 ~ 0.8$

任务二　正确使用锉刀

一、锉刀手柄的装卸

1. 锉刀手柄

锉刀只有装上手柄后,才能使用。手柄常采用硬质木料或塑料制成,手柄前端圆柱部分镶有铁箍,以防止手柄裂开或松动。手柄安装孔的深度和直径不能过大或过小,大约能使锉舌长的 3/4 插入柄孔为宜。手柄不能有裂纹和毛刺。

2. 安装锉刀手柄的方法

手柄安装时,先将锉刀舌自然插入锉刀柄中,再手持锉刀轻轻镦紧,如图 5.6(a)所示。或用手锤轻轻击打锉刀柄,直至装紧。

3. 拆卸手柄的方法

在台虎钳钳口上轻轻将木柄敲松后取下,如图 5.6(b)所示。

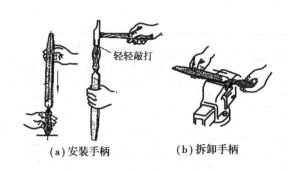

(a) 安装手柄   (b) 拆卸手柄

图 5.6   锉刀手柄的装卸

二、锉刀的握法

1. 粗锉时锉刀的握法

如图 5.7 所示,右手紧握锉刀柄,柄端抵住掌心,大拇指放在锉刀柄上部,其余手指由下向上握着锉刀柄。

左手的基本握法是将大拇指的根部肌肉压在锉刀梢部,大拇指自然伸直,其余四指弯向手心,用中指、无名指捏住锉刀前端。

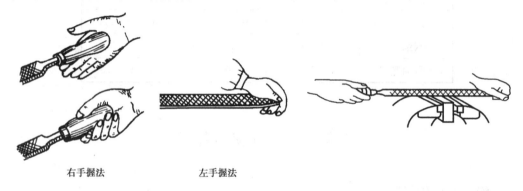

右手握法   左手握法

图 5.7   粗锉时锉刀的握法

2. 细锉时锉刀的握法

如图 5.8 所示,右手的握法与大锉刀的握法相同,左手的大拇指和食指,轻轻扶持锉刀梢部。

3. 精锉时锉刀的握法

如图 5.9 所示,右手食指平直扶在手柄外侧面,左手手指轻压在锉刀中部,以防锉刀弯曲。

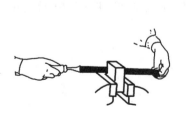

图 5.8   细锉时锉刀的握法

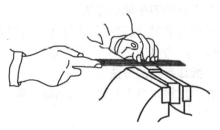

图 5.9   精锉时锉刀的握法

提示：

●锉刀的握法不是以锉刀的大小而定，而是以加工余量的多少而定，因为锉刀的握法直接体现加工时锉削力的大小。

三、锉削力和锉削速度

1.锉削力的要求

在锉削过程中，必须使锉刀保持直线的锉削运动，才能锉出平直的平面。由于锉削时锉刀的位置在不断地变化，所以要求两手所加的压力也要作相应的改变。如图5.10所示。锉刀前推时，左手压力，由大逐渐减小；右手所加的压力，则应由小逐渐增大。

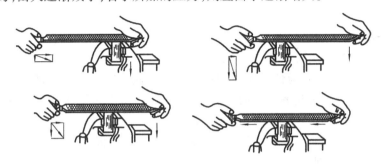

图 5.10　锉削时的用力方法

2.锉削速度的要求

锉削时的速度一般应控制在 40 次/min 左右，要求推出时稍慢，收回时稍快，动作自然协调。如速度太快，则会造成锉齿的快速磨损、还会影响锉削的质量。另外还容易产生操作疲劳。

四、锉刀的正确使用和维护保养

锉刀的合理使用和保养，能延长锉刀的使用寿命，提高工作效率，降低生产成本。合理使用和维护保养锉刀，应做好以下几个方面的工作。

(1)不许用锉刀锉削毛坯件的硬皮或工件上的淬硬表面，避免锉刀过快磨损。

(2)新锉刀应一面用钝后再用另一面，因为使用过的锉齿易锈蚀。

(3)粗锉时应充分使用锉刀的有效工作面，避免锉刀局部磨损。

(4)不能用锉刀作为装卸、敲击和橇物的工具，防止因锉刀材质较脆而折断。

(5)使用整形锉和小锉刀时，用力不能过大，避免锉刀折断。

(6)严禁将锉刀与水、油接触，以防锉刀锈蚀及锉刀在工作时打滑。

(7)放置锉刀时要避免与硬物相碰，切不可使锉刀与锉刀重叠堆放，防止损坏锉齿。

任务三 锉削加工和安全文明生产

一、工件的装夹

1. 工件装夹的要求

工件的装夹是否正确,直接影响到锉削质量的高低。工件的夹持应牢固,但夹持力又不能太大,以防工件被夹伤或变形。一般工件应尽量夹持在台虎钳钳口宽度方向的中间,且锉削面与钳口的距离适当。如伸出过高,在锉削时易产生抖动;伸出过低,则容易妨碍加工且易伤手。如图5.11(a)所示。

2. 工件装夹的方法

不同形状的工件,应使用不同的夹持方法。

(1)圆柱形工件的夹持,应使用V形钳口或用V形铁夹持,如图5.11(b)所示。

(2)夹持以加工表面或精密工件时,应在台虎钳钳口垫上紫铜皮或铝皮等软材料制成的钳口铁,以防夹伤工件表面,如图5.11(c)所示。

(3)夹持薄板或不规则形状的工件时,可将工件固定在木板上,再将木板夹持在台虎钳上进行锉削,如图5.11(d)所示。

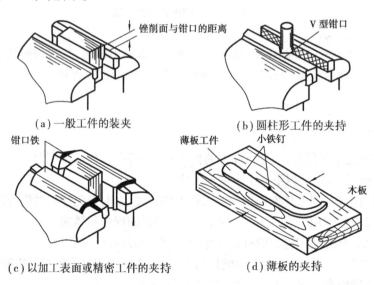

(a)一般工件的装夹   (b)圆柱形工件的夹持

(c)以加工表面或精密工件的夹持   (d)薄板的夹持

图5.11 工件的夹持

二、平面的锉削

1. 平面的锉削方法

平面的锉削方法有顺向锉、交叉锉和推锉三种。

(1)交叉锉。如图5.12所示,交叉锉是从两个方向交替锉削的方法。采用交叉锉时,由于锉刀与工件接触面积大,锉刀容易掌握平稳,且可以根据锉痕的交叉网纹,来判断锉削表面的平直程度,故具有锉削平面度较好的特点,但加工表面的粗糙度较差。一般适用于锉削面较大、加工余量较多的平面。

(2)顺向锉。如图5.13所示。顺向锉是顺着同一个方向对工件进行锉削的方法,是锉削方法中最基本的一种方法,它能得到正直的刀痕。其加工表面整齐美观,适用于精锉。

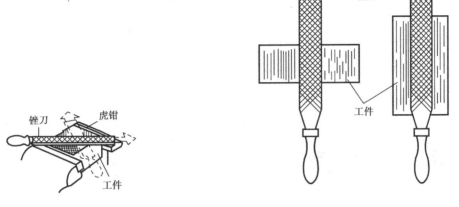

图5.12 交叉锉　　　　　　　图5.13 顺向锉

提示:

● 在使用交叉锉和顺向锉时,为了使整个加工表面锉削均匀,每次退回锉刀时,应作横向移动,如图5.14所示。

● 在精锉时,可缩短锉削的往复行程,这样使用锉刀更易于平稳。

(3)推锉。如图5.15所示。推锉是双手横握锉刀往复锉削的方法。使用推锉能降低工件表面的粗糙度,但工作效率低。一般适合于锉削狭长平面或余量较小的场合。

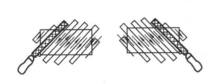 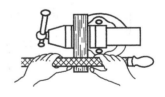

图5.14 锉刀的移动　　　　　　　图5.15 推锉

2.锉削平面的检查方法

(1)表面粗糙度的检测方法。工件表面粗糙度的检测,一般是用眼睛直接观察,根据锉削痕迹的粗细和均匀程度来判断。也可以与标准的粗糙度样板相比较,进行检查。

(2)平面度的检测方法。平面度的检测方法有以下几种:

①透光法。如图5.16所示,用刀口尺沿加工面的纵向、横向和对角方向做多处检查。根据被测量面与刀口尺之间的透光强弱是否均匀,来判断平面度的误差。若透光微弱而且均匀,则表明表面已较平直;若透光强弱不一,则表明表面不平整,光强处凹,光弱处凸。

②痕迹法。先将红丹均匀涂抹在平板上,再将锉削面放在平板上,平稳地来回磨几次,若锉削面的红丹,分布均匀,则表明锉削面平;若锉削面的红丹,分布不均匀,则表明锉削面不平。颜色深处凸,无颜色处凹,如图5.17所示。

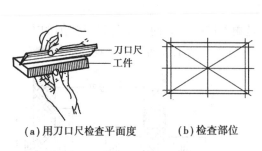

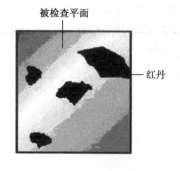

(a)用刀口尺检查平面度　　　(b)检查部位

图5.16　透光法检查平面度

图5.17　痕迹法检查平面度

提示：

● 在涂抹红丹时,不能涂抹得太厚,否则会影响检验效果。

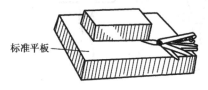

图5.18　塞尺法检查平面度

③塞尺法。如图5.18所示。将工件的被检测面,贴合在平板上,用塞尺插入工件与平板的间隙中,检测工件的平面度。

(3)平行度的检测方法。平行度的检测方法有如下几种

①尺寸测量法。如图5.19所示,在被测工件上,用千分尺测量各点的尺寸,所测尺寸中最大值与最小值之差就为该工件的平行度误差。

②百分表测量法。如图5.20所示。

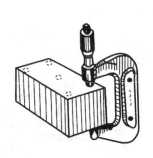

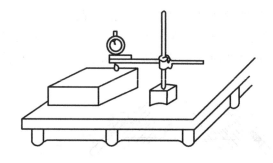

图5.19　用千分尺测量平行度　　　图5.20　用百分表测量平行度

(4)垂直度的检测方法。如图5.21所示,用刀口角尺或宽座角尺进行透光检测,根据透光的强弱,来判断被测表面的垂直度误差。也可以配合塞尺进行检查。

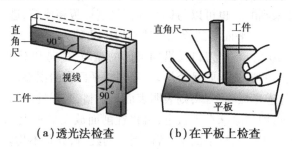

(a)透光法检查　　　(b)在平板上检查

图5.21　垂直度的检查方法

提示：

● 工件在测量前,应擦干净并去除毛刺,以保证测量时的准确性。

● 当基准面的平面度达到技术要求后,才能测量工件的平行度和垂直度。

● 在使用角尺进行测量时,应将角尺轻轻地移动到工件的被测面上,不允许用力下压和拖移,以避免损伤角尺的测量面。

三、曲面锉削

1. 外圆弧面的锉削方法

(1)横向锉法。如图 5.22(a)所示,锉刀主要是向圆弧轴线方向推动,同时不断地沿圆弧面摆动。横向锉法的锉削效率高,但锉削后的圆弧面不够圆滑,一般适用于圆弧面的粗加工。

(2)顺向滚锉法。如图 5.22(b)所示,锉削时,右手在推锉时下压,左手自然上抬。锉削后的圆弧面光洁圆滑。适用于圆弧面的精加工。

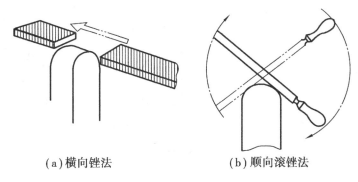

(a)横向锉法　　　　　　(b)顺向滚锉法

图 5.22　外圆弧面的锉削方法

2. 内弧面的锉削方法

锉削内弧面时,应使用半圆锉或圆锉。锉削时,应同时完成三个运动,即锉刀向前的推动,锉刀沿圆弧面向左或向右的移动和绕锉刀轴线的转动,如图 5.23 所示。

图 5.23　内弧面的锉削方法

3. 球面的锉削方法

锉刀完成外圆弧锉削复合运动的同时,还应绕球中心作周向摆动,如图 5.24 所示。

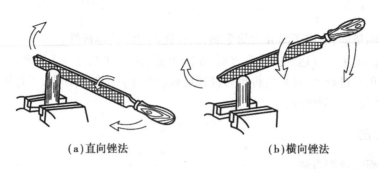

（a）直向锉法　　　　　　　　（b）横向锉法

图 5.24　球面的锉削方法

4. 锉削曲面的检查方法

在锉削曲面时,应使用半径规,如图 5.25(a)所示。或自制样板检查曲面的轮廓精度,如图 5.25(b)所示。检查曲面与相邻面的垂直度,可使用角尺检查。如图 5.25(c)所示。

（a）半径视　　　　　（b）用样板检查曲面　　　　　（c）检查曲面垂直度

图 5.25　曲面的检查方法

四、锉削顺序

1. 选择锉削的基准面

(1)当工件上有几个面都需要锉削时,一般应选择较大的或精度要求较高的面作为基准面。因为较大的表面易于锉削平整,便于工件的测量,以及便于后道工序放置平稳。

(2)当工件需要锉削内、外表面时,一般应选择外表面作为基准面,因为外表面便于加工及测量。

2. 其他面的锉削顺序

基准面锉削后,一般应先锉削平行面,再锉削垂直面,最后锉削斜面和曲面。

3. 平面与曲面的连接时的锉削顺序

当工件上存在平面与曲面的连接时,一般粗锉时,应先锉削平面,后锉削曲面;精锉时,则应平面、曲面配合进行锉削。

提示:

● 在选择基准面时,应尽量与零件的设计基准重合,避免产生基准不重合误差。

五、锉削的安全文明生产

(1)不准使用没有安装手柄、手柄开裂或锉刀柄上无铁箍的锉刀。

(2)锉刀柄必须安装牢固,且锉削时锉柄不能撞击到工件,以免锉柄脱落,造成事故。

（3）锉削过程中，若发现锉纹上嵌有切屑，应及时去除，以免切屑刮伤加工面。

（4）清除切屑时，不允许用嘴吹，以防切屑飞入眼内。

（5）锉削时，锉削表面不能沾有油污，也不能用手触摸，以防止锉刀打滑，造成事故。

（6）锉刀放置时，不允许露出钳桌，以免掉下砸脚。

任务四　锉削实训及缺陷分析

一、平面的锉削一

1. 平面锉削一的图样

平面锉削一的图样，如图 5.26 所示。

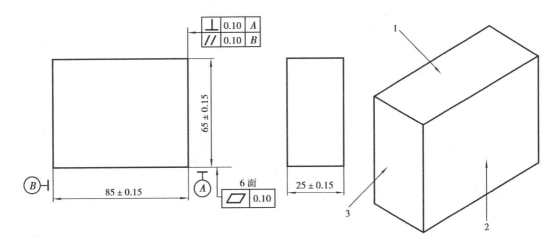

图 5.26　平面锉削一的图样

2. 实训要求

（1）正确掌握锉削的姿势、锉削速度和施力方法。

（2）正确掌握交叉锉、顺向锉和推锉的技术要领。

（3）注意控制工件的尺寸精度。

（4）学会使用各种量具检查工件的平面度、平行度、垂直度。

（5）牢记锉削的安全文明生产规范。

3. 工、量具

台虎钳、平板、钳口铁、钳工锉、表面粗糙度样板、刀口尺、塞尺、游标卡尺、外径千分尺、百分表、90°角尺。

4. 实训步骤

（1）锉削基准面 A，达到平面度要求。

（2）锉削 A 面的平行面（平面 1），达到平面度、尺寸精度和平行度要求。

（3）锉削 A 面的垂直面（平面 2），达到平面度、垂直度要求。

（4）锉削平面 2 的平行面，达到平面度、尺寸精度和平行度要求，并保证该平面与基准面 A 的垂直度符合技术要求。

（5）重复上述操作锉削平面 3 及其平行面。

（6）进行全面复查,并作必要的修整。

（7）整理好工、量具,并清理工作场地。

提示:

- 划线前,应先检查坯件的尺寸,以避免因坯件的缺陷而造成废品。
- 划锉削加工线时,应注意各面加工余量的合理分配。
- 在锉削加工各面时,应为最后修整而预留适量的修整余量。
- 在锉削过程中,应经常进行检查,以避免尺寸超差。

5. 实训记录及评分标准

实训记录及评分标准,见表 5.3。

表 5.3　实训记录及评分标准评分表

项次	项目与技术要求		配分	评分方法	实测记录	得分
1	锉削姿势正确、锉削速度适当		8	错误一次扣 1 分		
2	表面粗糙度 R_a6.3 μm(6 面)		12	一面不合格扣 2 分		
3	尺寸精度	85 ± 0.15	6	超差不得分		
		65 ± 0.15	6			
		25 ± 0.15	6			
4	平面度 0.10 mm(6 面)		24	A 面超差 0.01 mm 扣 2 分,其余各面超差 0.01 mm 扣 1 分		
5	平行度 0.10 mm(3 处)		12	超差 0.01 mm 扣 1 分		
6	垂直度 0.10 mm,与 A 面垂直(4 面)		16	超差 0.01 mm 扣 1 分		
7	安全文明生产		10	违反一次扣 2 分,违反 3 次不得分		

二、平面的锉削二

1. 平面锉削二的图样

平面锉削二的图样,如图 5.27 所示。

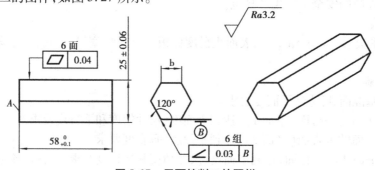

图 5.27　平面锉削二的图样

2.实训要求

(1)巩固锉削的姿势,自觉遵守安全文明生产规范。

(2)掌握六角形工件的加工方法。

(3)进一步提高锉削精度。

(4)正确使用角度样板或万能角度尺进行角度的测量。

3.工、量具

台虎钳、平板、钳口铁、钳工锉、整形锉、平板、表面粗糙度样板、刀口尺、塞尺、游标卡尺、外径千分尺、百分表、角度样板或万能角度尺、90°角尺。

4.实训步骤

(1)检查坯件尺寸是否符合图样要求。

(2)锉削端面 A,达到平面度、表面粗糙度要求。

(3)锉削端面 A 的平行面,达到平面度、表面粗糙度、尺寸精度和平行度要求,

(4)锉削基准面 B,达到平面度、表面粗糙度及与端面 A 的垂直度要求。

(5)以 B 面为基准,进行划线,加工其余各面,并达到图样要求。六角形工件各面的加工顺序,如图5.28所示。

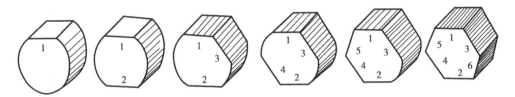

图5.28 六角形工件的加工顺序

(6)将工件各锐边倒钝,按图样要求,进行精度复检并修整。

(7)整理好工、量具,并清理工作场地。

提示:

● 在使用万能角度尺进行角度的测量时,应轻拿轻放并拧紧止动螺钉,避免测量角度发生变化,影响加工精度。

5.实训记录及评分标准

实训记录及评分标准,见表5.4。

表5.4 实训记录及评分标准评分表

项次	项目与技术要求		配分	评分方法	实测记录	得分
1	锉削姿势正确、锉削速度适当		8	错误一次扣1分		
2	表面粗糙度 R_a3.2 μm(8 面)		8	一面不合格扣1分		
3	尺寸精度	58 ± 0.10	4	超差不得分		
		25 ± 0.10(3 处)	12	超差一处扣5分		
4	平面度0.05 mm(8 面)		16	A 面超差 0.01 mm 扣 2 分,其余各面超差 0.01 mm 扣1分		

续表

项次	项目与技术要求	配分	评分方法	实测记录	得分
5	平行度 0.05 mm(4 处)	12	超差 0.01 mm 扣 1 分		
6	倾斜度 120°±5′(6 处)	12	超差 1′扣 0.5 分		
7	垂直度 0.05 mm,与 A 面垂直(6 面)	12	超差 0.01 mm 扣 1 分		
8	边长均等,误差≤0.10 mm(6 边)	6	超差一边扣 1 分		
9	安全文明生产	10	违反一次扣 2 分,违反 3 次不得分		

三、锉削曲面

1. 锉削曲面的图样

锉削曲面的图样,如图 5.29 所示。

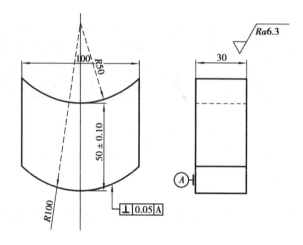

图 5.29　曲面锉削

2. 实训要求

(1)掌握内、外曲面的锉削方法。

(2)掌握用推锉的方法对曲面进行加工。

(3)掌握曲面精度的检查方法。

3. 工、量具

台虎钳、钳口铁、钳工锉、整形锉、表面粗糙度样板、塞尺、游标卡尺、90°角尺、圆弧样板。

4. 实训步骤

(1)先划锉削加工线。

(2)先用横向滚锉法粗锉凸圆弧,再用顺向滚锉法进行精锉,达到图样要求。

(3)锉削凹圆弧。为了使工件的锉纹整齐,最后应采用推锉的方法锉削凹圆弧。

(4)将工件各锐边倒钝,按图样要求,进行精度复检并修整。

（5）整理好工、量具,并清理工作场地。

提示:

● 在锉削圆弧时,应注意圆弧横向的直线度、圆弧与基面的垂直度。

● 在推锉凹圆弧时,应将半圆锉作适当的转动,以避免损伤圆弧的两端。

5. 实训记录及评分标准

实训记录及评分标准,见表5.5。

表5.5　实训记录及评分标准评分表

项次	项目与技术要求	配分	评分方法	实测记录	得分
1	锉削方法正确	12	错误一次扣1分		
2	表面粗糙度 R_a3.2 μm(2面)	12	一面不合格扣6分		
3	尺寸精度 50±0.10 mm	20	超差0.01 mm扣1分		
4	形状精度 0.10 mm(凹、凸圆弧)	24	超差0.01 mm扣1分,圆弧两端损伤一处扣2分		
5	圆弧横向直线度 0.05 mm	12	超差0.01 mm扣1分		
6	垂直度 0.05 mm,与 A 面垂直(2面)	10	超差0.01 mm扣1分		
7	安全文明生产	10	违反一次扣2分,违反3次不得分		

四、锉削的废品分析

锉削的废品分析,见表5.6。

表5.6　锉削的废品分析

废品形式	产生原因
工件表面夹伤或变形	1.夹持方法不正确; 2.夹紧力过大
工件表面粗糙度不合格	1.锉刀选用不当; 2.粗、精锉削加工余量选用不当; 3.铁屑嵌在锉纹中,未及时清除; 4.锉削直角时,锉刀边碰上相邻表面
工件尺寸超差	1.划线不准确; 2.未及时测量尺寸或尺寸测量不准确
工件表中凸、塌边或塌角	1.选用锉刀不当或锉刀面中凸; 2.锉削时,双手推、压用力不当; 3.未及时检查平面度就改变锉削方法

项目六　孔加工

项目内容　1.标准麻花钻的结构及切削部分的几何角度。

　　　　　　2.群钻的结构特点。

　　　　　　3.钻孔时的切削用量的选择。

　　　　　　4.钻孔的方法。

　　　　　　5.扩孔的方法和锪钻的种类。

　　　　　　6.铰刀的种类和铰孔的方法。

项目目的　1.了解钻削的切削原理。

　　　　　　2.掌握麻花钻的刃磨方法。

　　　　　　3.掌握钻孔的操作方法。

　　　　　　4.掌握铰孔的方法。

项目实施过程

任务一　钻　孔

一、钻孔概述

孔加工是钳工工种的重要内容之一,钳工加工孔的方法主要有两类:一类是用钻头在实心材料上加工出孔;另一类是用扩孔钻、锪钻、铰刀对工件上已有孔进行再加工。

用钻头在实体材料上加工出孔的工作称为钻孔。钻孔时,工件固定在工作台上不动,依靠钻头运动来切削。其切削过程由两个运动合成:主运动和进给运动,如图6.1所示。

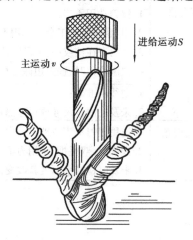

图6.1　钻头的切削运动

1.主运动
钻头的旋转运动,称为主运动,它是切削的基本运动。

2.进给运动
使钻头能持续投入切削,沿孔深方向的直线移动称为进给运动。

二、标准麻花钻

1.标准麻花钻的结构
麻花钻是应用最广泛的孔加工工具,由柄部、颈部、工作部分组成,如图6.2所示。麻花钻一般用高速钢制成,淬火后硬度可达62~68HRC。

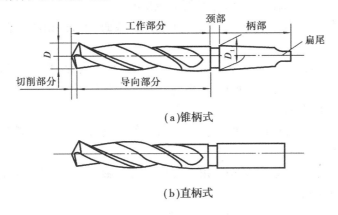

(a)锥柄式

(b)直柄式

图6.2 麻花钻的结构

(1)柄部。用来装夹并传递动力(扭矩和轴向力)。根据传递扭矩的大小,分为直柄和锥柄两种。

①直径在13 mm以下的钻头,传递扭矩较小,多采用直柄。

②当钻头大于13 mm时,一般采用锥柄,锥柄的扁尾部分既能增加传递的扭矩,还能供拆卸钻头时敲击之用。

(2)颈部。颈部是钻头的工作部分与柄部的连接部分。位于柄部和工作部分之间,主要作用是在磨削钻头时供砂轮退刀用,通常钻头的规格、材料和商标也刻印在此处。

(3)工作部分。是钻头的主要部分,担负主要的切削工作。由切削部分和导向部分组成,起切削和导向的作用。

麻花钻的工作部分有两条螺旋槽:一方面形成刀刃;另一方面在槽内容屑和排屑,又是冷却润滑液的输送通道。

导向部分的外缘处留有狭窄的棱边,钻孔时,只有棱边与孔壁相接触,这样既能起引导作用,保持钻孔方向,又可减少孔壁与钻头的摩擦。为了减少摩擦,钻头的工作部分制成略有倒锥(一般倒锥量为0.03~0.12/100 mm)。

2.麻花钻切削部分的构成
麻花钻切削部分有六面五刃,如图6.3所示。

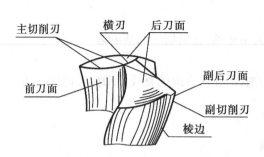

图 6.3 麻花钻切削部分的构成

（1）前刀面。即两个螺旋槽表面，也是切屑流出的表面。

（2）后刀面。位于工作部分的端部，是与工件加工表面（孔底）相对的表面，其形状由刃磨方法决定。

（3）副后刀面。即钻头的棱边（或刃带）是与工件已加工表面（孔壁）相对的表面。

（4）主切削刃。前刀面与后刀面的交线，它担负主要的切削任务。

（5）副切削刃。前刀面与副后刀面的交线。

（6）横刃。两主切削刃在钻心处的连线，它位于钻头的最前端，这个部分又称为钻心尖。

3.麻花钻的辅助平面

为了更好地了解分析麻花钻的切削角度对切削力的影响，我们在钻头的切削部位假设几个辅助平面，如图 6.4 所示。

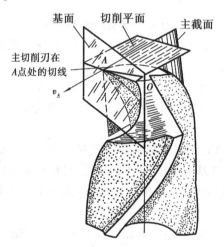

图 6.4 麻花钻的辅助平面

（1）切削平面。切削刃上任意一点的切削平面是由该点的切削速度方向和这点上切削刃的切线构成的平面。

（2）基面。切削刃上任意一点的基面是通过该点，而又与该点的切削速度方向垂直的平面。实际上是通过该点与钻心连线的径向平面。由于麻花钻两主切削刃不通过钻心，而是平行并错开一个钻心厚度的距离。因此，钻头主切削刃上各点的基面是不同的。

（3）主截面。通过主切削刃上任意一点并垂直于切削平面和基面的平面。

（4）柱截面。通过主切削刃上任意一点作与钻头轴线平行的直线，该直线绕钻头轴线旋转所形成的圆柱面的切面。

4.麻花钻切削部分的几何角度

麻花钻切削部分的几何角度,如图6.5所示。

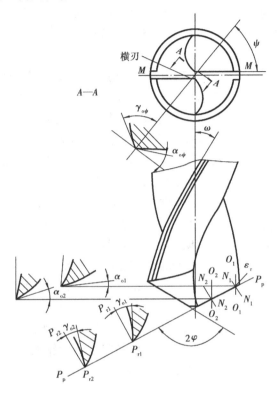

图6.5　麻花钻切削部分的几何角度

(1)顶角2φ。钻头两主切削刃的夹角,一般标准麻花钻的顶角为118°±2°。当顶角为118°时,两主切削刃为直线;当顶角大于118°时,两主切削刃成凹曲线;当顶角小于118°时,两主切削刃成凸曲线,如图6.6所示。顶角的大小直接影响到主切削刃上轴向力的大小。

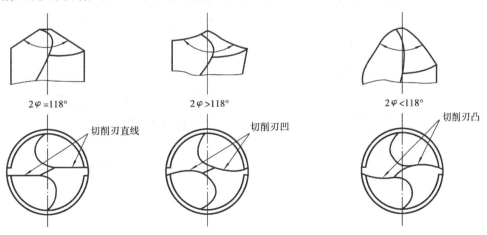

图6.6　顶角对主切削刃形状的影响

（2）前角 γ。在主截面内,前刀面与基面形成的夹角,如图6.5中"N_1-N_1"或"N_2-N_2"。切削刃上任一点的前角是该点的基面和前面的夹角。由于钻刃上各点的螺旋角不相等,基面的方向也不同,所以各点的前角是不相等的。外缘处的前角最大,一般为30°左右,自外缘向中心处,前角逐渐减小,大约在1/3钻头直径以内开始为负前角,前角的变化范围在 +30° ~ −30°之间。前角的大小决定切除材料的难易程度和切屑在前刀面上的阻力大小。前角越大,切削越省力。

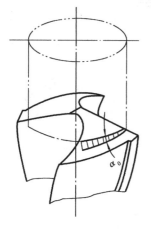

图6.7 麻花钻的后角

（3）后角 α。切削刃上任一点的后角是该点的切削平面与后面的夹角。如图6.7所示。主切削刃上各点的后角也不相等。外缘处后角较小,愈近钻心后角愈大。一般直径15 ~ 30 mm 的钻头,外缘处 $\alpha = 9° ~ 12°$,钻心处 $\alpha = 20° ~ 26°$,横刃处 $\alpha = 30° ~ 60°$。后角影响后刀面与切削表面的摩擦情况,后角越小,摩擦越严重。

（4）横刃斜角 ψ。横刃斜角是横刃与主切削刃在钻头端面投影的夹角。其大小与后角、顶角的大小有关。标准麻花钻的横刃斜角 $\psi = 50° ~ 55°$。

5.标准麻花钻的刃磨要求

（1）顶角 $2\varphi = 118° ± 2°$,且两主切削刃长度以及和钻头轴心线组成的两个 φ 角要相等。

（2）两个主后刀面要刃磨光滑。

（3）外圆处的后角大小,应根据钻头直径来确定。一般钻头直径小于15 mm,取10° ~ 14°;钻头直径为15 ~ 30 mm,取9° ~ 12°;钻头直径大于30 mm,取8° ~ 11°。

（4）横刃斜角 ψ 为50° ~ 55°。

6.标准麻花钻的刃磨方法

标准麻花钻的刃磨方法,如图6.8所示。刃磨时,操作者站立砂轮左侧,用右手握住钻头的工作部分,食指要尽可能靠近切削部分,作为钻头摆动的支点。主切削刃与砂轮中心平面,同置于一个水平面内,并使钻头轴线同砂轮外圆柱面的夹角成60°左右。右手握钻头并绕钻头轴心转动,左手在后,握住钻头作上下摆动。翻转180°,再用相同方法刃磨另一面。

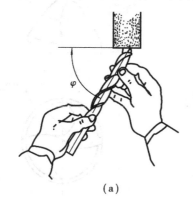

（a）

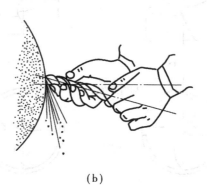

（b）

图6.8 钻头的刃磨

提示：
● 钻头刃磨时，施加的压力不宜过大并要经常浇水冷却，防止因过热退火而降低硬度。

7. 标准麻花钻的刃磨检验

钻头的几何角度可利用专用样板进行检验，如图6.9所示。

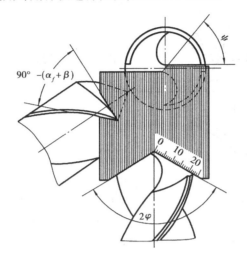

图6.9 麻花钻的样板检验

在实际操作中最常用的还是采用目测法。目测检验时，把钻头切削部分向上竖立，使两主切削刃与视线方面垂直，两眼平视。由于两主切削刃一前一后会产生视觉误差，往往会感到左刃高而右刃低，所以要旋转180°后，反复观察几次，如果结果一致，则说明两主切削刃对称。

钻头外缘处靠近刃口部分的后刀面倾斜情况应进行直接目测。近中心处的后角要求，可通过控制横刃斜角的合理数值来保证。

8. 标准麻花钻的缺点

实践证明，标准麻花钻存在以下缺点。

（1）由于横刃较长，横刃处存在较大的负前角，使横刃在切削时，处于挤刮状态，产生较大的轴向抗力。钻头在钻削时产生抖动，造成定心不良。这也是产生切削热的的主要原因。

（2）主切削刃上各点的前角大小不一致。外缘处前角大，刀刃薄，而且切削速度高，磨损严重。接近钻心处的前角为负值，切削性能差，刀刃磨损也严重。

（3）棱边较宽，棱边与孔壁摩擦严重，容易发热和磨损。

（4）主切削刃过长，易引起切屑变形，堵塞容屑槽，造成排屑困难。

9. 标准麻花钻的修磨

由于标准麻花钻存在较多缺点，通常需要修磨来改善其切削性能。标准麻花钻的修磨方法见表6.1所示。

表 6.1　标准麻花钻的修磨

修磨方法	图　示	修磨要求及作用
修磨横刃	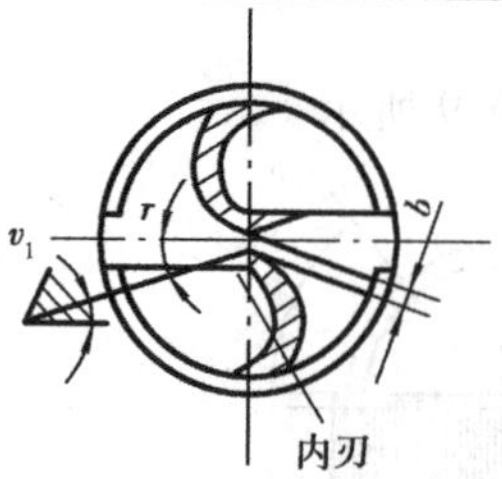	其目的是把横刃磨短,靠近钻心处的前角增大。一般直径 5 mm 以上的钻头均需修磨横刃。修磨后的横刃长度为原来的 1/5~1/3,以减少轴向阻力和挤刮现象,提高钻头的定心作用和切削的稳定性。
修磨主切削刃	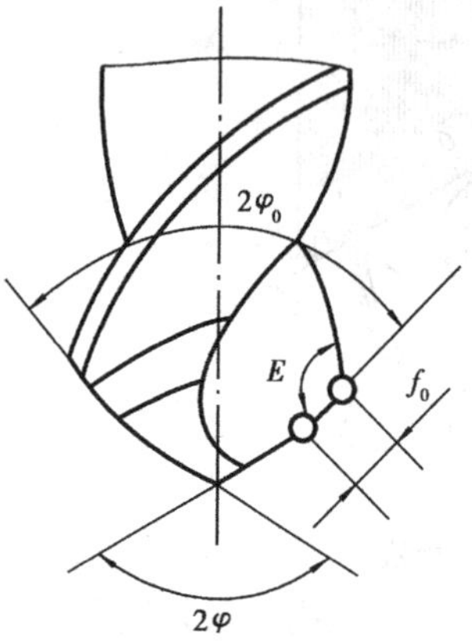	其目的是增强切削刃的长度,增大刀尖角,从而增强刀齿强度,改善散热条件,增强主切削刃与棱边交角处的抗磨性。提高钻头的使用寿命。
修磨棱边	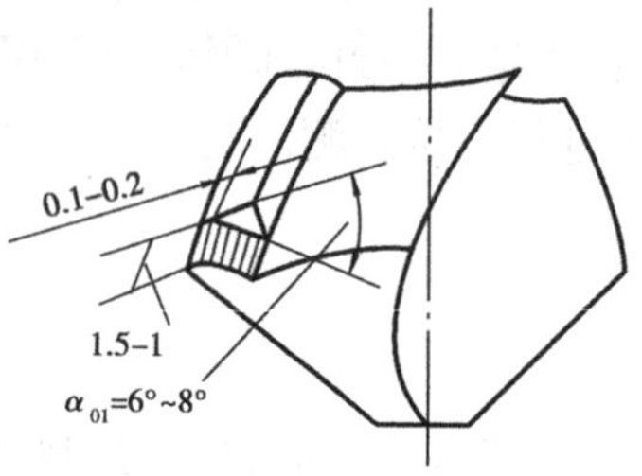	其目的是减少对孔壁的摩擦,提高钻头的耐用度。在靠近主切削刃的一段棱边上磨出副后角 6°~8°,并保留棱边宽度为原来的 1/3~1/2。
修磨前刀面	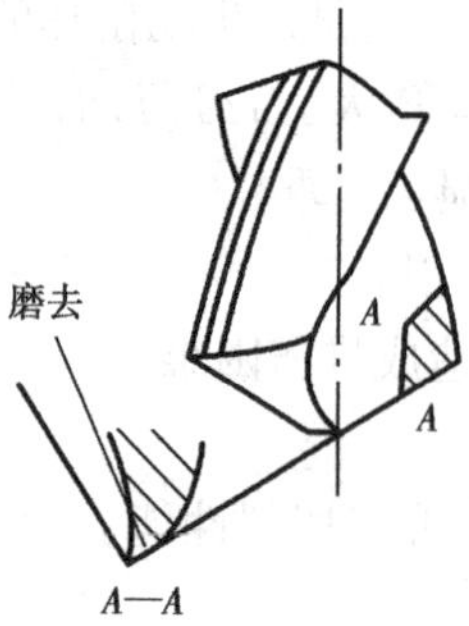	其目的是在钻削硬材料时,可提高刀齿的强度;在钻削软材料时,还可以避免切削刃过于锋利而扎刀。修磨时,将主切削刃外缘处的前刀面磨去一块,以减小此处的前角。
修磨分屑槽	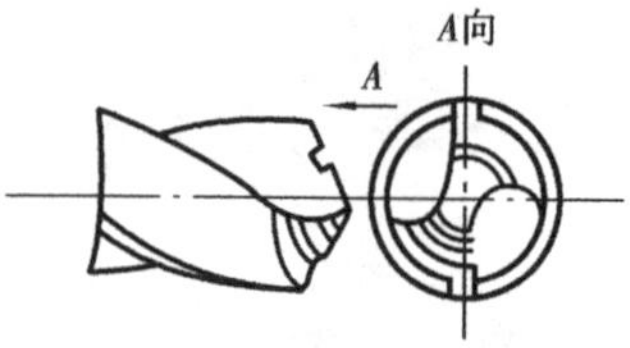	其目的是使宽屑变窄,便于排屑。修磨时,在两个后刀面上磨出几条相互错开的分屑槽。

三、群钻

群钻是对标准麻花钻进行合理刃磨后形成的一种钻孔工具。经过长期实践证明,群钻具有生产效率高、加工质量好、使用寿命长等特点。

1. 标准群钻

标准群钻主要用来钻削碳钢和各种合金结构钢。其结构特点见表6.2。

表6.2　标准群钻的结构特点

图　　示	结构特点
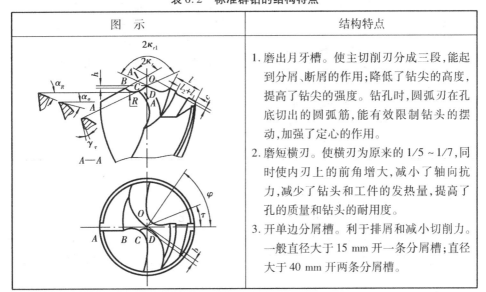	1. 磨出月牙槽。使主切削刃分成三段,能起到分屑、断屑的作用;降低了钻尖的高度,提高了钻尖的强度。钻孔时,圆弧刃在孔底切出的圆弧筋,能有效限制钻头的摆动,加强了定心的作用。 2. 磨短横刃。使横刃为原来的$1/5 \sim 1/7$,同时使内刃上的前角增大,减小了轴向抗力,减少了钻头和工件的发热量,提高了孔的质量和钻头的耐用度。 3. 开单边分屑槽。利于排屑和减小切削力。一般直径大于15 mm开一条分屑槽;直径大于40 mm开两条分屑槽。

提示:

● 标准群钻的结构特点可以概括为四句口诀:三尖七刃锐当先,月牙弧槽分两边,一侧外刃再开槽,横刃磨低窄又尖。

2. 铸铁群钻

由于铸铁较脆,钻削时切屑呈碎块并夹杂着粉末,挤在钻头的后刀面、棱边与工件之间,产生剧烈的摩擦,使钻头后刀面严重磨损,尤其是刀尖处磨损最严重。故在刃磨时应加大后角和修磨顶角。其结构特点见表6.3。

提示:

● 铸铁群钻的结构特点,可以概括为四句口诀:铸铁屑碎赛磨料,转速稍低大走刀,三尖刃利加冷却,双重顶角寿命高。

表 6.3 铸铁群钻的结构特点

图　示	结构特点
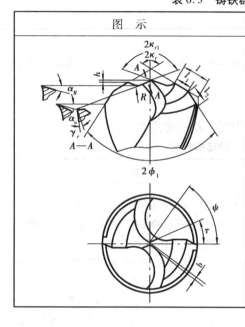	1. 修磨顶角。磨出二重顶角,较大的钻头甚至可以磨出三重顶角,以减少轴向抗力,有利于提高进给量,并提高耐磨性。 2. 加大后角。增大后角 3°~5°,以减少钻头后刀面与工件的摩擦。 3. 修磨横刃。与标准群钻相比,铸铁群钻横刃更短,内刃更锋利。

3. 薄板群钻

在薄板上钻孔时,不能使用标准麻花钻,因为标准麻花钻的钻尖较高,当钻尖钻穿薄板时,钻头立即失去定心作用,轴向阻力突然减小,再加上工件弹动,使钻出的孔不圆,孔口粗糙。而且常会因突然切入过多,产生扎刀或折断钻头等事故。故在钻薄板时,应将钻头磨成三尖形,其结构特点见表 6.4。

表 6.4 薄板群钻的结构特点

图　示	结构特点
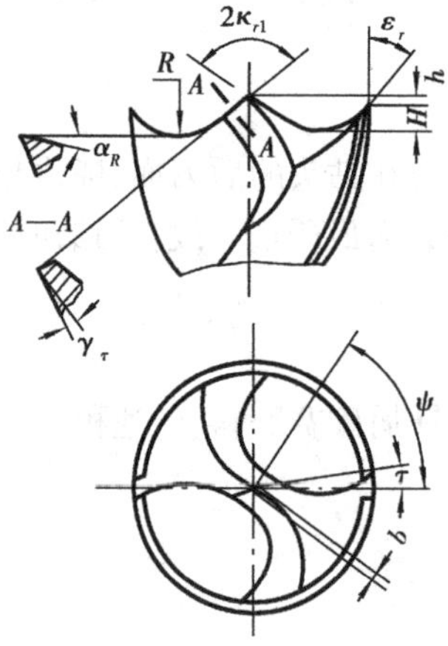	将麻花钻的两条主切削刃磨成圆弧形,这样钻头的切削部位形成三刃尖和两条圆弧刃,钻心刃尖与外刃尖高度相差 0.5~1.5 mm。当钻头尚未钻穿薄板时,两外刃尖已切入工件,使钻头不会弹动,而且轴向力也不会减小,同时两外刃尖在工件上形成光洁的圆环槽起到良好的定心作用。

提示:
● 薄板群钻的结构特点,可以概括为四句口诀:刃口锋利三尖钻,内定中心外切圆,压力减

140

轻变形小,孔形圆整又安全。

4. 钻黄铜或青铜的群钻

黄铜和青铜硬度较低,切削阻力较小,若采用较锋利的切削刃,会产生扎刀现象。扎刀就是钻头旋转时,会自动切入工件,轻者使孔口损坏,重者使钻头折断,甚至会把工件从夹具中拉出造成事故。故在钻削软材料时,应避免锋利的刃口。其结构特点见表 6.5。

表 6.5　薄板群钻的结构特点

图　　示	结构特点
	磨小钻头外缘处的前角。在主切削刃与副切削刃的交角处 0.5 ~ 1 mm 的过渡圆弧,以改善孔壁的表面粗糙度。为了提高生产效率,可将横刃磨短。

提示:

● 钻黄铜或青铜群钻的结构特点,可以概括为四句口诀:青铜质软易扎刀,锋利刀尖不可要,月牙双刃定心好,加大转速质量高。

四、钻孔时的切削用量

1. 钻孔时的切削用量

钻孔时,切削用量包括切削速度,进给量和切削深度三要素。

(1)切削速度 V。指钻孔时钻头直径上任一点的线速度,一般指切削刃最外缘处的线速度。用 V 表示,单位为 m/min。可用下式计算:

$$V = \pi Dn/1\ 000$$

式中　D——钻头直径,mm。

　　　n——钻床转速,r/min。

例　用直径 10 mm 的钻头,用 750 r/min 的转速在钢件上钻孔,求钻孔时的切削速度是多少?

解:由上式得 $V = \pi Dn/1\ 000$

$$= 3.14 \times 10 \times 750/1\ 000$$

$$= 23.55 \text{ m/min}$$

此钻头在外圆处的切削速度为每分钟 23.55 m。

（2）进给量。钻孔时的进给量是指钻头每转一周,钻头沿孔深方向移动的距离,单位为 mm/r。

（3）切削深度。钻孔时的切削深度是指已加工表面与待加工表面之间的垂直距离。钻孔切削深度等于钻头直径的一半。

2. 切削用量的选择

选择切削用量的目的,是在保证加工精度和钻头耐用度的前提下,最大限度地提高生产效率,同时不允许超过机床的功率,不允许超过机床、刀具、工件、夹具等的强度和刚度。

钻孔时,由于切削深度是由钻头直径所决定的,所以只需选择切削速度和进给量。

切削速度和进给量对钻孔生产率的影响是相同的。对钻头使用寿命的影响,切削速度比进给量大;对孔粗糙度的影响,进给量比切削速度大。

钻孔时选择切削用量的基本原则:尽量先选择较大的进给量。当受到表面粗糙度和钻头刚度的限制时,再考虑较大的切削速度。

（1）进给量的选择。选择时,应根据钻头材料、钻头直径、工件材料、表面粗糙度等方面决定。高速钢标准麻花钻的进给量可参考表 6.6 选取。在钻深孔和精度要求较高的孔时,应选取较小的进给量。

表 6.6　高速钢标准麻花钻的进给量

钻头直径/mm	<3	3～6	6～12	12～25	>25
进给量/(mm·r⁻¹)	0.025～0.05	0.05～0.10	0.10～0.18	0.18～0.38	0.38～0.62

提示:

● 在不锈钢上钻孔时,由于不锈钢在加工时会产生 0.1 mm 的硬化层,故进给量应大于0.1 mm,以避免钻头在硬化层上切削。

（2）切削速度的选择,当钻头直径和进给量确定后,切削速度应根据工件材料,孔的深度,表面粗糙度等因素综合考虑。高速钢标准麻花钻的切削速度可参考表 6.7 选取。在钻深孔时应选取较小的切削速度。

表 6.7　高速钢标准麻花钻的切削速度

加工材料	硬度 HB	切削速度/(m·min⁻¹)	加工材料	硬度 HB	切削速度/(m·min⁻¹)
低碳钢	100～125	27	可锻铸铁	110～160	42
	125～175	24		160～200	25
	175～225	21		200～240	20
				240～280	12
中、高碳钢	125～175	22	球墨铸铁	140～190	30
	175～225	20		190～255	21
	225～275	15		225～260	17
	275～325	12		260～300	12

续表

加工材料	硬度 HB	切削速度 /(m·min⁻¹)	加工材料		硬度 HB	切削速度 /(m·min⁻¹)
合金钢	175~225	18	铸钢	低碳		24
	225~275	15		中碳		18~24
	275~325	12		高碳		15
	325~375	10				
灰铸铁	100~140	33	铝合金、镁合金			75~90
	140~190	27				
	190~220	21	铜合金			20~48
	220~260	15				
	260~320	9	高速钢		200~250	13

五、钻孔时切削液的选择

在钻削过程中,由于切屑变形、钻头与工件摩擦产生大量的切削热,严重影响了钻头的切削能力和钻孔精度。因此要根据加工材料和钻孔精度的要求,合理选用切削液。钻孔时切削液的选择见表 6.8。

表 6.8　钻孔时切削液的选择

工件材料	切削液的种类
各类结构钢	3%~5%乳化液;7%硫化乳化液
不锈钢、耐热钢	3%肥皂加 2%亚麻油水溶液;硫化切削液
紫铜、黄铜、青铜	不用;或用 5%~8%的乳化液
铸铁	不用;或用 5%~8%的乳化液;煤油
铝合金	不用;或用 5%~8%的乳化液;煤油;煤油与菜油的混合油
有机玻璃	5%~8%的乳化液;煤油

六、钻孔的方法

1.钻孔时工件的划线方法

(1)按钻孔的位置要求,划出孔位的十字中心线,并打上中心冲眼。

(2)钻较大直径的孔,应划出几个大小不等的同心检查圆,以便钻孔时检查钻孔的位置,如图 6.10(a)所示。当钻孔的位置尺寸要求较高,为了避免敲中心眼时产生偏差,也可直接划出以孔中心线为对称中心的几个大小不等的方格,作为钻孔时的检查线,如图 6.10(b)所示。然后敲打冲眼,以便准确落钻。

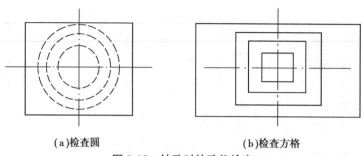

(a)检查圆   (b)检查方格

图 6.10   钻孔时的孔位检查

2. 工件的装夹方法

由于工件形状不同,钻孔直径大小,切削力大小的不同,要采用不同的安装方法,才能钻孔时的安全和钻孔的质量,常用的装夹方法有:

(1)平整的工件,可用平口钳装夹,如图 6.11 所示。装夹时,应使工件的钻孔表面与钻头直径垂直。钻头直径大于 10 mm 时,必须将平口钳用螺栓、压板固定。

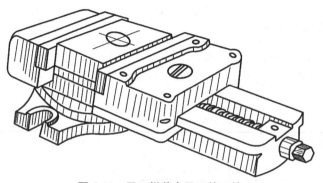

图 6.11   平口钳装夹平正的工件

(2)圆柱形工件截向孔,用 V 形铁对工件进行装夹,如图 6.12 所示。装夹时,应使钻头轴心线与 V 形体两斜面的对称平面重合,保证钻出孔的中心线,通过工件轴心线。

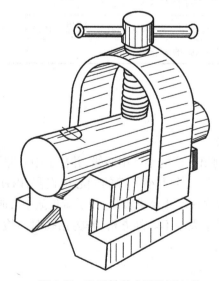

图 6.12   V 形铁装夹圆柱形工件

（3）对直径在 100 mm 以上的较大工件,可用压板夹持的方法装夹,如图 6.13 所示。装夹时,压板螺栓应尽量靠近工件。垫铁应比工件压紧表面稍高,避免工件在夹紧过程中移动。如果被压表面为已加工表面,要用衬垫进行保护,防止压出印痕。

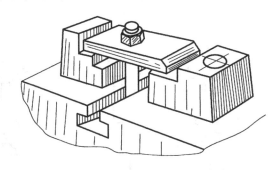

图 6.13　压板夹持工件

提示:
● 注意压板厚度与压紧螺栓直径的比例适当,不要造成压板弯曲变形而影响压紧力。

（4）底面不平或加工基准在侧面的工件,可用角铁进行装夹,如图 6.14 所示。钻孔时,需将角铁固定在钻床工作台上。

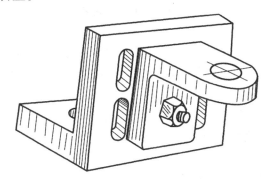

图 6.14　角铁装夹工件

（5）在小型工件或薄板件上钻小孔,可用手虎钳进行夹持,如图 6.15 所示。

图 6.15　手虎钳装夹工件

3. 钻头的拆装

（1）直柄钻头的拆装。直柄钻头多用钻夹头夹持,如图 6.16（a）所示。

（2）锥柄钻头的拆装。当钻头锥柄与主轴锥孔的锥度号相同时,可直接将钻头装在主轴上。当钻头锥柄与主轴锥孔的锥度号不相同时,应选择适当的钻头套,再将钻头套与钻头一起装在主轴上。安装时,应在钻头下方放一块垫铁,用力压下手柄,将钻头装紧,如图6.16(b)所示。拆卸时,左手握住钻头,右手将斜铁插入主轴的长圆孔内,用手锤轻敲斜铁尾部,拆出钻头,如图6.16(c)所示。

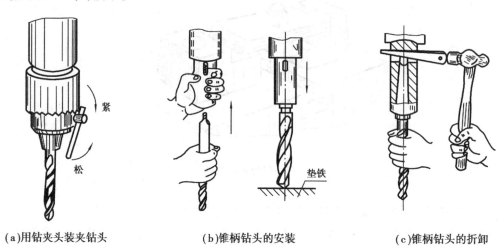

(a)用钻夹头装夹钻头   (b)锥柄钻头的安装   (c)锥柄钻头的折卸

图6.16　钻头的装夹

4.钻孔方法

(1)试钻。首先将钻头横刃落入孔中心的样冲眼内,再从两个相互垂直的方向上观察,判断钻尖是否对准孔中心。对准后试钻一浅坑,看所钻浅坑是否与所划的检查圆同心。如不同心,则需要借正后再进行钻削。

(2)借正。当偏移量较少时,可以靠移动工件的位置进行借正;当偏移量较多时,可在借正的方向打几个样冲眼或錾几条槽,以减小该处的切削阻力进行借正。

提示:

●借正必须在锥孔直径小于钻孔直径之前完成。

(3)钻削深孔时,应注意排屑。一般当钻进深度达到钻头直径的3倍时,就应退钻排屑,且每再钻进一定深度,就应退钻排屑一次。

(4)钻通孔即将钻穿时,必须减小进给量。否则会因轴向阻力突然减小,产生扎刀。

(5)为保证钻孔质量,一般直径超过30 mm的大孔应分两次钻削。先用0.5～0.7倍孔径的钻头钻孔,再使用所需孔径的钻头扩孔。

任务二　扩孔与锪孔

一、扩孔

用扩孔钻或麻花钻等工具扩大孔径的方法,称为扩孔,如图6.17所示。扩孔的质量比钻孔高,常作为孔的半精加工,也普遍用作铰孔前的预加工。

常用的扩孔方法有用标准麻花钻扩孔和用扩孔钻扩孔两种。

1.用标准麻花钻扩孔

由于标准麻花钻外缘处前角较大,易出现扎刀现象。因此应适当磨小钻头外缘处前角,并适当控制进给量。用标准麻花钻扩孔,扩孔前的钻孔直径为 0.5 ~ 0.7 倍的要求孔径。

2.用扩孔钻扩孔

扩孔钻工作部分的结构,如图 6.18 所示。扩孔钻齿数较多,导向性好。钻心粗、刚性好,切削平稳。使用扩孔钻扩孔,生产效率高,加工质量好,多用于批量生产。用扩孔钻扩孔,扩孔前的钻孔直径为 0.9 倍的要求孔径。

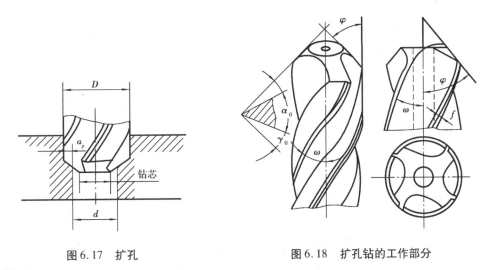

| 图 6.17　扩孔 | 图 6.18　扩孔钻的工作部分 |

提示:

● 钻孔后最好不要移动工件,否则容易造成扩孔后的孔中心与钻孔时的中心线不能重合。

二、锪孔

用锪钻加工已加工孔的孔口,进行一定形状的切削加工称为锪孔。锪孔的目的是为了保证孔与连接件具有正确的位置,使连接更合理、更可靠。锪钻的种类有:柱形锪钻、锥形锪钻、端面锪钻 3 种,如图 6.19 所示。

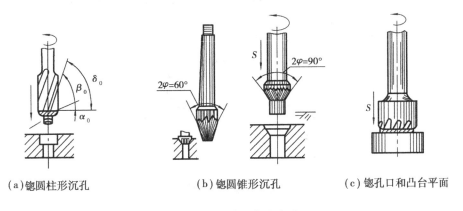

（a）锪圆柱形沉孔　　　（b）锪圆锥形沉孔　　　（c）锪孔口和凸台平面

图 6.19　锪钻种类及应用

为避免振痕,锪孔时进给量为钻孔的 2 ~ 3 倍,切削速度为钻孔时的 1/3 ~ 1/2。用麻花钻改磨锪钻时,应尽量选较短的钻头,并修磨外缘处的前角,避免出现扎刀现象。锪钻钢件时,要对导柱和切削表面进行润滑。

任务三　铰　孔

一、铰孔概述

铰孔是用铰刀对已经粗加工或半精加工的孔,进行精加工的一种切削加工方法。由于铰刀的齿数较多,所以切削阻力小,导向性好,加工精度高,一般可达 IT9 ~ IT7 级,表面粗糙度 R_a 为 1.6 μm。

二、铰刀的种类

铰刀的种类很多,钳工常用的铰刀有以下几种:

1. 整体圆柱铰刀

整体圆柱铰刀按使用方法的不同,分为手用铰刀和机用铰刀两种。其结构如图 6.20 所示,适用于铰削标准直径系列的孔。

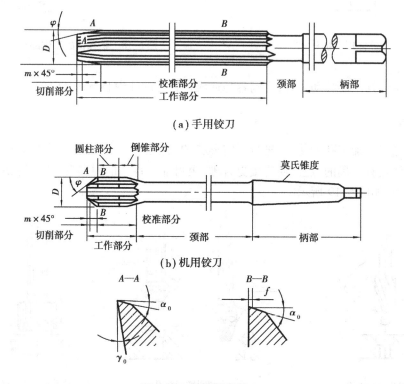

图 6.20　整体圆柱铰刀

铰刀由工作部分、颈部和柄部三个部分组成。工作部分由切削部分和校准部分组成。
铰刀前端制成有 45°倒角,便于铰削开始导入的切削部分。

铰刀的切削部分有一定的切削锥角 φ,切削锥角的大小对铰削质量影响较大。减小切削锥角,是获得较小表面粗糙度值的重要条件。一般手用铰刀的切削锥角 $\varphi = 30' \sim 1°30'$;机用铰刀铰削钢及其他韧性材料时,$\varphi = 15°$,铰削铸铁及其他脆性材料时,$\varphi = 3° \sim 5°$,铰削不通孔时,$\varphi = 45°$。

由于铰孔对孔壁粗糙度要求较高,故铰刀切削部分的前角 $\gamma_0 = 0° \sim 3°$,校准部分的前角为 $0°$,使铰削近似于刮削。切削部分和校准部分的后角为 $\alpha_0 = 6° \sim 8°$。

铰孔校准部分的作用是导向、修光孔壁和确定孔径大小。为减小铰刀与孔壁的摩擦,在刀齿上留有 $0.1 \sim 0.3$ mm 的刃带 f,并将校准部分制成倒锥形。

铰刀的齿数一般为 $6 \sim 16$ 齿,为方便测量,多采用偶数齿。一般手用铰刀的齿距在圆周上是不均匀分布的,如图 6.21(b)所示。其目的是使在铰削时,不会因每次铰削停歇的方位基本一致而使孔壁出现凹痕,从而提高铰孔的质量。机用铰刀为了制造方便,都制成等齿距分布,如图 6.21(a)所示。

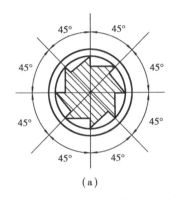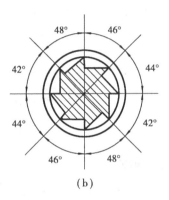

(a)　　　　　　　　　　　　　　　　(b)

图 6.21　铰刀刀齿的分布

标准圆柱铰刀,直径上一般留有 $0.005 \sim 0.02$ 研磨量。如对孔的精度要求高,需对铰刀进行研磨。

2. 螺旋槽手用铰刀

螺旋槽手用铰刀,如图 6.22 所示。适用于铰削带键槽孔。其螺旋槽方向为左旋,能避免铰削时铰刀的自动旋进。使用螺旋槽手用铰刀铰孔,铰削阻力沿圆周均匀分布,铰削平稳,孔壁光滑。

图 6.22　螺旋槽手用铰刀

3. 锥铰刀

锥铰刀用于铰削圆锥孔,常用的锥铰刀,有以下几种:

(1)1:10 锥铰刀,用来铰削联轴器的锥孔。

(2)莫氏锥铰刀,用来铰削 $0 \sim 6$ 号莫氏锥孔。

(3)1:30 锥铰刀,用来铰削套式刀具上的锥孔。

(4)1:50 锥铰刀,用来铰削锥形定位销孔。

1:10 锥铰刀和莫氏锥铰刀,一般一套有 2 ~ 3 把,其中一把是精铰刀,其余是粗铰刀。粗铰刀的刀刃上开有呈螺旋形分布的分屑槽,以减轻铰削负荷。如图 6.23 所示,为两把一套的锥铰刀。

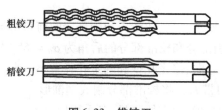

图 6.23 锥铰刀

4. 可调节的手铰刀

可调节的手铰刀,如图 6.24 所示。刀体上开有斜底直槽,将具有同样斜度的刀片嵌在槽内,通过调整调节螺母,使刀片沿斜底直槽移动,即可改变铰刀直径。可调节的手铰刀,多适用于单件生产和修配工作中需要铰削的非标准孔。

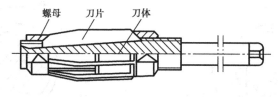

图 6.24 可调节的手铰刀

三、铰削用量的选择

铰削用量包括铰削余量、切削速度和进给量,铰削用量的选择是否正确、合理,直接影响到铰削质量。

1. 铰削余量

铰削余量是指上道工序(钻孔或扩孔)留下来的直径方向上的加工余量。铰削余量不宜太大或太小。因为铰削余量太小,上道工序残留的变形难以纠正,原有的加工刀痕不能去除,铰孔质量达不到要求,同时铰刀的啃刮现象也很严重。余量太大,则加大每一刀齿的切削负荷,破坏了铰削的稳定性,增加了切削热,使铰刀的直径胀大,孔径也随之扩大。同时,切屑呈撕裂状,使加工表面变得粗糙。

铰削余量应按孔径的大小来选择,同时还应考虑铰孔的精度、表面粗糙度、材料的软硬和铰刀的类型等因素。铰削余量的选择见表 6.9。

表 6.9 铰削余量的选择　　　　　　　　单位:mm

铰孔直径	< 5	5 ~ 20	21 ~ 32	33 ~ 50	51 ~ 70
铰削余量	0.1 ~ 0.2	0.2 ~ 0.3	0.3	0.5	0.8

2. 机铰时的切削速度和进给量

用高速钢铰刀铰削钢材时,切削速度不应超过 8 m/min,进给量在 0.4 mm/r 左右。

铰削铸铁时,切削速度不应超过 10 m/min,进给量 0.8 mm/r 左右。

铰削铜、铝材料时,切削速度不应超过 12 m/min,进给量在 1.2 mm/r 左右。

四、铰孔时切削液的选用

铰孔时产生的切屑细碎,容易黏附在刀刃上,甚至挤在铰刀与孔壁之间,将孔壁拉毛,使孔径扩大。同时,切削过程中产生的切削热,容易引起工件和铰刀的变形。因此,在铰削过程中必须选用适当的切削液进行清洗、润滑和冷却。切削液的选择见表6.10。

表6.10 铰孔时切削液的选用

工件材料	切削液
钢材	10%～20%乳化液;铰孔精度要求较高时,采用30%菜油加70%乳化液;铰孔精度要求更高时,采用菜油、柴油和猪油。
铸铁	不用;低浓度乳化液;煤油,但会引起孔径缩小,最大收缩量可达0.02～0.04 mm。
铜	2号锭子油;菜油。
铝	2号锭子油;2号锭子油与蓖麻油的混合油;煤油菜与油的混合油。

五、铰孔方法

1.手工铰孔

起铰时,用右手通过孔的轴心线施加进刀压力,左手转动铰杠。

铰削过程中,两手用力要均匀、平稳,以免形成喇叭口或使孔径扩大。进给时,要随着铰刀的旋转轻轻加压,以获得较好的表面粗糙度。

每次铰削的停歇位置应改变,以避免常在同一处停歇而造成振痕。

铰刀只能顺转(包括退刀),因为反转会使切屑卡在孔壁和刀齿的后刀面之间而将孔壁刮毛,又易使铰刀磨损,甚至崩刃。

铰削锥孔时,应经常用相配的锥销检查铰孔尺寸,当锥销能自动插入其全长的80%～85%时,应停止铰削。

在铰削过程中,应经常清除切屑,防止孔壁拉毛。如果铰刀被卡住,不能猛力扳转绞杠,应及时取出铰刀清除切屑和检查铰刀。继续铰削时应缓慢进给,以防在原处再次卡住。

铰刀使用完毕要擦干净,并涂上机油。放置时要注意保护好刀刃,以防碰撞而损坏。

2.机动铰孔

机动铰孔时,应尽量使工件在一次装夹过程中完成钻孔、扩孔、铰孔的全部工序,以保证铰刀中心与孔中心一致。

开始铰孔时,可采用手动进给,当铰刀进入孔内2～3 mm后,改用机动进给。

铰削过程中,应保证充足的冷却润滑液。

铰通孔时,铰刀的校准部分不能全部出头,以防孔的下端被刮坏。

铰孔完毕后,要在铰刀退出后再停车,否则孔壁会留有刀痕。

六、孔加工的安全文明生产

（1）操作钻床时，不能戴手套，袖口要扎紧。女工必须戴工作帽，头发必须盘入工作帽内。

（2）工件安装要牢固可靠，孔将钻穿时，要减小进给力，以防钻头卡住或扭断。

（3）钻床工作台不能摆放其他工具或量具，开动钻床前要取下钻夹头钥匙。

（4）不可用嘴吹铁屑，不可用棉纱或手消除切屑，必须用毛刷或铁钩清除切屑。

（5）不可用手或身体接触旋转着的部位。

（6）严禁在开车状态下，装卸工件，检查工件或变换主轴转速。

（7）清扫钻床或加注润滑油时，必须切断电源。

（8）手工铰孔时不要用力太猛，以免造成崩刃或拉毛工件，甚至扳断铰刀。

任务四　孔加工实训及常见缺陷分析

一、孔加工实训

1. 孔加工图样

孔加工图样，如图6.25所示。

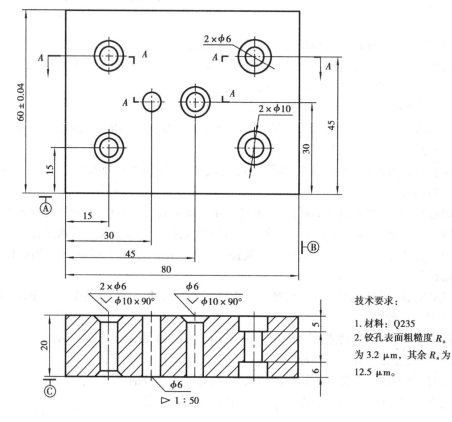

技术要求：

1. 材料：Q235
2. 铰孔表面粗糙度 R_a 为 3.2 μm，其余 R_a 为 12.5 μm。

图6.25　孔加工图样

2. 实训要求

(1)能正确使用钻床和各种孔加工刀具。

(2)掌握麻花钻的刃磨方法。

(3)掌握钻、锪、铰孔的方法。

(4)牢记孔加工的安全文明生产事项。

3. 工具和量具

钻床、机用平口钳、麻花钻、锪钻、铰刀、划线工具、90°角尺、游标卡尺等。

4. 实训步骤

(1)分别以基准面 A,B 为基准,划出钻孔中心线:15 mm × 15 mm,30 mm × 30 mm,45 mm × 30 mm,65 mm × 15 mm,65 mm × 45 mm,并按要求打上中心冲眼。

(2)用划规分别在各钻孔中心,划上检查线,便于落钻时借正。

(3)用 $\phi5.8$ 和 $\phi6$ 的钻头钻孔,并保证各孔的尺寸和位置精度($\phi6H7$)。

(4)分别用柱形锪钻和锥形锪钻加工各孔,并达到尺寸和形状要求。

(5)用锥铰刀,铰1:50 的锥孔,并与锥销相配。

(6)修去毛刺,全面复查。

(7)整理好工、量具,清扫钻床,并清理工作场地。

提示:

● 工件必须夹紧,并必须保证工件的钻孔表面与钻头直径垂直。

● 锪孔时的切削速度应比钻孔时低,手动进给压力不能过大。

5. 实训记录及评分标准

实训记录及评分标准,见表6.11。

表 6.11　孔加工实训评分表

项次	项目与技术要求	配分	评分方法	实测记录	得分
1	钻 5—$\phi6_0^{0.1}$	20	超差一处扣 4 分		
2	孔距尺寸公差 ±0.2(12 处)	24	超差一处扣 2 分		
3	锪锥孔 90° ±1°(3 处)	12	超差一处扣 3 分		
4	锪孔深 $5_0^{+0.1}$、$6_0^{+0.1}$	6	超差一处扣 3 分		
5	锥销孔 $\phi6$ 与锥销配合正确	8	酌情扣分		
6	修毛刺	10	一处未去毛刺扣 1 分		
7	安全文明生产	20	违反一次扣 5 分,违反 3 次不得分		

二、孔加工的缺陷分析

孔加工的缺陷分析,见表6.12。

表6.12 孔加工的缺陷及产生原因

加工方法	缺陷形式	产生原因
钻孔	钻孔显多角形	1. 钻头后角太大; 2. 钻头两主切削刃长短不一致,2φ角不对称
	孔径大于规定尺寸	1. 钻头两主切削刃长短不一致; 2. 钻头摆动
	孔壁粗糙	1. 钻头不锋利,两边不对称; 2. 钻头后角太大; 3. 进给量太大; 4. 切削液润滑性差或供给不足
	钻头位置偏移或歪斜	1. 工件装夹不当或不牢固; 2. 钻头横刃太长; 3. 起钻就偏移中心; 4. 工件和钻头不垂直; 5. 进给量过大
扩孔	粗糙度过大	1. 进给量过大,切削用量过大; 2. 切削速度过慢
	位置偏移	1. 主切削刃不对称; 2. 两顶角不一致
锪孔	加工表面有振痕	1. 钻头后角太大; 2. 前角未修磨
	粗糙度过大	切削速度过快,无切削液

加工方法	缺陷形式	产生原因
铰孔	表面粗糙度过大	1. 切削刃上粘上切瘤,容屑槽内切屑过多; 2. 铰削余量过大或过小; 3. 切削速度过快; 4. 铰刀退出反转,手铰时退出不平稳; 5. 切屑液不充足或选择不当; 6. 铰刀偏摆过大; 7. 材料不适用所选铰刀
	孔径过大	1. 铰刀偏摆过大; 2. 进给量和铰削余量过大; 3. 切削速度过快使铰刀温度上升,直径增大; 4. 铰刀直径不符要求
	孔径缩小	1. 铰刀磨损严重; 2. 铰钢料时加工余量过大,铰好后弹性复位; 3. 铰铸铁时加了煤油
	孔中心不直	1. 铰孔前的加工孔不直,铰孔时由于铰刀刚性差; 2. 铰刀切削的锥角太大,导向不良,使铰削时方向发生偏移; 3. 手铰时,两手用力不均
	孔显多棱形	1. 铰削余量太大或铰刀不锋利,使铰削发生啃切或振动; 2. 钻孔不圆,使铰孔时铰刀发生弹动。

复习思考题

1. 标准麻花钻在结构上有哪些缺点?
2. 针对标准麻花钻的缺点,应采取哪些相应的措施进行修磨?
3. 标准群钻的特点是什么?
4. 为什么不能用标准麻花钻钻薄板? 薄板群钻的特点是什么?
5. 钻孔时,选择切削用量的基本原则是什么?
6. 在 45 号钢(HB229)上钻 12 mm 的孔,试选择合理的切削用量? 计算钻床主轴转速。
7. 试述扩孔钻的特点。
8. 锪钻的种类有哪些?
9. 试述整体圆柱铰刀工作部分的结构特点。
10. 铰孔时,为什么铰削余量不能太大或太小?
11. 简述手工铰削的方法。

项目七 螺纹加工

项目内容 1. 认识螺纹加工的工具。

2. 螺纹底孔直径和圆杆直径的计算。

3. 螺纹加工的方法。

4. 螺纹加工时的安全文明生产。

项目目的 1. 正确计算螺纹底孔直径和圆杆直径。

2. 熟练掌握攻、套螺纹的方法。

项目实施过程

任务一 认识螺纹加工工具

一、螺纹加工概述

螺纹作为连接、紧固、传动、调整的一种机构,被广泛应用于各种机械设备、仪器仪表中。螺纹加工包括内螺纹和外螺纹加工。用丝锥在孔中切削加工内螺纹的方法称为攻螺纹;用板牙在圆杆或管子上切削加工外螺纹的方法称为套螺纹。

螺纹的牙型有多种,钳工只能加工三角螺纹。其他如矩形、梯形等螺纹则需在车床上加工。

二、丝锥

1. 丝锥的构造

丝锥是加工内螺纹的工具,常用碳素钢或合金钢制成。

丝锥的结构,如图 7.1 所示。丝锥由工作部分和柄部组成。工作部分包括切削部分和校准部分。

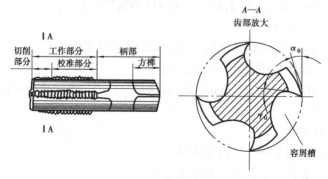

图 7.1 丝锥的构造

(1)切削部分。切削部分的前端磨出切削锥角。使切削负荷分布在几个刀齿上,这不仅使得工作省力,同时不易产生崩刃或折断,而且攻螺纹时的引导作用较好。切削部分的前角一般为 8°~10°,后角为 6°~8°,为了适应不同的工件材料,前角数值可按表 7.1 选择。容屑槽的作用是排屑和注入润滑油。为了制造和刃磨方便,丝锥的容屑槽一般制成直槽。为了排屑方便,有些丝锥做成左旋槽,用来加工通孔,使切屑顺利地向下排出。也有的做成右旋的,用来加工盲孔,使切屑能向上排出,如图 7.2 所示。也可以用直槽丝锥的切削部分前端加以刃磨,形成刃倾角 λ = -5°~15°,如图 7.3 所示。

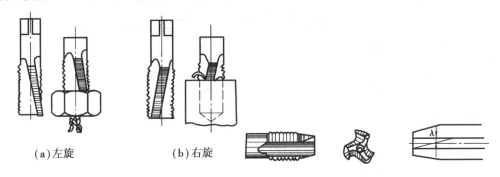

(a)左旋　　　　　(b)右旋

图 7.2　容屑槽的方向　　　　图 7.3　修磨刃倾角

表 7.1　丝锥前角的选择

被加工材料	铸青铜	铸铁	硬钢	黄铜	中碳钢	低碳钢	不锈钢	铝合金
前角 γ	0°	5°	5°	10°	10°	15°	15°~20°	20°~30°

(2)校准部分。校准部分具有完整的齿形,用来校准已切出的螺纹,并且引导丝锥沿轴向前进。丝锥为了减小校准部分与螺孔的摩擦和螺孔的扩张量,丝锥的校准部分有 0.05~0.12 mm/100 的倒锥。

(3)柄部。柄部有方榫,用来传递切削扭矩。

2.成套丝锥的切削用量分配

丝锥一般由两支或三支组成。成套丝锥的切削用量应合理分配,由几支丝锥共同承担。通常 M6~M24 的丝锥每组 2 支;M6 以下和 M24 以上的丝锥每组 3 支;细牙普通螺纹丝锥每组 2 支。

成组丝锥切削用量的分配有两种形式:即锥形分配和柱形分配。

(1)锥形分配。锥形分配又叫等径丝锥,如图 7.4(a)所示。每套丝锥的大径、中径、小径都相等,只是切削部分的长度及偏角不同。头锥切削部分的长度为 5~7 个螺距;二锥切削部分的长度为 2.5~4 个螺距;三锥切削部分的长度为 1.5~2 个螺距。一般 M12 以下的丝锥,采用锥形分配。

(2)柱形分配。柱形分配又叫不等径丝锥,如图 7.4(b)所示。每套丝锥的大径、中径、小径都不相等,每个丝锥都要承担一定的切削用量。3 支一套的丝锥按顺序为 6:3:1,分担切削用量。两支一套的丝锥则为 7.5:2.5,分担切削用量。一般 M12 以上的丝锥,采用柱形分配。

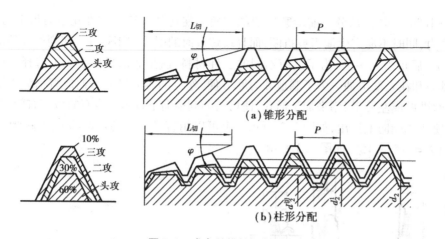

(a)锥形分配

(b)柱形分配

图7.4　成套丝锥的切削用量分配

三、丝锥绞杠

绞杠是手工攻螺纹时,用来夹持和扳转丝锥的工具。绞杠分普通绞杠和丁字形绞杠。普通绞杠又有固定绞杠和活动绞杠两种,如图7.5所示。

1.固定绞杠

固定绞杠用于攻 M5 以下的螺纹,如图7.5(a)所示。

2.活动绞杠

活动绞杠由于可以调节尺寸,应用较广,如图7.5(b)所示。

3.丁字形绞杠

丁字形绞杠,如图7.6所示。适用于攻凸台、箱体内的螺纹。可调节丁字形绞杠,用于攻 M6 以下的螺纹,大尺寸的丁字形绞杠一般采用固定式的,通常需要定制。

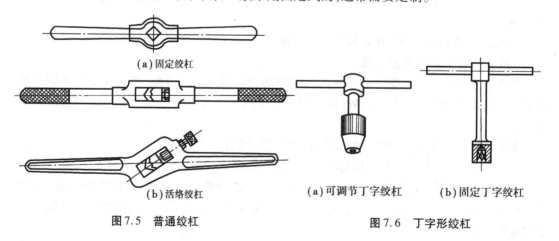

(a)固定绞杠

(b)活络绞杠

图7.5　普通绞杠

(a)可调节丁字绞杠　　(b)固定丁字绞杠

图7.6　丁字形绞杠

四、板牙

板牙是加工外螺纹的工具。由合金工具钢或高速钢制成,并经淬火硬化。

板牙的结构,如图7.7所示。由切削部分、校准部分和排屑孔组成。

1. 切削部分

板牙两端的锥角部分是切削部分,切削部分的一面磨损后可以换另一面继续使用。

2. 校准部分

板牙中间段是校准部分,起导向作用。

3. 排屑孔

板牙上有多个排屑孔,一般是 3~8 个,螺纹直径大,则孔多。

五、板牙绞杠

板牙绞杠的外圆旋有四只紧定螺钉和一只调松螺钉,使用时,紧定螺钉将板牙紧固在绞杠中,并传递套螺纹时的扭矩,如图7.8所示。

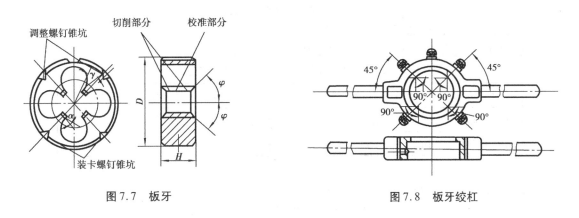

图 7.7　板牙　　　　　　　　　　　　　　　图 7.8　板牙绞杠

任务二　攻　螺　纹

一、攻螺纹前底孔直径与孔深的确定

1. 攻螺纹前底孔直径必须大于螺纹小径

攻螺纹时,丝锥的切削刃除起切削作用外,还对工件材料产生挤压作用,使得螺纹的牙型产生塑性变形,在牙顶凸起一部分,经攻丝后的螺纹孔径小于原底孔直径。如图7.9所示。如果底孔直径等于螺纹小径时,则攻螺纹时的挤压作用,使螺纹牙顶与丝锥牙底之间没有足够的间隙将丝锥箍住,给继续攻螺纹造成困难,甚至折断丝锥。这种现象在攻细牙螺纹或塑性较大的材料时更为严重。因此在攻丝前的底孔直径必须大于螺纹小径。

螺纹底孔直径的大小,应根据工件材料的塑性和扩张量来考虑,使攻螺纹时有足够的空隙来容纳被挤出的材料,以保证加工出来的螺纹具有完整的牙型。

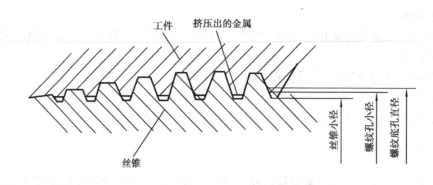

图7.9 攻螺纹时的挤压现象

2. 攻螺纹前底孔直径的确定

攻螺纹前底孔直径的确定,可按表7.2中的公式计算。

表7.2 加工普通螺纹底孔钻头直径计算公式

被加工材料和扩张量	钻头直径计算公式
钢和其他塑性大的材料,扩张量中等	底孔直径 = 螺纹大径 − 螺距
铸铁和其他塑性小的材料,扩张量较小	底孔直径 = 螺纹大径 − (1.05 ~ 1.1)螺距

常见普通螺纹的螺距和底孔直径,可查表7.3。

表7.3 常见普通螺纹的螺距和底孔直径

螺纹直径 /mm	螺距 /mm	底孔直径/mm		螺纹直径 /mm	螺距 /mm	底孔直径/mm	
		铸铁、青铜、黄铜	钢、纯铜			铸铁、青铜、黄铜	钢、纯铜
2	0.4	1.6	1.6	5	0.8	4.1	4.2
	0.25	1.75	1.75		0.5	4.5	4.5
2.5	0.45	2.05	2.05	6	1	4.9	5
	0.35	2.15	2.15		0.75	5.2	5.2
3	0.5	2.5	2.5	8	1.25	6.6	6.7
	0.35	2.65	2.65		1	6.9	7
4	0.7	3.3	3.3	10	1.5	8.4	8.5
	0.5	3.5	3.5		1.25	8.6	8.7
					1	8.9	9
					0.75	9.1	9.2

续表

螺纹直径/mm	螺距/mm	底孔直径/mm		螺纹直径/mm	螺距/mm	底孔直径/mm	
		铸铁、青铜、黄铜	钢、纯铜			铸铁、青铜、黄铜	钢、纯铜
12	1.75	10.1	10.2	20	2.5	17.3	17.5
	1.5	10.4	10.5		2	17.8	18
	1.25	10.6	10.7		1.5	18.4	18.5
	1	10.9	11		1	18.9	19
14	2	11.8	12	22	2.5	19.3	19.5
	1.5	12.4	12.5		2	19.8	20
					1.5	20.4	20.5
					1	20.9	21
16	2	13.8	14	24	3	20.7	21
	1.5	14.4	14.5		2	21.8	22
	1	14.9	15		1.5	22.4	22.5
					1	22.9	23
18	2.5	15.3	15.5				
	2	15.8	16				
	1.5	16.4	16.5				
	1	16.9	17				

3. 攻螺纹前螺孔深度的确定

攻不通孔螺纹时,由于丝锥切削部分不能切出完整的螺纹牙形,所以钻孔深度要大于所需的螺孔深度,一般取:

$$钻孔深度 = 所需螺孔深度 + 0.7 \times 螺纹大径$$

二、攻螺纹的方法

(1)攻螺纹前,对孔口倒角,可使丝锥容易切入,并防止攻螺纹时孔口挤压出凸边或使孔口螺纹崩裂。

(2)开始攻螺纹时,应把丝锥放正,用右手掌按住绞杠中部沿丝锥中心线用力加压,此时左手配合作顺向旋进,要保证丝锥中心与孔中心线重合,不能歪斜,如图7.10所示。当切入工件1~2圈时,要从两个方向用目测或角尺检查,如图7.11所示,并不断校正。当切入工件3~4圈后,不允许继续校正,否则容易将丝锥折断。

(3)当切削部分全部切入工件时,应停止对丝锥施加压力,只需平稳的转动绞杠,靠螺纹自然旋进。为了避免切屑过长咬住丝锥,攻螺纹时应经常反方向转动1/2圈,使切屑碎断后排出。

(4)攻不通孔螺纹时,要经常退出丝锥,排除孔中的切屑,当将要攻到孔底时,更应及时排出孔底积屑,以免攻到孔底丝锥被轧住。

(5)攻螺纹时,要加切削液,以减少切削阻力和提高螺孔的表面质量,延长丝锥的使用寿命。攻螺纹时,切削液的选用,见表7.4。

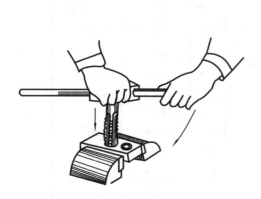

图7.10 起攻方法

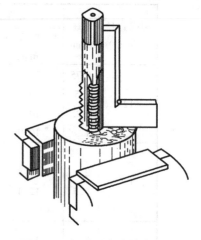

图7.11 螺纹垂直度的检查方法

表7.4 攻螺纹时切削液的选用

零件材料	切削液
结构钢、合金钢	乳化液、乳化油
灰铸铁	煤油、乳化油、75%煤油+25%植物油
铜合金	机械油、硫化油、煤油+矿物油
铝及铝合金	50%煤油+50%机械油、85%煤油+15%亚麻油、煤油、松节油等

三、从螺孔中取出断丝锥的方法

攻螺纹时,经常会因操作不当等原因,造成丝锥断在螺孔内。如果盲目敲打,强行取出断丝锥,则容易造成螺孔的损坏,甚至使零件报废。取出断丝锥前,应先清除孔内的切屑,并加入适当润滑油,再根据具体情况选择解决方法。

(1)当丝锥折断处露出孔口时,可直接用钳子拧出。当断丝锥太紧,无法用钳子拧出时,可以将弯杆或六角螺母焊在断丝锥上,扳动弯杆或六角螺母取出断丝锥,如图7.12所示。

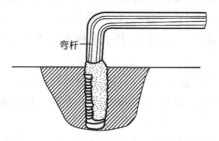

(a)弯杆焊在断丝锥上

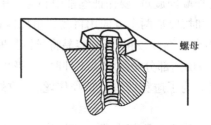

(b)螺母焊在断丝锥上

图7.12 焊接法取断丝锥

（2）当丝锥在孔口或靠近孔口处折断，可用样冲或尖錾抵在断丝锥的容屑槽中，轻轻敲击取出，如图 7.13 所示。

（3）当丝锥折断的部分在孔内时，可以用带方榫的断丝锥拧上两个螺母，用适当粗细的钢丝插入断丝锥和螺母的空槽中，然后用绞杠按退出方向旋转，将断丝锥取出，如图 7.14 所示。

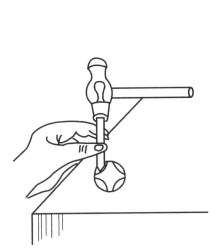

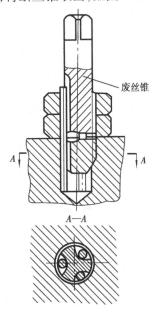

图 7.13　敲击样冲取出断丝锥　　　　图 7.14　钢丝插入容屑槽取出断丝锥

（4）用氧乙炔或喷灯使断丝锥退火，然后用钻头钻一盲孔。此时钻头直径应比螺纹底孔直径略小，钻孔时也要对准中心，防止将螺纹钻坏。孔钻后打入一个扁形或方形冲头再用扳手旋出断丝锥。

（5）用电火花加工设备将断丝锥熔掉。

任务三　套　螺　纹

一、套螺纹前圆杆直径的确定

与攻螺纹一样，用板牙在钢料上套螺纹时，螺纹牙尖也要被挤高一些，所以，圆杆直径应比螺纹的大径小一些。

圆杆直径可用公式计算：圆杆直径 ≈ 螺纹大径 − 0.13 × 螺距

圆杆直径见表 7.5。

表7.5　套螺纹前圆杆直径的确定

螺纹直径 /mm	螺距 /mm	圆杆直径/mm		螺纹直径 /mm	螺距 /mm	圆杆直径/mm	
		最小直径	最大直径			最小直径	最大直径
M6	1	5.8	5.9	M24	3	23.65	23.8
M8	1.25	7.8	7.9	M27	3	26.65	26.8
M10	1.5	9.75	9.85	M30	3.5	29.6	29.8
M12	1.75	11.75	11.9	M36	4	35.6	35.8
M14	2	13.7	13.85	M42	4.5	41.55	41.75
M16	2	15.7	15.85	M48	5	47.5	47.7
M18	2.5	17.7	17.85	M52	5	51.5	51.7
M20	2.5	19.7	19.85	M60	5.5	59.45	59.7
M22	2.5	21.7	21.85	M64	6	63.4	63.7

二、套螺纹的方法

（1）为使板牙容易对准工件和切入工件，圆杆端部要倒成15°～20°的锥体，锥体的最小直径可略小于螺纹小径，如图7.15所示。

（2）为了防止夹持出现偏斜和夹出痕迹，圆杆应装夹在用硬木制成的V形钳口或软金属制成的衬垫中，圆杆伸出钳口部分不要过长，如图7.16所示。

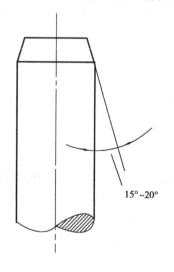

15°～20°

图7.15　圆杆的倒角

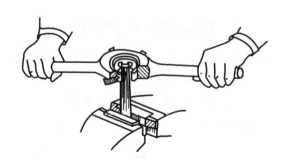

图7.16　圆杆的夹持方法

（3）套螺纹时应保持板牙端面与圆杆轴线垂直，否则套出的螺纹两面会深浅不一，甚至会烂牙。

（4）在开始套螺纹时，可用手掌按住板牙中心，适当施加压力并转动绞杠，当板牙切入圆杆 1～2 圈时,应检查和校正板牙的位置;当板牙切入圆杆 3～4 圈时,应停止施加压力,靠自然旋进套螺纹。

(5)为了避免切屑过长而卡住,套螺纹过程中应将板牙经常倒转。

(6)在钢件上套螺纹时要加切削液,以延长板牙的使用寿命,减小螺纹的表面粗糙度。

提示:

● 起攻、起套的正确性以及攻、套螺纹时两手用力的均匀程度,是攻、套螺纹的重点,必须用心掌握。

任务四　螺纹加工实训及废品分析

一、攻、套螺纹

1.攻、套螺纹图样

攻、套螺纹的图样,如图 7.17 所示。

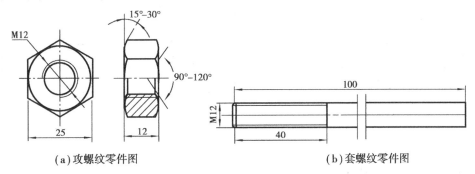

(a)攻螺纹零件图　　　　　　　　(b)套螺纹零件图

图 7.17　攻套螺纹

2.实训要求

(1)正确计算螺纹底孔直径和圆杆直径。

(2)正确掌握攻螺纹和套螺纹的方法。

(3)牢记螺纹加工安全文明生产规范。

3.工、量具

钻床、平口钳、麻花钻、丝锥、丝锥绞杠、板牙、板牙绞杠、台虎钳、钳口铁、游标卡尺、90°角尺等。

4.实训步骤

(1)计算螺纹底孔直径。

(2)按图纸要求划出螺孔的加工位置线,在中心位置打上样冲眼。

(3)钻螺孔底孔并对孔口倒角。

(4)攻 M12 的螺纹,用相应螺钉进行检验。

(5)按图纸要求下料,并将圆杆倒角。

(6)套 M12 的螺纹,用已攻好的螺母进行检验,达到垂直度要求。

(7)整理好工、量具,并清理工作场地。

提示:

· 起攻、起套时,要从两个方向进行垂直检查,并及时校正,这是保证螺纹质量的重要环节。

· 应选择适当的切削液。

5. 实训记录及评分标准

实训记录及评分标准见表7.6。

表7.6 攻套螺纹评分表

项次	项目与技术要求	配分	评分方法	实测记录	得分
1	螺纹牙型尺寸正确	20	螺母、圆杆各10分		
2	工具使用正确	20	丝锥、板牙损坏每次扣10分;其他工具使用不当每次扣3分		
3	孔口和圆杆倒角正确	10	错误一次扣5分		
4	螺钉、螺母顺利旋入	20	不能顺利旋入扣5分,不能旋入扣10分		
5	圆杆螺纹长度正确	5	错误扣5分		
6	螺纹垂直度0.1 mm	10	超差0.02扣1分		
7	正确使用切削液	5	错误扣5分		
8	安全文明生产	10	违反一次扣3分,违反3次不得分		

二、螺纹加工的废品分析

1. 攻螺纹时的废品分析

攻螺纹时的废品分析见表7.7。

表7.7 攻螺纹时,废品产生的原因

废品形式	产生的原因
烂牙	1. 螺纹底孔直径太小,丝锥不易切入,孔口烂牙; 2. 头锥攻螺纹不正,用二锥强行纠正; 3. 未加切削液或不经常反转,而把已切出的螺纹啃伤; 4. 丝锥磨损变钝或刀刃上有铁屑; 5. 丝锥绞杠掌握不稳,攻强度较低的材料时,容易被切烂
滑牙	1. 攻不通孔螺纹时,丝锥已到底仍继续扳转; 2. 在强度较低的材料上攻较小螺孔时,丝锥已切出螺纹仍继续加压力
螺孔攻歪	1. 丝锥位置不正; 2. 机攻螺纹时丝锥与螺纹不同心
螺纹牙深不够	1. 攻螺纹前,底孔直径太大; 2. 丝锥磨损

续表

废品形式	产生的原因
螺纹中径大	1.在强度较低的材料上攻螺纹时,丝锥切削部分全部切入螺孔后,仍对丝锥施加压力; 2.机攻时,丝锥晃动,或切削刃磨得不对称

2.套螺纹时的废品分析

套螺纹时的废品分析见表7.8。

表7.8 套螺纹时产生废品的原因

废品形式	产生的原因
烂牙	1.圆杆直径太大; 2.板牙磨钝; 3.套螺纹时,板牙没有经常倒转; 4.绞杠掌握不稳,套螺纹时,板牙左右摇摆; 5.板牙不正,斜太多,套螺纹时强行修正; 6.板牙刀刃上具有切屑瘤; 7.用带调整槽的板牙套螺纹,第二次套螺纹时板牙没有与已切出螺纹旋合,就强行套螺纹; 8.未采用合适的切削液
螺纹歪斜	1.板牙端面与圆杆不垂直; 2.用力不均匀,绞杠歪斜
螺纹中径小	1.板牙已切入施加压力; 2.由于板牙端面与圆杆不垂直而多次纠正,使部分螺纹切去过多
螺纹牙深不够	1.圆杆直径太小; 2.用带调整的板牙套螺纹时,直径调节太大

复习思考题

1.试述丝锥各部分的名称、结构特点及作用。

2.怎样判断左旋丝锥和右旋丝锥? 它们各有何作用?

3.成组丝锥切削用量的分配有哪两种形式? 其切削用量是怎样分配的?

4.在钢件上攻 M12 的螺孔和在圆杆上套 M12 的螺纹时,底孔和圆杆直径各为多少? 在铸铁件上攻 M12 的螺孔时,底孔直径应为多少?

5.试述攻螺纹时的操作要点是什么?

6.试述板牙各部分的名称、结构特点及作用?

7.套丝前为什么圆杆直径要比螺纹直径小一些? 套丝前圆杆直径怎样计算?

8.分析攻、套螺纹时产生废品的原因?

项目八　铆　接

项目内容　1. 铆接的种类和形式。
　　　　　　2. 铆钉的种类及应用。
　　　　　　3. 铆接工艺。
项目目的　1. 能正确计算铆钉直径、长度及通孔直径。
　　　　　　2. 掌握铆接加工的方法。
项目实施过程

任务一　铆接的基本知识

一、铆接概述

用铆钉连接两个或两个以上工件的工艺称为铆接。铆接是一种传统的连接方法。目前，在很多结构连接中，铆接已逐渐被焊接工艺所代替。但是铆接由于其传力均匀、铆接件的塑性和韧性好，能承受冲击和振动载荷，特别是异种金属之间的连接和对焊接性能差的构件的连接，铆接更具优势，故目前仍广泛被采用。

二、铆接的种类

1. 按使用要求分类

（1）活动铆接。活动铆接的结合部分可以相互传动，如：剪刀、划规等工具的铆接。

（2）固定铆接。固定铆接的结合部分是固定不动的，按其工作要求和用途不同，还可分为强固铆接、强密铆接和紧密铆接三种。其特点及应用见表8.1。

表8.1　固定铆接的特点及应用

种　类	结构特点	应　用
强固铆接	有足够的强度，能承受很大的载荷	适用于受力大且对铆接处无密封性要求的地方。如桥梁、车辆和塔架等构件的铆接
强密铆接	不能承受较大的压力，但对接缝处的严密性要求较高。为了防止渗漏，这种铆接的铆钉大而且排列密，铆缝中常夹有橡皮或其他填料	一般多用于低压容器构件的铆接，如水箱、气筒、油罐等
紧密铆接	要承受较大的压力，而且接缝处的严密性要求也较高	常用于压力容器构件的铆接，如蒸汽锅炉、压缩空气罐、压力管路等

2. 按铆接的方法分类

（1）冷铆。铆接时，铆钉不需加热，直接镦出铆合头。直径在 8 mm 以下的钢质铆钉都可以用冷铆方法铆接。采用冷铆时,铆钉的材料必须具有较高的塑性。

(2)热铆。热铆是将整个铆钉加热后再进行铆接。铆钉受热后塑性好,容易成形,且铆钉冷却后收缩,加大了结合强度。直径在 8 mm 以上的钢质铆钉多采用热铆。

(3)混合铆。铆接时,只需将铆合头部加热。对细长铆钉,常采用这种方法以避免铆钉杆弯曲。

三、铆接形式

铆接的形式是由零件相互结合的位置所决定。主要有搭接、对接和角接三种形式,如图8.1 所示。

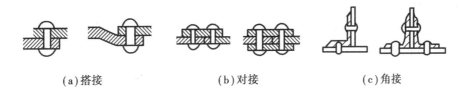

(a)搭接　　　　　　(b)对接　　　　　　(c)角接

图 8.1　铆接的形式

任务二　铆钉和铆接工具

一、铆钉的种类

1. 按铆钉形状分

按铆钉形状分,常用的铆钉有平头、半圆头、沉头、半圆沉头、管状空心和皮带铆钉等。铆钉形状及应用见表8.2。

表 8.2　铆钉形状及应用

名　称	形　状	应　用
平头铆钉	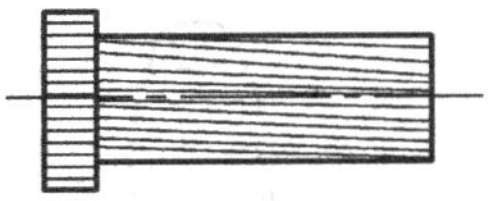	铆接方便,应用广泛。常用于一般无特殊要求的铆接,如铁皮箱盒、防护罩壳及其他结合件
半圆头铆钉	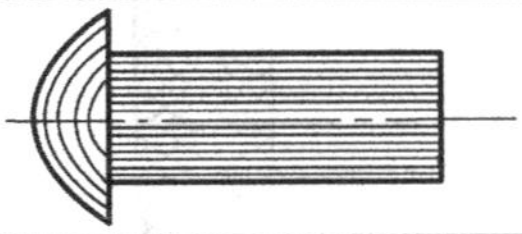	应用广泛,常用于钢结构的屋架、桥梁、车辆等结构件的铆接
沉头铆钉	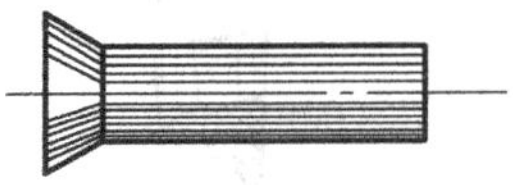	适用于框架等表面要求平整工件的铆接
半圆沉头铆钉	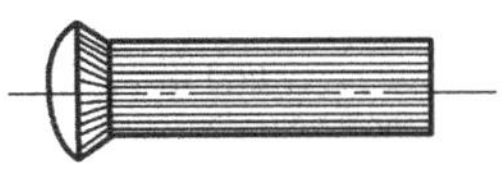	适用于有防滑要求的铆接,如踏脚板、走路梯板等

续表

名　称	形　状	应　用
管状空心铆钉		适用于在铆接处有空心要求的铆接,如电器部件的铆接等
皮带铆钉		常用于各种毛毡、橡皮、皮革、皮带等制品的铆接

2. 按铆钉材料分

制造铆钉的材料要求有较好的塑性,常用的铆钉材料有钢、黄铜、紫铜和铝等。铆接时应选用与铆接件的材料相近似的铆钉。

二、铆接工具

常用的手工铆接工具,除手锤外,还有顶模、压紧冲头、罩模,如图 8.2 所示。

1. 顶模

顶模如图 8.2(a)所示。顶模的作用是在铆接时顶住铆钉头部,便于铆接工作的进行。其柄部制有两个平行的平面,以便在台虎钳上夹持稳固。为了在铆接时不损伤铆钉头,其工作部分应根据铆钉头来制成各种形状。如制成半圆形,用来铆接半圆头铆钉;制成凹形,用来铆接平头铆钉;制成平顶,用来铆接沉头铆钉。

2. 压紧冲头

压紧冲头,如图 8.2(b)所示。压紧冲头的作用是将被铆合的板料压紧。

3. 罩模

罩模如图 8.2(c)所示。罩模的作用是在铆接时镦出完整的铆合头。其工作部分应根据铆合头的形状来确定。

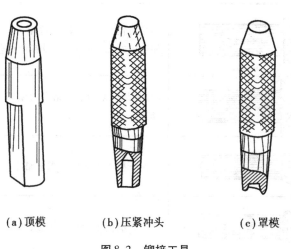

(a)顶模　　　　(b)压紧冲头　　　　(c)罩模

图 8.2　铆接工具

任务三　铆接加工

一、铆钉直径、长度及通孔直径的确定

1. 铆钉直径的确定

铆钉直径 d 的大小与被连接板的厚度有关。

（1）当被连接板的厚度相同时，铆钉直径一般取板厚的 1.8 倍。

（2）当被连接板的厚度不相同时，铆钉直径一般取最小板厚的 1.8 倍。

由于铆钉为标准件，所以应在计算后查表圆整。标准铆钉直径，可按表 8.3 选取。

表 8.3　标准铆钉直径和通孔直径的选择　　　　　单位：mm

标准铆钉直径		2	2.5	3	4	5	6	8	10
通孔直径	精装配	2.1	2.6	3.1	4.1	5.2	6.2	8.2	10.3
	粗装配	2.2	2.7	3.4	4.5	5.6	6.6	8.6	11

提示：
- 为了保证铆接强度，圆整后的铆钉直径应选择允许范围的上限。
- 同一构件上尽可能采用一种直径的铆钉。

2. 铆钉直径确定示例

如铆接 3 mm 和 5 mm 的两块钢板，试选择直径合适的铆钉直径。

解：$d = 1.8 \times 3 \text{ mm} = 5.4 \text{ mm}$，

查表圆整后，铆钉直径 d 应选取 6 mm。

3. 铆钉长度的确定

（1）铆钉长度的要求。铆接时铆钉所需长度，应等于铆接板料的总厚度加铆钉伸出的长度。铆钉的伸出长度应适当，如铆钉伸出长度过长，则镦出的铆合头就大且容易歪斜，影响铆接的外观质量；如铆钉伸出长度过短，则不能镦出完整的铆合头，影响铆接的强度。

（2）铆钉长度的计算。铆钉的长度（钉杆长度）应取决于铆钉的类型。铆钉长度可用下式计算：

①半圆头铆钉的长度。$L = S + (1.25 \sim 1.5)d$

②沉头铆钉的长度。$L = S + (0.8 \sim 1.2)d$

式中　L——铆钉的长度，mm。

　　　S——铆接板厚之和，mm。

　　　d——铆钉直径，mm。

同样，计算后的铆钉长度应查表圆整。

提示：
- 当铆合头质量要求较高时，应通过试铆来确定。

4. 通孔直径的确定

铆接时铆接件的通孔直径应根据铆钉直径和连接要求来确定。如孔径过小，将使铆钉插

入困难;孔径过大,则铆接后的工件容易松动。一般确定铆接件的通孔直径可按表8.3选取。

二、铆接的方法

1.半圆头铆钉的铆接方法

如图8.3所示。其铆接步骤为:

(1)铆接件彼此贴合。

(2)按划线钻孔,并将孔口倒角。

(3)插入铆钉。

(4)用压紧冲头压紧板料。如图8.3(a)所示。

(5)镦粗铆钉。如图8.3(b)所示。

(6)初步锤打成形。如图8.3(c)所示。

(7)最后用罩模修整铆合头。如图8.3(d)所示。

在进行活动铆接时,应经常检查被连接件的活动情况。如发现铆得太紧,可将铆钉一端垫在有孔的垫铁上,用手锤捶击另一端,使其活动。

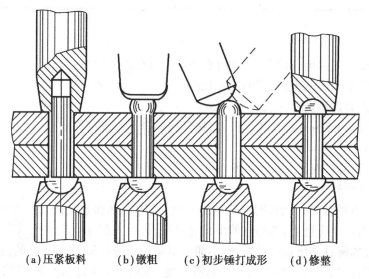

(a)压紧板料   (b)镦粗   (c)初步锤打成形   (d)修整

图8.3 半圆头铆钉的铆接方法

提示:

• 在冷铆过程中镦粗铆钉,要求锤击次数不能过多,否则材质将由于冷作硬化,致使铆钉头产生裂纹。

2.沉头铆钉的铆接方法

沉头铆钉的铆接方法有两种:一种是使用现成的沉头铆钉铆接,其方法与半圆头铆钉的铆接方法基本相同;另一种是用圆钢截断后代用。其铆接方法,如图8.4所示。铆接步骤为:

(1)把铆接件彼此贴合。

(2)按划线钻孔,并将孔口倒角。

(3)将圆钢插入孔中。

(4)镦粗圆钢两端。

（5）将圆钢两端铆平。

（6）去除铆钉两端的高出部分。

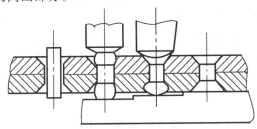

图 8.4　圆柱沉头铆钉的铆接过程

3.多孔工件的铆接方法

铆接多孔工件的步骤为：

（1）将铆接件彼此贴合。

（2）划线后先钻 1~2 个孔,并将孔口倒角。

（3）将这 1~2 个孔铆紧或用螺栓紧固定位。

（4）按划线加工其余各孔,并将孔口倒角。

（5）按从中间到四周的顺序逐步铆紧其余各孔。

（6）修整各铆合头。

4.铆钉的拆卸方法

要拆除铆接件,只有先将铆钉一端的头部去掉,然后用冲头将铆钉从孔中冲出。对于表面质量要求不高的铆接件,可直接用錾子将铆钉头錾掉。当铆接件表面质量要求较高时,为避免工件表面的损伤,应用钻孔的方法拆卸。如图 8.5 所示。

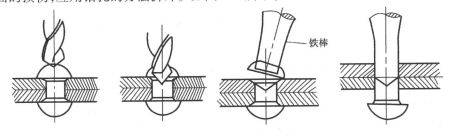

图 8.5　铆钉的拆卸方法

任务四　铆接实训及缺陷分析

一、铆接宽座角尺

1.铆接图样

铆接图样,如图 8.6 所示。

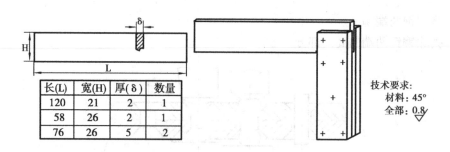

长(L)	宽(H)	厚(δ)	数量
120	21	2	1
58	26	2	1
76	26	5	2

技术要求:
材料:45°
全部:0.8 ▽

图8.6 宽座角尺

2. 实训要求

(1)能正确计算铆钉长度和确定通孔直径。

(2)掌握沉头铆钉的铆接工艺。

(3)掌握多孔工件的铆接方法。

3. 工、量具

钻床、机用平口钳、手虎钳、平板、手锤、铆接工具、90°角尺等。

4. 实训步骤

(1)将一块 $58 \times 26 \times 2$ 材料置于两块 $76 \times 26 \times 5$ 材料之间,如图8.6所示。并用手虎钳固定。

(2)确定铆钉孔位置,并打上样冲眼。

(3)确定通孔直径。钻、锪5个尺座铆接孔。

(4)根据计算出的铆钉长度下料。

(5)用圆柱沉头铆钉的铆接方法铆接尺座。

(6)进行复查,并用锉刀作必要的修整。

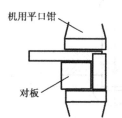

机用平口钳

对板

8.7 角尺的夹持方法

(7)将尺身嵌入尺座内,如图8.7所示,夹紧,并钻、锪铆接孔。

(8)铆接尺身。

(9)进行全面复查并修整。

提示:

● 量具在使用时受力不大,故铆接角尺时,用 $\phi 2$ 的圆丝铆接即可。

● 铆钉中心到铆接板边缘的距离取1.5倍铆钉直径。

● 宽座角尺尺座虽属多孔铆接,但由于外形尺寸较小,可以用手虎钳固定,因此可以一次钻、锪出5个尺座铆接孔。

5. 实训记录及评分标准

实训记录及评分标准,见表8.4。

表 8.4 铆接实训评分表

项次	项目与技术要求	配分	评分方法	实测记录	得分
1	铆钉长度计算正确	10	错误扣 10 分		
2	铆接方法和顺序正确	10	错误一次扣 5 分		
3	零件表面无凹痕	10	酌情扣分		
4	沉头铆接无痕迹	28	一处不合格扣 2 分		
5	铆接紧固	14	每一铆钉松动扣 2 分		
6	零件外形尺寸符合要求	18	酌情扣分		
7	安全文明生产	10	违反一次扣 3 分,违反 3 次不得分		

二、铆接的缺陷分析

铆接的缺陷分析,见表 8.5。

表 8.5 铆接的缺陷分析

缺陷形式	图 示	产生原因
铆合头偏移	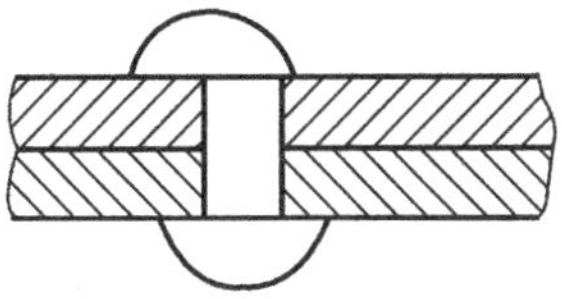	1. 铆钉太长; 2. 镦粗铆合头时不垂直; 3. 铆钉孔歪斜或铆钉孔没对准
铆合头不完整	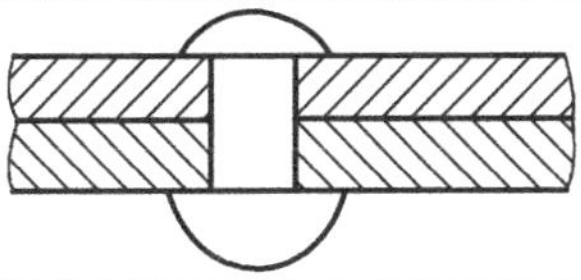	铆钉太短
铆合头上有伤痕或不光洁	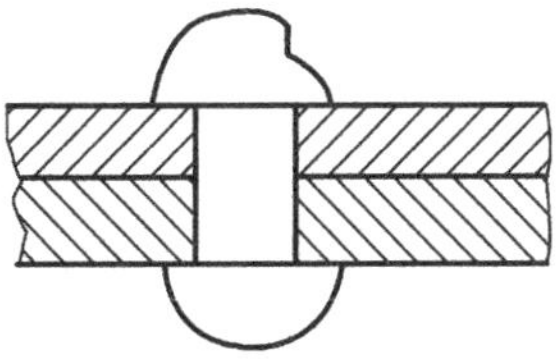	1. 罩模工作面不光洁; 2. 铆接时,罩模棱角碰撞到铆合头
钉杆在孔内弯曲	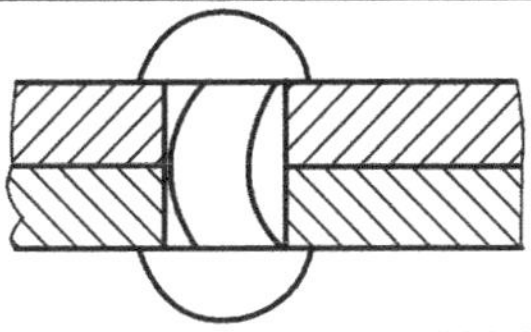	铆钉杆与钉孔的间隙过大
铆钉头有帽缘	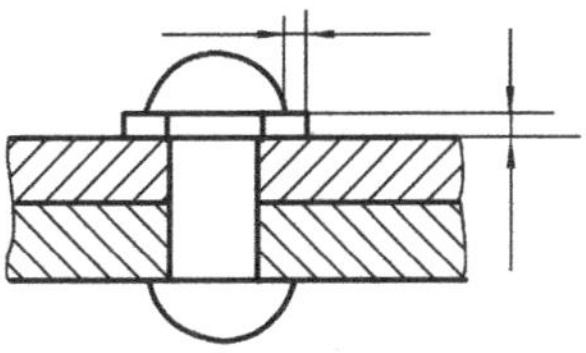	1. 铆钉杆太长; 2. 罩模直径太小

续表

缺陷形式	图 示	产生原因
铆钉头没有贴紧工件	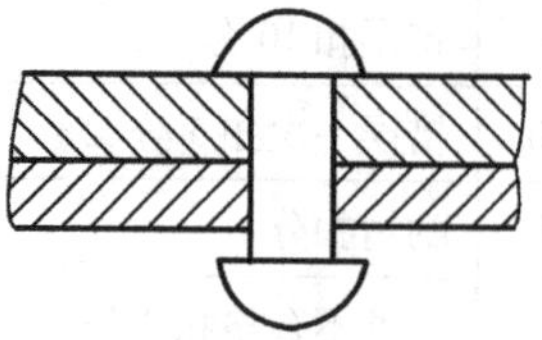	1. 铆钉孔直径太小; 2. 孔口未倒角
工件之间有间隙	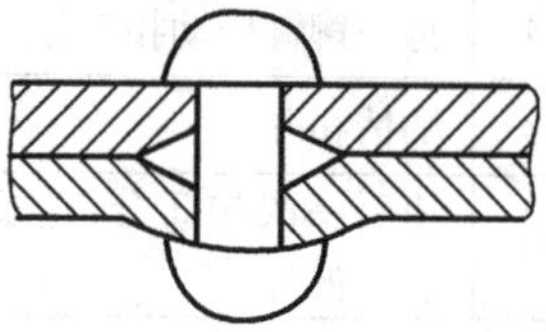	1. 板料未压紧; 2. 板料不平整

复习思考题

1. 什么叫铆接? 铆接如何分类?

2. 用沉头铆钉搭接 2 mm 和 5 mm 的两块钢板,试选择铆钉直径、长度和底孔直径?

3. 试述半圆头铆钉的铆接过程。

4. 分析铆接时产生废品的原因。

项目九 矫正与弯形

项目内容 1. 矫正的种类及实质。

2. 手工矫正的方法。

3. 材料的变形特点和弯形前坯料长度的计算。

4. 手工弯形的方法。

项目目的 1. 掌握各种材料的手工矫正方法。

2. 掌握弯形前坯料长度的计算。

3. 掌握板料和管子的弯形方法。

项目实施过程

任务一 矫正的基本知识

一、矫正概述

金属材料或制件在轧制、加工、运输、存放过程中受外力作用,内部组织发生变化,容易产生弯曲、扭曲或翘曲等缺陷,因而难以满足使用要求。通常需进行矫正来恢复其形状和结构。消除材料或制件的弯曲、扭曲或翘曲等缺陷的操作称为矫正,即恢复金属材料原状的操作过程。

材料的弯曲、扭曲和翘曲都称为变形。金属材料的变形分有两种情况,一种是材料在外力的作用下发生变形,当外力消除后,材料仍能恢复原状,这种变形称为弹性变形;另一种是当外力消除后,材料不能恢复原状,这种变形称为塑性变形。矫正是对材料的塑性变形而言,所以,塑性好的材料才可以进行矫正;反之,塑性差、脆性大的材料就不能矫正,否则材料极易断裂。

矫正的实质就是让金属材料产生新的塑性变形,来消除原来不应存在的塑性变形。

二、矫正的种类

1. 按矫正时被矫正材料的温度进行分类

按矫正时被矫正材料的温度,可分为冷矫正和热矫正两种。

(1)冷矫正。冷矫正就是在常温条件下对变形材料进行的矫正。冷矫正时,由于冷作硬化现象的存在,故适合于矫正塑性较好、变形不严重的金属材料。

冷作硬化是指金属材料在不断受到捶击等外力的作用时,材料的金属组织变得紧密,使金属材料表面硬度提高、性质变脆的现象。冷作硬化后,给材料的进一步矫正或其他冷加工带来困难,必要时应进行退火处理,使材料恢复原有的机械性能。

(2)热矫正。对于变形十分严重或脆性较大的金属材料,则需将被矫正的材料,进行加热后再矫正。

2. 按矫正时产生的矫正力的方法进行分类

按矫正时产生的矫正力的方法分类,有手工矫正、机械矫正、火焰矫正等。

钳工常用的矫正方法为手工校正。即,使用手锤等施力工具在平板、铁砧或台虎钳上矫正变形材料。本书主要讲解手工校正的方法。

提示:

● 热矫正与火焰矫正虽然两种方法都需对工件进行加热,但它们是有区别的:热矫正是对工件进行加热后,还需施加外力来校正;火焰矫正是利用火焰对材料变形部位进行局部快速加热,加热部位周围的材料温度较低,限制了加热部位的膨胀,使加热部位产生压缩变形。冷却后,进一步依靠冷缩应力对加热部位的材料进行收缩,从而达到矫正的目的。

三、手工校正工具

1. 支撑和夹紧工具

支撑和夹紧工具是指用以支撑和夹紧变形工件的工具,如平板、铁砧、台虎钳、V 形架等。

2. 施力工具

施力工具是指用以对变形工件施加矫正力的工具。常用的施力工具有以下几种:

(1)软、硬手锤。矫正一般材料通常使用钳工手锤;而矫正已加工表面、表面质量要求较高的材料及有色金属制品的变形,应使用木锤、铜锤、橡皮锤等软锤来矫平。如图 9.1 所示,为用木锤矫平板料。

图9.1　木锤矫平板料

图9.2　用抽条矫平板料

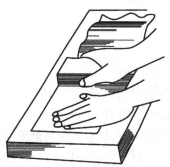

图9.3　用拍板推压矫正

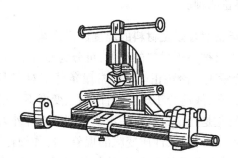

图9.4　螺旋压力工具

（2）抽条和拍板。抽条是用条状薄板料弯成的简易矫正工具。由于抽条与板料接触面积大，受力均匀，矫平的效果好，故适用于较大面积板料的矫平。如图9.2所示。拍板是用质地较硬的檀木制成的专用工具，用于敲打或推压板料。如图9.3所示，为用拍板推压矫正极薄板料。

（3）螺旋压力工具。螺旋压力工具，如图9.4所示。适用于矫正直径较大的轴类零件。

3. 检验工具

检验工具是用以检验矫正后的工件是否符合要求的工具。如检验平板、角尺、钢直尺、百分表等。

任务二　手工矫正方法

手工矫正的方法应根据材料变形的类型来合理选用。常用的方法有扭转法、弯曲法、延展法和伸张法几种。

一、扭转法

扭转法主要是用来矫正条料、角铁的扭曲变形。矫正时将工件一端夹持在台虎钳上，用扳手将另一端扭转恢复到原状即可，如图9.5所示。

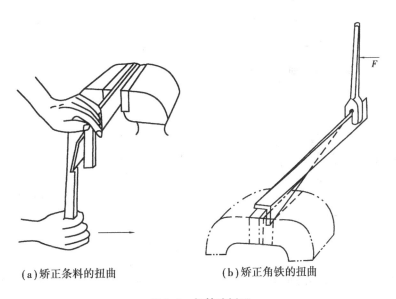

(a)矫正条料的扭曲　　　　(b)矫正角铁的扭曲

图9.5　扭转法矫正

二、弯曲法

弯曲法主要是用来矫正各种轴类、棒类工件和条料的弯曲变形。

1. 矫正条料在厚度方向弯曲（又称旁弯）的方法

将条料在靠近弯曲的地方夹入台虎钳，再利用扳手将条料初步扳直，如图9.6(a)所示。或将条料弯曲处夹在台虎钳钳口内，收紧台虎钳进行初步矫直，如图9.6(b)所示。然后再将条料放在平板或铁砧上用手锤矫直,如图9.6(c)所示。

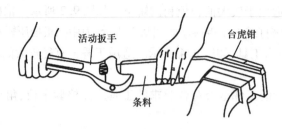

(a)用扳手初步扳直条料

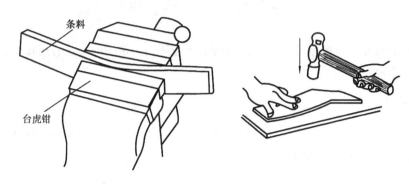

(b)用台虎钳初步矫直条料　　　　　(c)锤击矫直条料

图9.6　矫直条料的旁弯

2. 矫正轴类、棒类工件弯曲的方法

直径较小的轴类、棒类工件的弯曲,可以采用矫直条料旁弯的方法进行矫直。

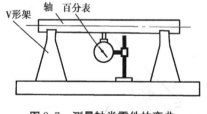

图9.7　测量轴类零件的弯曲

直径较大的轴类、棒类工件的弯曲,应使用压力机进行矫直。矫直前,应先将轴放在V形铁上,用百分表(或划针盘)找出轴的弯曲范围和最大弯曲点,并做好标记,如图9.7所示。然后将轴放在压力机上(凸起部位向上)进行矫直。在矫直过程中,应做到边矫正边检查,直至符合要求。

提示:

• 在矫直精度要求较高的轴类零件时,应在V形铁和压头上垫上紫铜块,以保证轴的表面不被损伤。

• 由于零件存在弹性变形,所以在矫正时零件产生的反变形量必需大于零件原来的弯曲量,以预留出反弹的余地,反变形的多少一般应靠经验决定。

三、延展法

延展法主要是用于板料、型材的矫正。该方法是通过锤子敲击材料的适当部位,使其局部延展伸长,达到矫正的目的。

1. 矫直条料在宽度方向弯曲（又称纵弯）的方法

条料的纵弯说明条料两边长度不相等。可用锤子敲击条料弯曲的内侧,使内侧材料逐步伸长以达到矫直的目的,如图9.8所示。

图9.8　延展法矫正

2. 薄板料的矫平方法

薄板料是指厚度小于4 mm的板材。薄板料的变形多表现为板料中间凸起、边缘呈波浪形以及对角翘曲等形式。

(1)矫平板料中间凸起的方法。板料中间凸起,是由于中间材料变薄引起的。如果直接锤击凸起部分,则凸起处材料变得更薄,凸起现象更严重,所以应采用放四周的方法来矫平。

具体方法,如图9.9所示。首先将钢板放在工作平台上,使凸起处朝上,用手锤从凸起处的边缘,由内向外锤击。锤击时,锤击力应由内向外逐渐由轻到重;锤击点应越往外越密集。使四周材料逐渐伸展,直至凸起部位消除。

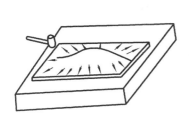

图9.9　板料中间凸起的矫平方法

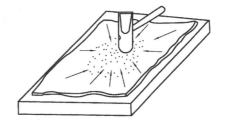

图9.10　板料边缘呈波浪形的矫平方法

如果板料表面有几处凸起,则应先锤击几处凸起的交界处,使所有凸起部分集中成一个大的凸起,再按上述方法矫平。

(2)板料边缘呈波浪形的矫平方法。板料边缘呈波浪形是由于板料边缘材料变薄引起。其矫平方法与矫平中间凸起的方法类似,如图9.10所示。用手锤由四周向中间锤击。锤击时,锤击力应由四周向中间逐渐由轻到重;锤击点应越往中间越密集。使中间材料逐渐伸展,直至矫平。

(3)矫正板料对角翘曲的方法。当板料出现对角翘曲时,应沿着没有翘曲的对角线锤击,使其延展而矫平,如图9.11所示。

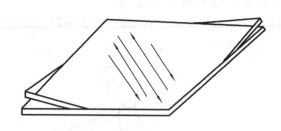

图 9.11　板料对角翘曲的矫平方法

3. 厚板料的矫平方法

厚板料是指厚度大于 4 mm 的板材。由于厚板料的刚性较好,可将板料凸起向上置于平板或铁砧上,用手锤直接锤击凸起处,这样上层金属受压而缩短,下层金属受拉而伸长,从而达到矫平的目的。

四、伸张法

伸张法主要用于各种细长线料的矫直。如图9.12所示。将线料的一端固定,然后用木块夹持住线料或将线料在圆木上绕一圈,从固定处开始向后拉,线料即可矫直。也可以在铜板或铸铁板上钻三个小孔,最小的孔比需矫直的线料直径大 0.03 ~ 0.05 mm,将铸铁板夹在虎钳上,将线料按大,中,小的顺序从小孔中拉过即可。

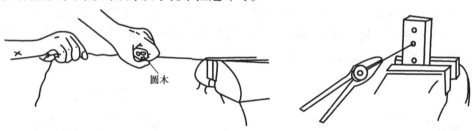

圆木

图 9.12　矫直细长线料

任务三　弯形的基本知识

一、弯形概述

1. 弯形的含义

将坯料弯制成所需形状的加工方法称为弯形。

2. 弯形类型

弯形按加工手段不同,可分为手工弯形和机械弯形。钳工主要进行手工弯形。

3. 手工弯形

手工弯形是利用通用的工具、夹具或模具,对板材、型材等,进行弯曲成形。手工弯形,虽然劳动强度大,弯形精度不高,生产效率低,但是使用的工具简单,操作灵活。

手工弯形多用于单件生产的情况下的弯曲加工。此外,在设备条件缺乏或机械弯形困难时,也需采用手工弯形。

二、材料的变形特点

1. 弯形后材料的变形情况

弯形是使材料产生塑性变形,因此只有塑性较好的材料才能进行弯形。材料弯形后,外层材料受拉伸而伸长,内层材料受挤压而缩短,中间一层材料长度不变,称为中性层。如图 9.13 所示。

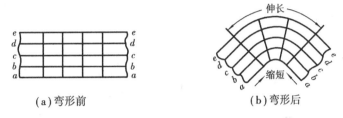

(a) 弯形前　　　　　　　　　(b) 弯形后

图 9.13　材料弯形前后情况

2. 最小弯形半径

由于弯形时,越接近材料表面,变形越严重,也就越容易出现拉裂或压裂现象。相同厚度材料的弯形,其外层材料变形的大小取决于弯形半径的大小。因此弯形时为避免材料断裂,弯形半径必须大于材料的最小弯形半径。

最小弯形半径应通过实验来确定。常用钢材的弯曲半径如果大于 2 倍材料厚度,一般就不会产生断裂。

3. 回弹现象

通常材料在发生塑性变形的同时,还存在一定的弹性变形,即当外力消除后,弯曲的材料会出现一定程度的回弹。回弹现象的存在,直接影响弯曲件的几何精度,故在弯形过程中应多弯一些,以抵消工件回弹变形。

提示:

● 一般金属材料在加热到一定温度时(不同材料所需的加热温度不同),其塑性显著提高,弹性明显变小。所以在加热后进行弯形,可减小最小弯曲半径,消除回弹现象,有利于控制材料的变形要求。

三、弯形前坯料长度的计算

1. 中性层的位置及特点

坯料弯形后,只有中性层的长度不变,因此弯形前坯料长度可按中性层的长度进行计算。但材料弯形后,中性层一般并不在材料的正中,而是偏向于内层材料一边。实验证明,中性层的实际位置与材料的弯形半径 r 和材料厚度 t 有关。

当材料厚度不变时,弯形半径越大,变形越小,中性层位置越接近材料厚度的几何中心。

当材料弯形半径不变时,材料厚度越小,变形越小,中性层位置越接近材料厚度的几何中心。

表 9.1 为中性层位置系数 X_0 的数值。从表中"r/t"的比值可以看出,当弯形半径 $r/t \geqslant 16$

时,中性层在材料中间(即中性层与几何中心层重合)。在一般情况下,为简化计算,当$r/t \geq 8$时,可取$X_0 = 0.5$进行计算。

表9.1 中性层位置系数X_0

r/t	0.25	0.5	0.8	1	2	3	4	5	6	7	8	10	12	14	≥ 16
X_0	0.2	0.25	0.3	0.35	0.37	0.4	0.41	0.43	0.44	0.45	0.46	0.47	0.48	0.49	0.5

如图9.14所示,为常见的几种弯曲形式。图中(a)、(b)、(c)所示,为内边带圆弧的工件,图(d)为内边不带圆弧的直角工件。

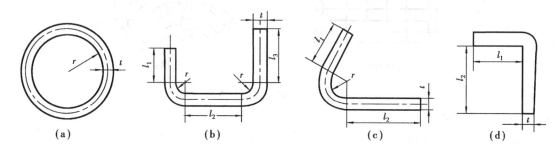

图9.14 常见的弯曲形式

2. 内边带圆弧的工件,其坯料长度尺寸的计算

内边带圆弧的工件,其坯料长度尺寸等于直线部分长度(不变形部分)与圆弧中性层长度(弯形部分)之和。其中,圆弧中性层长度可按下列公式计算:

$$A = \pi(r + X_0 t)\alpha/180$$

式中 A——圆弧部分中性层长度,mm;

r——弯形半径,mm;

X_0——中性层位置系数;

t——材料厚度,mm;

α——弯形角。

3. 内边不带圆弧的直角工件,其坯料长度尺寸的计算

内边不带圆弧的直角工件,其直角部分中性层长度,可按简化公式计算:$A = 0.5t$。

4. 弯形前坯料长度的计算示例

例9.1 如图9.14(c)所示,已知弯形角$\alpha = 120°$,弯形半径$r = 14$ mm 材料厚度$t = 2$ mm,边长$l_1 = 60$ mm,$l_2 = 100$ mm,求毛坯总长度L。

解:$r/t = 14/2 = 7$,查表得$X_0 = 0.45$

$$\begin{aligned} L &= l_1 + l_2 + A \\ &= l_1 + l_2 + \pi(r + X_0 t)\alpha/180 \\ &= 60 + 100 + 3.14(14 + 0.45 \times 2)120/180 \\ &\approx 191.19 \text{ mm} \end{aligned}$$

例9.2 如图9.14(d)所示,已知材料厚度$t = 4$ mm,边长$l_1 = 80$ mm,$l_2 = 100$ mm,求毛坯总长度L。

解：
$$L = l_1 + l_2 + A$$
$$= l_1 + l_2 + 0.5t$$
$$= 80 + 100 + 2$$
$$= 182 \text{ mm}$$

由于材料性质的差异和弯形工艺及操作方法的不同,理论上计算出的坯料长度与实际需要的坯料长度之间会出现一定的误差。因此,成批生产时,应采用试弯的方法来确定坯料长度,以免造成材料浪费或成批报废。

任务四　手工弯形方法

一、直角形工件的弯形方法

1. 单角弯形

(1)弯直角形小型工件的方法。弯直角形小型工件时,可直接在台虎钳上折弯。弯形前,应先在折弯部位划出折弯线,然后将工件夹持在台虎钳上,使折弯线与钳口平齐,用木锤在靠近折弯处轻轻来回敲击成形,如图9.15(a)所示。或在折弯处垫上硬木,用手锤敲击成形,如图9.15(b)所示。

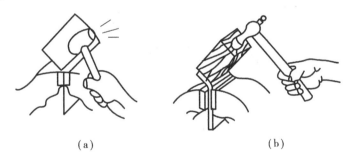

(a)　　　　　　　　　　(b)

图9.15　在台虎钳上弯直角工件

(2)弯直角形大型工件的方法。当工件尺寸较大,无法在台虎钳上夹持时,可用角铁制作的夹具夹持,进行折弯,如图9.16所示。如工件较薄,还可以将工件放在铁砧或平板上,利用铁砧或平板的直角边进行折弯。

图9.16　尺寸较大工件的折弯

2. 多角弯形

弯制多直角工件时,通常需要用适当尺寸的硬木垫或金属垫作辅助工具,分步进行折弯。如图9.17所示。

折弯各种多角工件时,一般应按先里后外的顺序进行,容易保证各部位的尺寸。

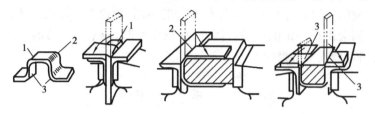

图9.17　多直角工件的弯形过程

二、圆弧形工件的弯形方法

1. 圆弧形工件的弯形方法

圆弧形工件的弯形方法,如图9.18所示。先在工件上划出弯曲线,再将工件和相应大小的圆钢夹持在台虎钳上,用手锤将圆弧捶打成形,最后按划线位置将工件两边折弯成形。

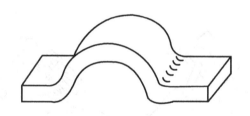

(a)工件图

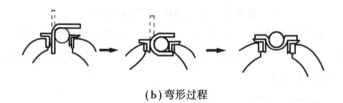

(b)弯形过程

图9.18　弯圆弧形工件的过程

2. 板料在宽度方向上的弯形方法

板料在宽度方向上的弯形,可利用金属的延展性能,锤击工件的外侧,使材料向相反方向逐渐延伸,达到弯形的目的,如图9.19(a)所示。较窄的板料可在V形铁或弯模上锤击,使工件变形,如图9.19(b)所示;还可使用弯形工具进行弯形,如图9.19(c)所示。

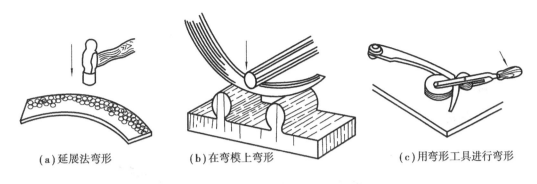

(a)延展法弯形　　　　　　(b)在弯模上弯形　　　　　　(c)用弯形工具进行弯形

图 9.19　板料在宽度方向上的弯形

三、弯制管件的方法

1. 弯制管件的方法

管子的弯曲通常需借助弯管工具,如图 9.20 所示,为一种简单的弯管工具,其转盘和靠铁的侧面制成圆弧槽,作用是防止管子弯瘪。使用时,将管子插入转盘和靠铁的圆弧槽中,再用钩子将管子的伸出端钩住,扳动手柄,直至将管子弯出所需角度。

2. 管子弯曲的注意事项

(1)直径在 12 毫米以下的管子,一般可用冷弯的方法进行;而直径在 12 毫米以上的管子,则应热弯。

(2)弯曲管子时,最小的弯曲半径应大于管子直径的 4 倍。

(3)在弯曲有焊缝的管子时,管子的焊缝应处于中性层位置,否则会将焊缝弯裂,如图 9.21 所示。

(4)弯曲直径在 10 毫米以上的管子时,应在管子内灌满、灌紧干砂(灌砂时,应边灌边敲),然后将管子两端用木塞塞紧,否则容易将管子弯瘪,如图 9.21 所示。

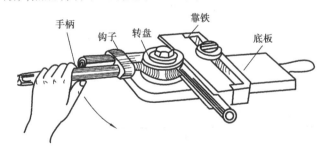

图 9.20　弯管工具

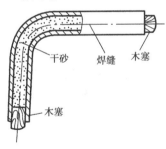

图 9.21　管子弯形方法

任务五　矫正、弯曲实训及缺陷分析

一、扁钢的矫直

1. 矫直图形

矫直图形,如图9.22所示。

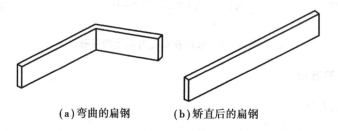

　　（a）弯曲的扁钢　　　（b）矫直后的扁钢

图9.22　矫直扁钢的图形

2. 实训要求

（1）掌握扁钢的矫正方法。

（2）熟练掌握矫正时的锤击方法和力度。

（3）遵守安全文明生产规范。

3. 工、量具

台虎钳、平板、手锤、90°角尺、塞尺。

4. 实训步骤

（1）用台虎钳将扁钢进行初步矫直。

（2）再将初步矫直的扁钢放在平板上用手锤矫直。

（3）把扁钢放在平板上,用90°角尺、塞尺对扁钢的横向、纵向、对角线方向进行平直度检查。

（4）整理好工、量具,并清理工作场地。

5. 实训记录及评分标准

实训记录及评分标准,见表9.2。

表9.2　矫直扁钢评分表

项次	项目与技术要求	配分	评分方法	实测记录	得分
1	矫直方法正确	10	酌情扣分		
2	扁钢表面无明显的锤击痕迹	20	酌情扣分		
3	扁钢厚度方向平面度达0.5 mm	30	超差0.05扣2分		
4	扁钢宽度方向平面度达0.2 mm	30	超差0.05扣2分		
5	安全文明生产	10	违反一次扣3分,违反3次不得分		

二、制作抱箍

1. 抱箍图样

抱箍图样,如图 9.23 所示。

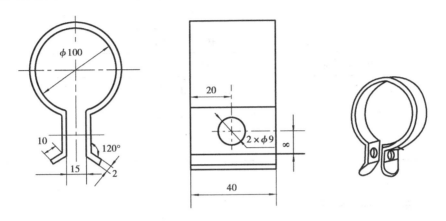

图 9.23　抱箍图样

2. 实训要求

(1)正确计算弯形前坯料长度。

(2)掌握角度和圆弧结合的工件的弯形方法。

(3)遵守安全文明生产规范。

3. 工、量具

平板、划线工具、钻床、麻花钻、台虎钳、锉刀、手锤、圆钢等。

4. 实训步骤

(1)按图纸要求计算坯料长度,并下料。

(2)划线,加工两端的圆弧和孔。

(3)用台虎钳夹持条料,弯抱箍两端的角度。如图 9.24(a)所示。

(4)在圆钢上弯抱箍的圆弧。如图 9.24(b)所示。

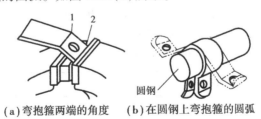

(a)弯抱箍两端的角度　(b)在圆钢上弯抱箍的圆弧

图 9.24　抱箍的弯形顺序

(5)整理好工、量具,并清理工作场地。

提示:

● 在钻两端孔前必须将工件倒棱、倒角,以避免在钻孔时将手划伤。

5. 实训记录及评分标准

实训记录及评分标准,见表9.3。

表9.3　制作抱箍评分表

项次	项目与技术要求	配分	评分方法	实测记录	得分
1	工件下料尺寸正确	10	错误不得分		
2	工件倒棱、倒角	10	未倒棱、倒角不得分		
3	工件表面无明显的锤击痕迹	20	酌情扣分		
4	弯形的顺序和方法正确	20	错误一次扣5分		
5	工件外形尺寸正确	30	每处错误扣5分		
6	安全文明生产	10	违反一次扣3分,违反3次不得分		

三、校正、弯形的缺陷分析

校正、弯形的缺陷分析见表9.4。

表9.4　校正、弯形时产生缺陷的原因

缺陷形式	产生的原因
工件表面有锤痕和麻点	1. 锤头表面不光滑; 2. 锤击时手锤歪斜,使手锤的边缘敲击工件; 3. 矫正有色金属或已加工表面时,未垫木块或软金属,直接用硬锤敲击造成
工件断裂	1. 材料的塑性较差; 2. 弯曲次数太多; 3. 弯曲半径太小或弯曲线位置选择不当
工件歪斜或尺寸不准	1. 工件夹持不正或未夹紧; 2. 锤击时用力不均或锤击力过重; 3. 使用模具不正确; 4. 毛坯尺寸计算错误
管子熔化或表面严重氧化	加热温度太高
管子弯瘪	1. 管子内沙未灌满或弯曲半径偏小; 2. 重复弯曲造成管子弯瘪
管子焊缝裂开	管子焊缝未处于中性层位置

复习思考题

1. 什么叫矫正？矫正的实质是什么？
2. 手工矫正的方法有几种？
3. 试述如何对板料的中间凸起进行矫正。
4. 什么叫弯形？金属材料在弯形后会出现什么变化？
5. 求图 9.25 所示的工件毛坯长度。

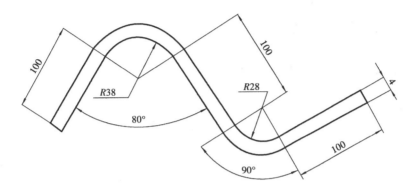

图 9.25

项目十　刮　削

项目内容　1. 刮削的特点及应用。

　　　　　　2. 认识刮削工具。

　　　　　　3. 刮削的种类及方法。

项目目的　1. 正确使用刮削工具。

　　　　　　2. 掌握平面刮削和曲面刮削的方法。

　　　　　　3. 掌握刮削精度的检查方法。

项目实施过程

任务一　刮削基本知识

一、刮削概述

用刮刀在工件表面上刮去一层很薄的金属,以提高工件加工精度的操作叫刮削。刮削虽然是一种繁重的手工操作方法,但其不受工件大小、位置的限制,且可以使刮削后的工件获得很高的尺寸精度、形状和位置精度、接触精度和表面质量。所以刮削仍然是一种不可替代的精加工方法。

二、刮削原理

在工件与标准平板、标准研具或与其配合的工件之间,涂上一层显示剂,经过对研,使工件上较高的部位显示出来,然后用刮刀进行微量切削,刮去较高部位的金属层。经过这样反复地对研和刮削,工件就能达到正确的形状和精度要求。

三、刮削特点及作用

(1)刮削的切削量小、切削力小、产生热量少、装夹变形小,所以能获得很高的尺寸和形位精度。

(2)在刮削过程中,由于工件表面反复地受到刮刀的挤压,能提高工件的表面质量,从而提高了工件的耐磨性,延长了工件的使用寿命。

(3)刮削后的表面分布有均匀的凹坑,创造了良好的存油条件,有利于润滑和减少摩擦。

(4)刮削通常采用配合件进行互研,来确定加工部位,所以能提高配合件的配合精度。

(5)刮削出的花纹,能使刮削表面和整机更美观。

因此,在机器制造、修理过程中,遇到重要的接触表面,如:机床导轨和滑行面、滑动轴承的接触面、工具的接触面等和密封表面,通常需要在机械加工之后,用刮削方法进行加工。

四、刮削种类

刮削可分为平面刮削和曲面刮削两种。

1. 平面刮削

平面刮削有两种:单个平面刮削,如平板、工件台面等;组合平面刮削,如 V 形导轨面、燕尾槽面等。

2. 曲面刮削

曲面刮削有内圆柱面刮削、内圆锥面刮削和球面刮削等。

任务二　认识刮削工具

一、校准工具

校准工具也称研具,它是用来合磨研点、检验刮削面准确性的工具。常用的有以下几种:

1. 标准平板

标准平板如图 10.1 所示。主要用来检验较宽的平面。

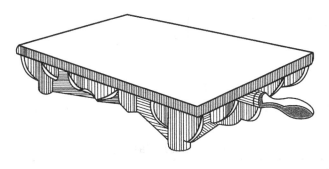

图 10.1　标准平板

2. 校准直尺

校准直尺主要用来检验狭长的平面。常用的校准直尺有桥式直尺和工字形直尺两种,其结构形状,如图 10.2 所示。

桥式直尺主要用来检验大导轨的直线度。

工字形直尺有单面和双面两种,单面工字形直尺常用来检验较短导轨的直线度,双面工字形直尺常用来检验狭长平面相对位置的准确性。

3. 角度直尺

角度直尺主要用来检验两个刮面成角度的组合平面,如燕尾导轨的角度等。其结构和形状,如图 10.3 所示。

提示:

● 各种直尺不用时,应将其吊起。不便吊起的应放平整,以防变形。

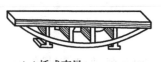

（a）桥式直尺

（b）工字形直尺

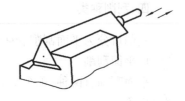

图 10.2　校准直尺

图 10.3　角度直尺

二、刮刀

刮刀是刮削的主要工具,刀头应具有较高的硬度,刃口必须保持锋利。根据用途不同,刮刀可分为平面刮刀、曲面刮刀两大类。

1. 平面刮刀种类

平面刮刀主要用来刮削平面,如平板、工作台等,也可以用来刮削外曲面。平面刮刀按形状不同分为直头刮刀和弯头刮刀,如图 10.4 所示。

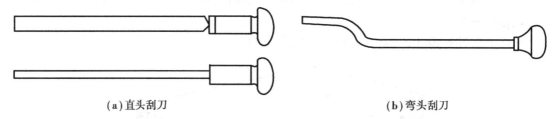

（a）直头刮刀　　　　　　　　　　　　　　（b）弯头刮刀

图 10.4　平面刮刀

平面刮刀按加工精度的不同,分为粗刮刀、细刮刀和精刮刀。平面刮刀的尺寸规格,见表10.1。

表 10.1　平面刮刀的尺寸规格

种　类	全　长	宽　度	厚　度
粗刮刀	450 ~ 600	25 ~ 30	3 ~ 4
细刮刀	400 ~ 500	15 ~ 20	2 ~ 3
精刮刀	400 ~ 500	10 ~ 12	1.5 ~ 2

2. 平面刮刀的刃磨和热处理

（1）粗磨。先在砂轮上,使两平面达到平整,无明显的厚薄差别,刃磨方法如图10.5（a）所示。再粗磨刮刀的两侧面。最后粗磨刮刀端面,要求端面与刀身中心线垂直。

提示:

● 粗磨刮刀端面时,应先将刮刀倾斜一定角度与砂轮接触,再逐步放平,否则刮刀易抖动而影响刃磨效果。如图10.5（b）所示。

（2）热处理。将粗磨好的刮刀头部,放到炉中加热至 780 ~ 800 ℃,呈樱桃红色,取出后将刮刀刃口部约 20 mm 左右浸入水中冷却,至露出水面的部分变成黑色,由水中取出部分呈白色时,再将刮刀全部放入冷水中冷却。

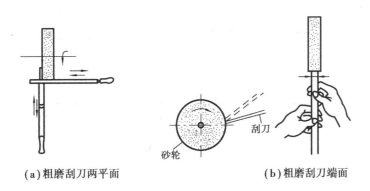

(a)粗磨刮刀两平面　　　　　　　　(b)粗磨刮刀端面

图 10.5　粗磨平面刮刀

精刮刀和刮削有色金属的刮刀在淬火时,可以用油冷却,称为淬油火。淬油火的刮刀组织较细,不易产生裂纹,且容易刃磨。

如需刮削高硬度的工件,刮刀在淬火时,可以用盐水冷却,以提高其冷却速度。

(3)粗磨。热处理后的刮刀一般还需在细砂轮上粗磨。但刃磨热处理后的刮刀时,应经常蘸水冷却,以防刮刀刃口退火。

(4)精磨。刮刀经砂轮粗磨后,还必须在油石上精磨。先精磨刮刀两平面,再精磨刮刀顶端。

精磨刮刀两平面,如图 10.6(a)所示。在油石上加适量机油,然后将刮刀平贴在油石上来回移动,直至刮刀平面光滑,无砂轮磨削痕迹即可。

精磨刮刀顶端时,如图 10.6(b)所示。左手扶在刀柄处,右手握住刮刀头部,使刮刀刀身直立在油石上,稍向前倾,然后右手用力向前推。拉回时应将刀身略微提起,以避免磨损刀刃。但该方法不容易掌握,初学者可以将刮刀靠在肩上,双手握住刀身,向后拉来刃磨刃口。如图 10.6(c)所示。这种方法容易掌握,但刃磨速度较慢。

(a)精磨刮刀两平面　　　　(b)用手扶持精磨刮刀顶端　　　　(c)靠在肩上精磨刮刀顶端

图 10.6　平面刮刀的精磨

平面刮刀的几何角度应根据刮刀的种类而定,如图 10.7 所示。粗刮刀楔角 β 为 92.5°左右,刀刃必须平直;细刮刀楔角 β 为 95°左右,刀刃稍带圆弧;精刮刀楔角 β 为 97.5°左右,刀刃圆弧半径比细刮刀小些;用于刮削韧性材料,楔角 β 可以磨成小于 90°,但只适用于粗刮。精磨后的刮刀平面应平整光洁、刃口无缺陷。

3. 曲面刮刀的种类

曲面刮刀主要用来刮削内曲面,如滑动轴承的内孔等。常用的曲面刮刀有三角刮刀和蛇

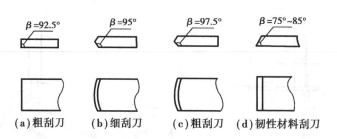

(a)粗刮刀　　(b)细刮刀　　(c)粗刮刀　　(d)韧性材料刮刀

图 10.7　刮刀头部形状及角度

头刮刀。如图 10.8 所示。

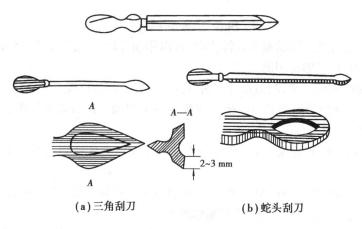

(a)三角刮刀　　　　　　　(b)蛇头刮刀

图 10.8　曲面刮刀

4. 曲面刮刀的刃磨

（1）三角刮刀的刃磨。三角刮刀常用三角锉刀改制或用工具钢锻造而成。先在砂轮上粗磨刮刀三个面，如图 10.9(a)所示。刃磨时，按刀刃弧形来回摆动，使三个面的交线形成弧形的刀刃。然后在刮刀三个面上开槽，如图 10.9(b)所示。使两刃边留 2~3 mm 的棱边。最后在油石上精磨，直至刀刃锋利为止，如图 10.9(c)所示。

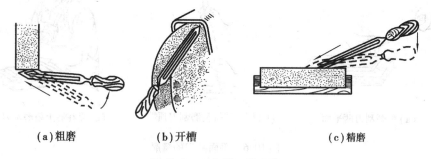

(a)粗磨　　　　　　　(b)开槽　　　　　　　(c)精磨

图 10.9　三角刮刀的刃磨

（2）蛇头刮刀的刃磨。蛇头刮刀两平面的刃磨与平面刮刀相同，刀头两圆弧面的刃磨与三角刮刀的刃磨方法类似，如图 10.10 所示。

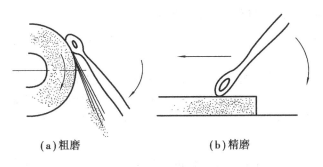

（a）粗磨　　　　　　　　（b）精磨

图 10.10　蛇头刮刀的刃磨

任务三　刮削加工

一、刮削余量

由于每次的刮削量较少,因此,机械加工所留下的刮削余量不能太大,一般在 0.05 ~ 0.4 mm 之间。合理的刮削余量与工作面积有关,工作面积大,余量应大些。刮削余量,可参考表 10.2。另外,刮削前,加工误差较大时,余量应大些;工件结构刚性差时,容易变形,余量也应大些。

表 10.2　刮削余量　　　　　　　　单位:mm

平面的刮削余量				
平面长度＼平面宽度	100 ~ 500	500 ~ 1 000	1 000 ~ 2 000	2 000 ~ 4 000	4 000 ~ 6 000
100 以下	0.10	0.15	0.20	0.25	0.30
100 ~ 500	0.15	0.20	0.25	0.30	0.40
孔的刮削余量				
孔径＼孔长	100 以下	100 ~ 200	200 ~ 300	
80 以下	0.05	0.08	0.12	
80 ~ 180	0.10	0.15	0.25	
180 ~ 360	0.15	0.20	0.35	

二、显示剂

工件和校准工具对研时,所加的涂料叫显示剂。其作用是显示工件误差的位置和大小。

1. 显示剂的种类

(1)红丹粉。红丹粉用氧化铁或氧化铅,加机油调和而成。常用于钢和铸铁工件的刮削。

由于红丹粉显点清晰、无反光,且价格便宜,故使用最广。

(2)蓝油。蓝油用蓝色加蓖麻油调和而成。常用于精密工件和有色金属工件的刮削。

2. 显示剂用法

粗刮时,显示剂可调得稀一些,以便于涂抹,涂层可厚些,显示的研点也大。

精刮时,应调得稠一些,涂层应薄而均匀,使显示出的点子细小而清晰。

当刮削到即将符合要求时,显示剂涂层应更薄,一般只需把工件上在刮削后的剩余显示剂,涂抹均匀即可。

刮削时,显示剂可涂在工件上或涂在标准研具上。显示剂涂在工件上,显示的结果是红底黑点,没有闪光,容易看清楚,适于精刮时选用。显示剂涂在研具上,显示的结果是灰白底,黑红色点子,有闪光,不易看清楚,但刮削时,铁削不易粘在刀口上,刮削方便。适于粗刮时选用。

三、显点的方法

对研显点是刮削中判断误差位置和大小的基本方法。显点的方法是否正确,直接影响刮削加工的质量。一般应根据工件的不同形状和被刮削面积的大小来确定显点。

1. 中、小型工件的显点

中、小型工件的显点,一般是校准平板固定不动,工件被刮面在平板上推研。如图10.11(a)所示。

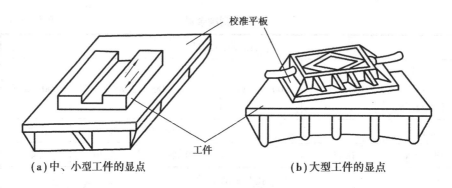

（a）中、小型工件的显点　　　　　　（b）大型工件的显点

图 10.11　显点方法

2. 大型工件的显点

大型公件的显点是将工件固定,平板在工件的被刮面上推研,采用水平仪与显点相结合来判断被刮面的误差。

3. 质量不对称工件的显点

质量不对称工件的显点,推研时,在工件某个部位托或压,但用力的大小要适当、均匀。如图 10.12 所示。

4. 薄板工件的显点

薄板工件的显点,因其厚度薄,刚性差、易变形,所以只能靠自身的质量在平板上推研,即使用手按住推研,使受力均匀分布在整个薄板上,以反映出正确的显点。否则,往往会出现中间凹的情况。

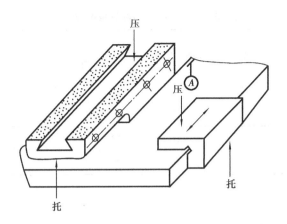

图 10.12　质量不对称工件的显点方法

四、刮削精度的检验

检查刮削精度的方法主要有下列两种：

1. 以贴合点的数目来表示

用边长为 25 mm 的正方形方框内研点数目的多少来表示。如图 10.13 所示。各种平面接触精度的研点数,可查表 10.3。曲面刮削中,常见的滑动轴承内孔接触精度的研点数,可查表 10.4。

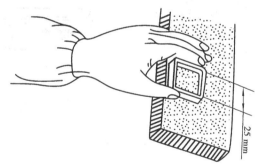

图 10.13　用方框检查显点

表 10.3　各种表面要求的研点数

平面种类	每 (25×25) mm² 内的研点数	应　　用
一般平面	2～5	较粗糙机件的固定结合面
	5～8	一般结合面
	8～12	机器台面、一般基准面、机床导轨面、密封结合面
	12～16	机床导轨及导向面、工具基准面、量具接触面
精密平面	16～20	精密机床导轨、直尺
	20～25	1 级平板、精密量具
超精密平面	>25	0 级平板、高精度机床导轨、精密量具

注:表中 1 级平板、0 级平板系指平板的精度等级。

表 10.4　滑动轴承内孔要求的研点数

轴承直径 /mm	机床或精密机械主轴轴承			锻压设备和通用机械的轴承		动力机械和冶金设备的轴承	
	高精度	精密	一般	重要	一般	重要	一般
	每 25×25 mm 内的研点数						
≤120	25	20	16	12	8	8	5
>120		16	10	8	6	6	2

2. 用平面的直线度表示

工件平面的直线度用水平仪检查,同时其接触精度应符合规定的技术要求。图 10.14(a)所示为机床导轨的直线度检查。有些精度要求较低的机件,其配合面间的精度可用塞尺来检查,如图 10.14(b)所示。

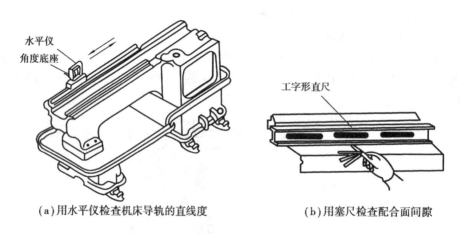

(a)用水平仪检查机床导轨的直线度　　(b)用塞尺检查配合面间隙

图 10.14　检查直线度

五、刮削方法

1. 平面刮削方法

平面刮削的姿势有手刮法和挺刮法两种。

图 10.15　手刮法

（1）手刮法。如图10.15所示，刮削时，右手如握锉刀刀柄姿势，左手四指向下蜷曲，握住刮刀近头部约50 mm处，刮刀和刮削面成25°～30°的角。刮削时，右臂利用上身摆动向前推，左手下压，引导刮削方向。当推进到所需距离后，左手迅速提起，完成手刮动作。

手刮法动作灵活、适应性强、应用于各种工作位置，但要求操作者手臂力量大，且手容易疲劳，故不适合加工余量较大的场合。

（2）挺刮法。如图10.16所示，刮削时，将刮刀柄放在小腹右下侧肌肉处，双手握住刀身，左手在前，握于距刀刃约80 mm处，右手在后。刀刃对准研点，左手下压，利用腿部和臀部力量，将刮刀向前推进到所需距离后，用双手迅速将刮刀提起，完成挺刮动作。

图10.16　挺刮法

挺刮法方便用力，每刀的刮削量大，适合大余量的刮削。但操作时需弯曲身体，故腰部容易疲劳。

2. 平面刮削步骤

平面刮削可按粗刮、细刮、精刮和刮花四步骤进行。每次的刮削方向应与上次刮削的刀痕交叉，每刮削一边后，需再次涂上显示剂并配研显点。

（1）粗刮。当工件表面有明显的加工痕迹、严重生锈或加工余量较大时，必须进行粗刮。刮削时，可采用连续推刮方法，使刮削的刀迹连成长片。粗刮到每25 mm×25 mm内有3～4个研点即可转入细刮。

（2）细刮。用细刮刀在刮削面上刮去稀疏的大快研点，以进一步改善不平行现象。细刮时，采用短刮法（刀迹长度约为刀刃宽度），随着研点的增多，刀迹逐步缩短。当每25 mm×25 mm内有12～15个研点，即可转入精刮。

（3）精刮。在细刮的基础上，通过精刮来增加研点，能显著提高刮削面的表面质量。精刮时，刀迹长度一般为5 mm左右，若刮面越狭小，精度要求越高，刀迹则越短。当研点逐渐增多到每25 mm×25 mm内有20个研点以上时，可将研点分三类对待，最大最亮的研点全部刮去，中等研点只刮去顶端一小片，小研点留着不刮。这样连续刮几遍，待出现的研点数达到要求即可。

（4）刮花。刮花是在刮削面或机器外露表面上，利用刮刀刮出装饰花纹，以增加刮削面的美观，并能使滑动件之间造成良好的润滑条件。常见的花纹有斜纹花、鱼鳞花和半月花三种。

如图 10.17 所示。

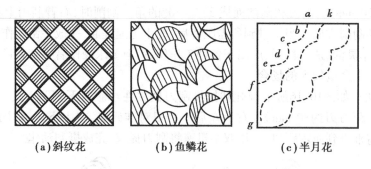

(a)斜纹花　　　　　　(b)鱼鳞花　　　　　　(c)半月花

图 10.17　刮花的花纹

3. 曲面刮削方法

曲面刮削,一般是指内曲面刮削。其刮削的原理和平面刮削一样,只是刮削的刀具和方法略有不同。

内曲面刮削时,应根据其不同形状和不同的刮削要求,选择合适的刮刀和显点方法。一般是以标准轴或与其相配合的轴,作为内曲面研点的校准工具。研合时,将显示剂涂在轴的圆周上,使轴在内曲面中旋转,显示研点,然后根据研点进行刮削。刮削内圆弧面时,刮刀做转动,刀痕与曲面轴线约成45°,且交叉进行。粗刮时,用刮刀根部,刮削面积大,刮削量大;精刮时,用刮刀端部,做修整浅刮。图 10.18 所示为用三角刮刀刮削轴瓦。

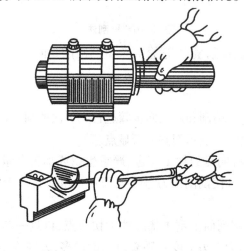

图 10.18　用三角刮刀削轴瓦

任务四　刮削实训及缺陷分析

一、刮削原始平板

1. 实训要求

(1)掌握原始平板的刮削步骤。

（2）掌握挺刮法的正确姿势。

（3）掌握粗、细、精刮的方法和检查刮削精度的方法。

（4）掌握平面刮刀的刃磨方法。

2. 工、量具和辅助工具

粗刮刀、细刮刀、精刮刀、校准平板、显示剂、百分表等。

3. 实训步骤

（1）将三块平板编号 A,B,C，四周用锉刀倒角去毛刺，分别进行粗刮。

（2）按图 10.19 所示的步骤，进行正研并刮削。反复刮研后，达到任取两块平板对研，都无凹凸现象，每 25 mm×25 mm 内有研点 8~10 个的要求。

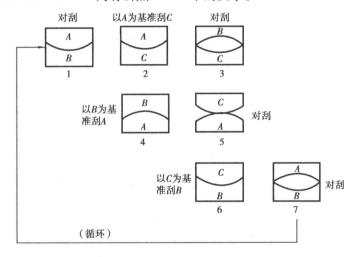

图 10.19　原始平板的刮削步骤

（3）同时采用正研和对角研的方法进行刮削，以保证研点正确。对角研的方法，如图 10.20 所示。直至无论正研还是对角研，显示的研点都完全一致，每 25 mm×25 mm 内有 12~15 个研点。

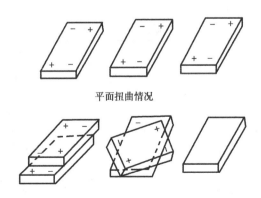

图 10.20　对角研点的方法

（4）精刮平板，直至用各种研点方法都得到相同的清晰点，且任意每 25 mm×25 mm 内有 18 个以上研点，表面粗糙度 $Ra \leqslant 1.6$ μm。

（5）全面复查、送验。

提示：

• 原始平板的刮削是用三块平板相互对研、对刮，来达到平板刮削精度要求的一种传统的刮削方法。

• 刮削前，应仔细检查刮刀刀柄是否有裂纹，是否安装可靠，以避免木柄破裂伤人。

• 刮削时，工件应装夹牢固。刮削至平板边缘时，刮削方向应与边缘成一定角度，且不可用力过猛，以免发生事故。

• 重视刮刀的刃磨。正确刃磨好刮刀是提高刮削速度和精度的保证。

4. 实训记录及评分标准

实训记录及评分标准，见表10.5。

表10.5　实训记录及评分标准表

项次	项目与技术要求	配分	评分方法	实测记录	得分
1	刮削姿势正确	20	错误一次扣5分		
2	刃磨的刮刀的方法正确	10	错误一次扣2分		
3	刀迹整齐、美观	10	酌情扣分		
4	表面粗糙度 $Ra \leq 1.6\ \mu m$	10	超差不得分		
5	每 25×25 mm 内有18个以上研点	30	任意 25×25 mm 内每减少5点扣5分		
6	研点大小、轻重分布均匀	10	显点大小悬殊扣5分；轻重分布明显扣5分		
7	安全文明生产	10	违反一次扣2分，违反3次不得分		

二、刮削缺陷分析

刮削质量缺陷分析，见表10.6。

表10.6　刮削质量缺陷分析

缺陷形式	特征	产生原因
深凹痕	刀迹太深，局部显点稀少	1. 粗刮时用力不均，局部用力过大； 2. 多次刀迹重复； 3. 刮刀刃磨时，将刀刃圆弧磨得过小
撕痕	刮削面上有粗糙的刮削痕迹	1. 刮刀刀刃不光洁、不锋利； 2. 刮刀刀刃有缺口或裂纹
梗痕	刀迹产生单面刻痕	刮削时用力不均，使刃口单边切削

缺陷形式	特征	产生原因
划　痕	刮削面上有深浅不一的直线	显示剂不清洁,研点时有沙粒、铁屑等杂物
振　痕	刮削面上出现有规则的波纹	多次同向刮削,刀迹没有交叉
切削面精度不高	研点显示无规律的改变	1. 研点时压力不均,研具伸出刮削面太多而出现不正确研点; 2. 研具不准确; 3. 工件放置不平稳

复习思考题

1. 什么叫刮削？刮削有什么特点？

2. 试述平面刮刀的刃磨和热处理方法？

3. 粗刮和精刮在调制、涂抹红丹粉时有什么不同？为什么？

4. 如何区分粗、细、精刮刀？它们的几何角度有什么不同？

5. 简述平面刮削的步骤。

6. 用示意图表示原始平板的刮削步骤。

7. 分析各种刮削质量缺陷的原因。

项目十一　研　磨

项目内容　1. 研磨的原理及作用。

　　　　　　2. 研磨工具和研磨剂的种类。

　　　　　　3. 各种工件的研磨工艺。

项目目的　1. 正确选用研磨工具。

　　　　　　2. 熟悉磨料的粒度、种类与用途。

　　　　　　3. 掌握正确的研磨方法。

项目实施过程

任务一　研磨的基本知识

一、研磨概述

使用研具和研磨剂从工件表面除去一层极薄的金属,使工件达到精确的尺寸、准确的几何形状和很小的表面粗糙度的加工方法称为研磨。

研磨是钳工常用的精密加工方法。随着机械工业的发展,对零件的精度要求不断提高,很多零件性能和制造要求是机械加工所不能达到的,只能通过研磨才能达到要求。研磨加工在工具、量具的生产和精密零件的制造中应用极为广泛。

二、研磨的原理

研磨是一种微量的金属切削方法。研磨过程包含物理和化学两种作用。

1. 物理作用

研磨时,涂在研磨工具(简称研具)或工件表面的磨料在受到压力后,部分磨料嵌入研具的表面,部分磨料则悬浮在研具与工件之间,成为无数个小刀刃。通过工件与研具的相对运动,磨料就对工件表面进行微量的切削、挤压。

2. 化学作用

在研磨时,研磨膏中的硬脂酸、油酸等活性物质能使工件表面形成氧化膜,氧化膜又容易被磨掉,这就是研磨的化学作用。

在研磨过程中,氧化膜迅速形成(化学作用),又不断被磨掉(物理作用),从而提高了研磨的效率。同时借助于研具的精确型面,又使工件逐渐得到准确的形状、精确的尺寸和合格的表面粗糙度。

三、研磨的特点

1. 能获得极小的表面粗糙度值

与其他加工方法相比,经研磨后的表面粗糙度值最小,一般情况下表面粗糙度 Ra 值可达 $1.6 \sim 0.1$ μm, Ra 值最小可达 0.012 μm。

2. 可以获得其他加工方法难以达到的尺寸精度

经研磨后的工件,尺寸精度可以达到 $0.001 \sim 0.005$ mm。

3. 能获得较高的接触精度

配合件经研磨后,能获得较高的接触精度,其耐磨性和抗蚀性都大为提高,从而延长了零件的使用寿命。

4. 加工方法简单,工作效率低

研磨加工不需要依靠复杂的设备,加工方法简单,但工作效率低。

四、研具

1. 研具材料

(1)研具材料的要求。研具材料的要求有:研具的硬度要低于工件的硬度,便于嵌存磨料;并且研具还应具有较高的耐磨性和稳定性。

(2)常用的研具材料及用途。常用的研具材料及用途,见表 11.1。

表 11.1　常用研具材料及用途

研具材料	特　　点	应　　用
灰铸铁	硬度适中,嵌入性好;润滑性、耐磨性好;价格便宜	应用广泛
球墨铸铁	嵌入性比灰铸铁更好;耐用度高,精度保持性好	应用广泛,特别是用于精密工件的研磨
软钢	韧性较好,不易折断	研磨小型工件
铜	材质软,嵌入性好	研磨软钢类工件

2. 研具的类型

研具是研磨加工中,工件几何精度的重要保证。生产中不同形状的工件,应用不同类型的研具,常用的研具有:

(1)研磨平板。研磨平板主要是用来研磨平面,分为有槽的研磨平板和光滑的研磨平板两种,有槽的,用于粗研,光滑的,用于精研。如图 11.1 所示。

(2)研磨环。研磨环主要用于研磨外圆柱面,如图 11.2 所示。

研磨环内径一般应比工件直径大 $0.025 \sim 0.05$ mm,使用后的研磨环内径会变大,这时可通过调节螺钉来调节孔径。

(3)研磨棒。研磨棒主要用来研磨圆孔内表面,分为固定式和可调式两种,如图 11.3 所示。

固定式研磨棒制造容易,但磨损后无法补偿,主要用于单件生产。对工件上某一尺寸孔径

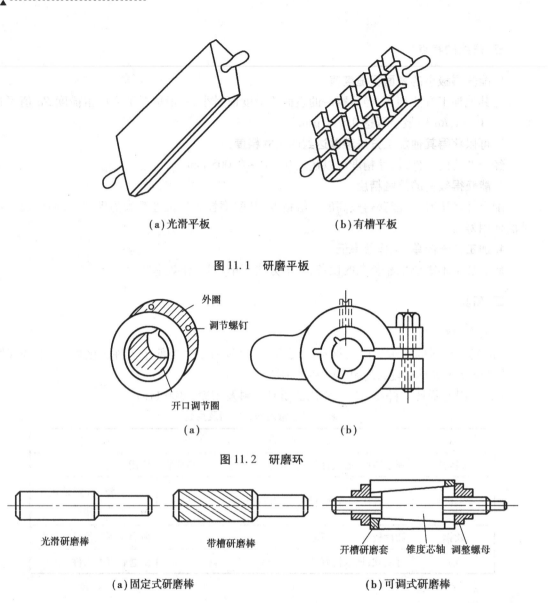

(a)光滑平板　　　　　　　　　(b)有槽平板

图 11.1　研磨平板

外圈

调节螺钉

开口调节圈

(a)　　　　　　　　　　(b)

图 11.2　研磨环

光滑研磨棒　　　　　　带槽研磨棒　　　　　开槽研磨套　锥度芯轴　调整螺母

(a)固定式研磨棒　　　　　　　　(b)可调式研磨棒

图 11.3　研磨棒

的研磨,需要用一组尺寸递增的数个研磨棒对孔进行粗、半精、精研磨。有槽的固定式研磨棒,用于粗研,光滑的固定式研磨棒,用于精研。

可调式研磨棒由两端带有螺纹的锥形芯轴、调节螺母和工作套组成。由于可调式研磨棒可以通过调整调节螺母来控制工作套的直径,所以使用寿命长,适用于批量生产中工件孔的研磨。

提示:

● 将研磨环的内孔、研磨棒的外圆做成圆锥形,就可以用来研磨内、外圆锥表面。

五、研磨剂

研磨剂是由磨料、研磨液和辅助材料调和而成的混合剂。

1. 磨料

磨料在研磨中起切削作用。研磨工作的精度、表面粗糙度、效率和成本都与磨料有密切的关系。

（1）磨料的种类与用途。磨料的种类与用途见表 11.2。

表 11.2　磨料的种类与用途

系列	磨料名称	代号	特　征	适用范围
氧化铝系	棕刚玉	A	磨料颜色为棕褐色。硬度高、韧性好、价格便宜	粗、精磨钢、铸铁、黄铜
	白刚玉	WA	磨料颜色为白色。硬度比棕刚玉高,韧性不如棕刚玉好	精磨淬火钢、高速钢、高碳钢及薄壁零件
	铬刚玉	PA	磨料颜色为玫瑰红色或紫红色。硬度同白刚玉相近,韧性比白刚玉高	适用于研磨量具、仪表零件及表面粗糙度要求较高的工件
	单晶刚玉	SA	磨料颜色为浅黄色或白色。硬度和韧性比棕刚玉和白刚玉高,切削性能较好	适用于研磨不锈钢、高矾钢、高速钢等强度高、韧性好的材料
碳化物系	黑色碳化硅	C	磨料颜色为黑色有光泽,硬度高比白刚玉高,质脆而锋利,导热、导电性好	适用于研磨铸铁、黄铜、铝、耐火材料及非金属材料
	绿色碳化硅	GC	磨料颜色为绿色,硬度和脆性比黑色碳化硅高,具有良好的导热、导电性	适用于研磨硬质合金、硬铬、宝石、陶瓷和玻璃等材料
	碳化硼	BC	磨料颜色为灰黑色、硬度高、仅次于金刚石,而且耐磨性相当好	适用于精磨,抛光硬质合金,人造宝石等硬材料
金刚石系	人造金刚石	JT	磨料颜色为无色透明或为淡黄色、黄绿色、黑色。硬度极高,但比天然金刚石脆,表面粗糙	适用于粗、精磨硬质合金、人造宝石、陶瓷、半导体等高硬度脆性材料
	天然金刚石	JR	硬度最高,但价格昂贵	

（2）磨料的粒度。磨料的粗细用粒度来表示,根据 GB/T 2476—2016 的规定:磨料标准,按磨料颗粒尺寸分为两类,共 41 个粒度号。

一类为磨粉类:用筛选的方法来取得,粒度代号用数字表示,有 4 号、5 号、6 号、…240 号,共 27 种。粒度号数越大,磨料颗粒越细。

另一类为微粉类:用显微分析法取得,粒度代号用 W 和数字表示,有 W63、W50、…W0.5,共 14 种。来表示磨料颗粒粗细,号数越大,磨料颗粒越粗;号数越小,磨料颗粒越细。

选择磨料粒度应根据工件的精度要求来确定,可参考表 11.3。

表 11.3　常用磨料粒度的选择

磨料代号	加工类型	可达表面粗糙度/μm
100 号 ~ 240	用于最初的研磨加工	$Ra\,0.8$
W40 ~ W20	用于粗研磨加工	$Ra\,0.4 ~ 0.2$
W14 ~ W7	用于半精研磨加工	$Ra\,0.2 ~ 0.1$
W5 以下	用于精研磨加工	$Ra\,0.1$ 以下

2. 研磨液

研磨液是用来调和磨料,在工作过程中起冷却和润滑的作用。常用的研磨液有煤油、汽油、机油、熟猪油等。

3. 辅助材料

辅助材料是一种氧化作用较强的混合脂。其作用是使工件表面形成氧化膜,加速研磨的过程。常用的辅助材料有油酸、脂肪酸、硬脂酸和工业甘油等。

提示:

● 在工作中常使用现成的研磨膏。使用时,将其用机油稀释而成。

任务二　研磨加工

一、平面的研磨

1. 研磨剂的涂抹方法

研磨剂的涂抹方法有涂敷法和压嵌法两种,在研磨加工时,应根据不同的技术要求来选择。

(1)涂敷法。研磨时将一层极薄的研磨剂涂在研具表面或工件表面进行研磨。该方法因磨料不易涂抹均匀,故适用于研磨精度要求不太高的工件。

(2)压嵌法。研磨前将研磨剂均匀涂在两研具表面,然后将两研具相互对研,使磨料均匀嵌入研具表面,再进行研磨。使用该方法进行研磨,可以使研磨后的工件获得较高的尺寸精度和表面粗糙度。

2. 手工研磨时的运动轨迹

正确选用研磨的运动轨迹是提高研磨质量的重要因素。各种运动轨迹的共同特点是:

使工件的被加工面与研具的工作面在研磨过程中,始终保持平行。既能保证其研磨效果,又能保持研具的均匀磨损,提高研具的耐用度。手工研磨时的运动轨迹,见表 11.4。

表 11.4　手工研磨时的运动轨迹

运动轨迹	特　点	应　用
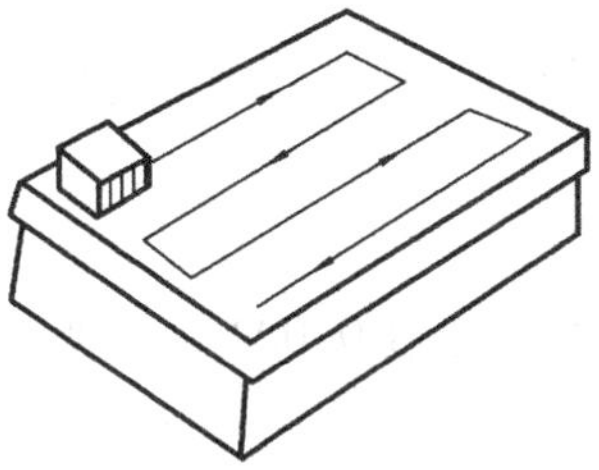 直线形	研磨时工件按直线方式运动。该方法能使工件获得较高的尺寸精度,但工件表面粗糙度较差	适合于研磨有台阶的狭长平面
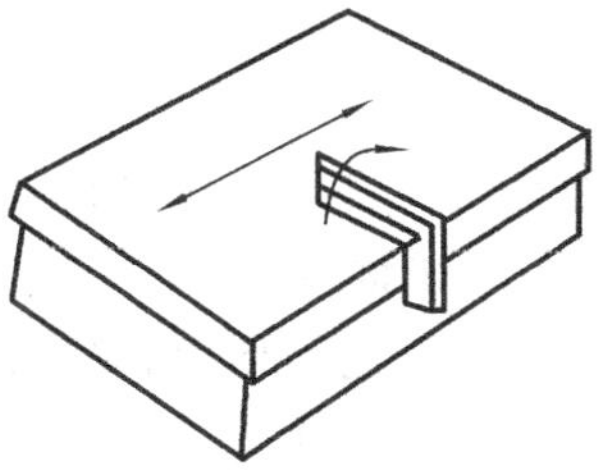 摆动直线形	工件在左右摆动的同时作直线往复运动。该方法能使研磨表面获得较好的直线度	适合于刀口直尺和刀口角尺的研磨
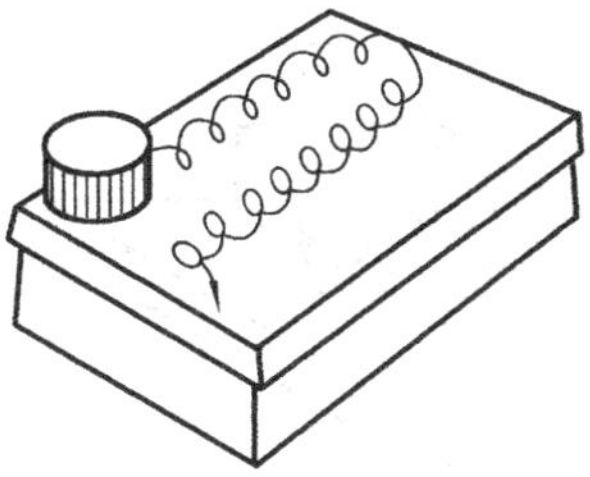 螺旋形	工件以螺旋状滑移。该方法能使工件表面获得较高的平面度和表面粗糙度	适用于研磨圆片或圆柱形工件的端面
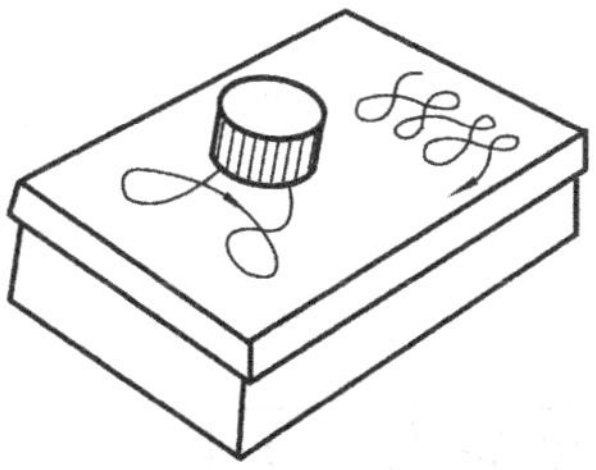 仿8字形	工件按8字形轨迹运动的同时不停地向旁边滑移。该方法能使研具与工件均匀接触,既可提高工件质量,又能使研具均匀磨损	适用于小平面工件的研磨及研磨平板的修整

3. 研磨的压力和速度

在研磨过程中,研磨的压力和速度对研磨的质量和效率有很大影响。

研磨压力大,则切削量大,研磨效率高,但工件表面粗糙度较差。故在粗研时,压力可大些;精研时,压力应小些。

研磨速度除了影响研磨效率以外,还对研磨质量的影响较大。研磨速度过快,虽然效率高,但是切削热量大,会引起工件的变形。研磨速度一般为 20 ~ 60 次/min。粗研或研磨刚性好的工件,可快些;精研或研磨易变形的工件,应慢些。

提示:

● 在研磨薄壁工件或壁厚不均匀的工件时,由于工件极易变形,故应特别注意控制研磨速度。若工件稍有发热,应立即暂停研磨。

4. 研磨余量

研磨是微量的切削加工,一般每研磨一遍磨去的金属层不能超过 0.002 mm,所以研磨余量不能太大,否则会影响研磨效率,缩短研具的使用寿命。

一般研磨余量在 0.005 ~ 0.03 mm 比较合适。工件面积较大、形状较复杂且精度要求较高时,研磨余量应大些;如上道工序的加工质量高,研磨余量应小些。有时研磨余量就留在工件的公差范围内。

5. 各种平面的研磨

(1)一般平面的粗研应在有槽平板上进行。有槽平板容易使工件表面贴合良好,不会使工件表面磨成凸弧形;精研时应在光滑平板上进行,以保证工件的平面度。

(2)在研磨狭窄平面时,由于工件不易与平板贴合,可以用靠铁进行研磨,以保证工件的垂直度。如图 11.4(a)所示。研磨工件数量较多时,可用 C 形夹,将几个工件夹在一起研磨,既防止了工件加工面的倾斜,又提高了研磨效率,如图 11.4(b)所示。

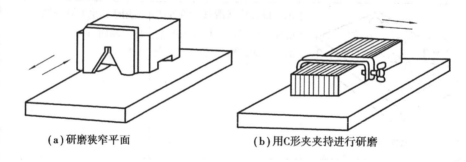

(a)研磨狭窄平面　　　　　　　　(b)用C形夹夹持进行研磨

图 11.4　狭窄平面的研磨方法

(3)在研磨薄片工件时,由于工件容易变形,可将工件嵌入木块内进行研磨,如图 11.5 所示。

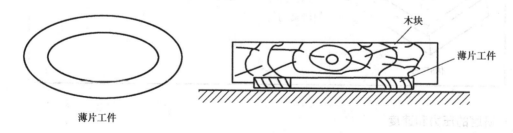

薄片工件

图 11.5　研磨薄片工件

提示：

● 由于刚研磨后的工件含有切削热,会造成测量尺寸不准。所以工件在研磨后不能立即测量,应待工件冷却至常温后再进行测量。

二、圆柱面的研磨

圆柱面的研磨一般采用手工与机床配合的方法进行研磨。

1. 研磨外圆柱面

如图11.6所示,研磨外圆柱面一般是用车床或钻床夹持和带动工件。研磨时先在工件上均匀地涂上研磨剂,再套上研磨环并调整好间隙,研磨环的松紧程度以手用力能转动研磨环为宜。通过工件的旋转和用手推动研磨环沿工件轴线方向作往复运动,进行研磨。研磨一段时间后,应将工件调头再进行研磨,这样能消除研磨过程中可能出现的锥度,使工件得到准确的几何形状,同时研磨环的磨损也比较均匀。

提示：

● 在研磨过程中,工件可能由于上道工序的加工误差,而造成直径大小不一致,可在手感较紧处多磨几次,直到用手感觉松紧均匀,工件直径相同为止。

● 在研磨中还应随时调整研磨环的内径,使研磨环与工件始终保持适当的间隙。

研磨时,工件的旋转速度应根据工件的直径来选择。一般工件的直径小于80 mm时,旋转速度取100 r/min;工件的直径大于80 mm时,旋转速度取50 r/min。

研磨环的往复移动速度,可根据工件在研磨时出现的网纹来控制。当出现45°交叉网纹时,说明研磨环的移动速度合适,如图11.7所示。

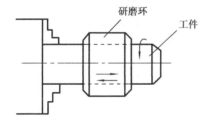

图11.6 研磨外圆柱面

移动速度太慢

移动速度太快

移动速度适当

图11.7 研磨时的网纹

2. 研磨内圆柱面

内圆柱面的研磨与外圆柱面的研磨方法基本相同。研磨时,先将研磨棒夹持在车床或钻床上,再将工件套在研磨棒上进行研磨。

提示：

● 研磨棒的工作长度应适当,一般为工件长度的1.5~2倍。若研磨棒过长会出现颤动而影响研磨精度。

● 研磨时,工件两端挤出的研磨剂应及时清除,否则工件的孔口会磨成喇叭形。如工件孔口要求较高,可将研磨棒两端用砂布磨小一些,以避免孔口扩大。

任务三　研磨实训

一、研磨宽座角尺

1. 宽座角尺图样

研磨宽座角尺的图样,如图 11.8 所示。

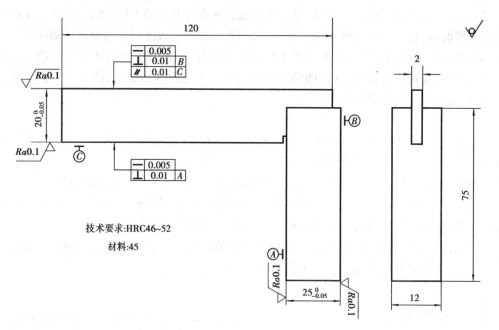

图 11.8　研磨宽座角尺

2. 实训要求

(1)掌握磨料种类和粒度的选择。

(2)正确掌握研磨的方法。

3. 工、量具

研磨平板、靠铁、90°角尺、万能角度尺、量块等。

4. 实训步骤

(1)选用 180 ~ 240 号的氧化物磨料与煤油调和成研磨剂。

(2)将研磨剂均匀涂在研具表面进行研磨。

(3)先研磨尺座内侧和尺瞄内侧测量面,达到图样要求的直线度、垂直度和表面粗糙度。

(4)再研磨尺座外侧和尺瞄外侧测量面,达到图样要求。

(5)全面复检、送验。

(6)整理好工、量具,并清理工作场地。

提示:

- 注意不能使研磨剂中混入杂质,以免研磨时划伤工件表面。
- 每次涂抹研磨剂不宜太多,且应涂抹均匀,以免造成工件边缘磨伤。
- 在研磨尺瞄内、外侧测量面时,靠铁必须靠紧,才能保证尺瞄测量面与侧面的垂直度。
- 研磨时应经常改变工件在研具上的研磨位置,以防因研具磨损而降低研磨质量。

5. 实训记录及评分标准

实训记录及评分标准见表 11.5。

表 11.5　研磨宽座角尺评分表

项次	项目与技术要求		配分	评分方法	实测记录	得分
1	研磨方法正确		10	错误一次扣 3 分		
2	测量面表面粗糙度 $Ra \leqslant 0.1\ \mu m$(4 面)		20	一面不合格扣 5 分		
3	尺寸精度	$20_{-0.05}^{\ 0}$	10	超差 0.01 mm 扣 3 分		
		$25_{-0.05}^{\ 0}$	10			
4	尺座、尺瞄测量面直线度 0.005 mm (4 处)		20	超差一面扣 5 分		
5	内、外直角垂直度 0.01 mm		20	超差 0.01 mm 扣 5 分		
6	安全文明生产		10	违反一次扣 3 分,违反 3 次不得分		

二、研磨缺陷分析

研磨时常见的缺陷形势及原因分析见表 11.6。

表 11.6　研磨缺陷分析

缺陷形式	产生原因
工件表面拉毛	研磨剂中混入杂质
表面粗糙度不合格	1. 磨料太粗; 2. 研磨液选用不当; 3. 研磨剂涂得太薄或涂抹不均匀
薄形工件拱曲变形	1. 工件发热仍继续研磨; 2. 装夹不正确引起变形
平面形成凸形或孔口扩大	1. 研磨剂涂得太厚; 2. 孔口或工件边缘被挤出的研磨剂未及时清除; 3. 研磨棒伸出孔口过长
孔的圆度和圆柱度不合格	1. 研磨时没有更换方向; 2. 研磨时未调头

复习思考题

1. 试述研磨的工作原理。

2. 研磨的特点是什么?

3. 常用的研具有哪些? 对研具的要求是什么?

4. 研磨铸铁、高速钢、高碳钢、硬质合金时,应分别选用哪种磨料?

5. 简述研磨的压力和速度对研磨质量的影响。

6. 试述平面研磨时应注意的事项。

7. 分析表面粗糙度不合格的原因。

项目十二　装配基础知识

项目内容　1. 装配工艺规程的作用和装配工艺过程。

2. 简单尺寸链的计算方法。

3. 固定连接和轴承的装配工艺。

4. 常见机构的装配工艺。

项目目的　1. 熟悉装配工作的基本知识。

2. 掌握简单尺寸链的计算方法。

3. 熟悉固定连接和轴承的装配工艺。

4. 熟悉常见机构的装配工艺。

项目实施过程

任务一　装配的基本知识

一、装配概述

按照一定的精度标准和技术要求,将若干零件组合成部件,或将若干零件、部件组合成产品或机器的工艺过程,称为装配。

装配工作是产品生产过程中的最后一道工序,产品质量的好坏除了取决于零件的加工质量以外,装配质量的好坏是保证机器能否达到各项技术要求的关键。零件的加工精度再高,如果不严格按工艺要求进行装配,装配出的机器工作性能差,甚至无法工作。相反,有些零件加工精度并不很高,但经过仔细修配,仍有可能装配出性能良好的机器。总之,机器质量的好坏和使用性能的高低与装配工作密切相关,必须认真做好。

二、装配工艺过程

装配工艺过程一般由以下四个部分组成:

1. 装配前的准备工作

(1)研究和熟悉装配图及技术要求,了解产品的结构,各零部件的作用、相互之间的连接关系,从而确定装配方法和顺序。

(2)准备所需工具及材料。

(3)对装配零件进行清理、清洗,检查零件加工质量,对有特殊要求的零部件进行平衡试验或压力试验。

2. 装配工作

对于比较复杂的产品,为保证装配质量,提高装配效率,其装配工作常划分为部件装配和总装配。

（1）部件装配。凡是将两个以上零件组合在一起，或将零件与几个组件结合在一起，成为一个单元的装配工作，称为部件装配。

（2）总装配。将零件、部件结合成一台完整产品的装配工作，称为总装配。

3. 调整、检验和试车

（1）调整。调节零件或机构的相互位置、配合间隙、结合面的松紧等，使机构或机器工作协调。

（2）检验。检验机构或机器的几何精度和工作精度。

（3）试车。试验机构或机器运转的灵活性、振动情况、工作温度、噪声、转速、功率等技术要求是否达到要求。

4. 喷漆、涂油、装箱

三、装配工作的组织形式

装配的组织形式随生产类型及复杂程度和技术要求的不同而不同。机器制造中的生产类型及装配的组织形式如下：

1. 单件生产时装配组织形式

单件生产时，产品几乎不重复。装配工作多在固定的地点，由一个工人或一组工人独立完成整个装配工作。这种装配组织形式，对工人技术要求高，装配周期长，生产效率低。

2. 批量生产时装配组织形式

成批大量生产时，装配工作通常分为部件装配和总装配。每个部件由一个工人或一组工人完成，然后进行总装配。这种装配工作采用移动方式进行流水线生产，因此，装配效率较高。

3. 大量生产时装配组织形式

在大量生产中，把产品的装配过程划分为部件、组件装配。每一个工序只由一个人完成，只有当所有工人都按顺序完成了自己负责的工序后，才能装配出产品。通常把这种装配的组织形式叫做流水装配法。流水装配法由于广泛采用互换性原则，使装配工作工序化，装配质量好、效率高、生产周期短，是一种先进的装配组织形式。

四、常用的装配方法

装配的任务就是要合理地选择装配方法和组织形式，从而经济、高效地装配出高质量的产品。在装配过程中，常用的装配方法有：完全互换法、选配法、修配法和调整法等。

1. 完全互装配换法

在同类零件中，任取一个装配零件，不经调整和修整，装配后即能达到规定的装配要求，这种装配方法称为完全互换装配法。按完全互装配换法进行装配时，装配精度是依靠零件的制造精度来保证的。

完全互换装配法的特点：

（1）装配操作简便，对工人的技术要求不高。

（2）装配质量好，生产效率高。

（3）装配时间容易确定，便于组织流水线装配。

（4）零件磨损后，更换方便。

（5）对零件精度要求高，故制造成本较高。

因此，完全互换法适应于组成件数量少，精度要求不高、零件形状较简单的大批量生产。

2. 选配装配法

当零件精度要求较高，若采用互换装配法会使零件制造成本增加，甚至造成加工困难，那么就可以考虑将零件的公差放宽，采用选配装配法进行装配。选配法又可以分为直接选配法和分组选配法：

（1）直接选配法是由装配工人直接从一批零件中选择"合适"的零件进行装配的方法。这种方法比较简单，其装配质量是靠工人的感觉和经验来确定，装配效率较低。

（2）分组选配法是将一批零件逐一测量后，按零件的实际尺寸大小分成若干组，然后按相应的组别进行装配，从而达到规定的装配精度要求。分组选配法具有如下特点：

①增大了零件的制造公差，降低了零件的制造成本。

②经分组后再装配，提高了装配精度。

③增加了测量分组的工作量。

因此，分组选配法适应于大批量生产中，装配精度要求高的配合件。

3. 修配装配法

在装配时，根据装配的实际需要，在某一零件上去除少量预留修配量，以达到装配精度的方法，称为修配装配法。修配装配法具有如下特点：

（1）零件的制造精度可适当降低。

（2）装配周期长，生产效率低。

（3）对工人技术水平要求较高。

因此，修配装配法适应于单件、小批量以及装配精度要求较高的场合。

4. 调整装配法

装配时，根据装配的实际需要，改变产品中可调整零件的相对位置或选用合适的调整件以达到装配精度的方法，称为调整装配法。如在装配过程中，常采用更换不同尺寸的垫片、衬套来控制零件的尺寸，或采用可调节螺钉、螺母来调整各配合件的间隙。调整装配法具有如下特点：

（1）零件不需任何修配即能达到很高的装配精度。

（2）可进行定期调整，故容易恢复精度，便于维护和维修。

（3）容易降低配合副的连接刚度和位置精度。

（4）生产效率低，对工人技术水平要求较高。

除必须采用分组装配的精密配件外，调整装配法可适用于各种装配场合。

五、装配工作的要点

要保证装配产品的质量，必须按规定的装配技术要求操作。虽然不同产品的装配技术要求不尽相同，但在装配过程中有许多工作要点是必须共同遵守的。

（1）做好零件的清理和清洗工作。

（2）相配合表面在装配前，一般都需要加注润滑剂。

（3）装配时应对某些重要的配合尺寸进行复检或抽检。

（4）做到边检查边装配。

（5）试车前应对机器进行全面复查，试车过程中要进行有效监控。

检查装配工作的完整性、各连接部位的准确性和可靠性、活动件运动的灵活性、润滑系统的正常性等。

机器启动后应立即观察主要工作参数是否正常，如润滑油压力、工作温度、振动、噪音等。

提示：

• 用汽油、柴油或煤油等对零件进行清洗后，应使用压缩空气吹干。

任务二 装配尺寸链

一、装配精度

产品的装配过程不是简单地将有关零件连接起来的过程。凡装配出的产品，都必须满足规定的装配精度。装配精度是机器质量的重要指标之一。装配精度是由相关零件的加工精度和合理的装配方法共同保证的。其中合理的装配方法是保证装配精度的一个重要因素，但是不论采用哪种方法都会涉及尺寸链的知识。

二、装配尺寸链的基本知识

1. 尺寸链

在机器装配或零件加工过程中，经常遇到一些相互联系的尺寸，将这些相互联系尺寸，按一定的顺序连接起来，构成封闭的尺寸组，称为尺寸链。如图 12.1(a) 中，凸台尺寸 A_0 与零件高度 A_1，A_2 有关；A_1，A_2 中的任何一个尺寸公差的变化都会影响凸台尺寸 A_0 的变化。

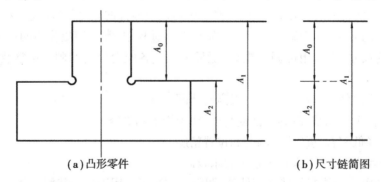

(a)凸形零件　　　　　　　(b)尺寸链简图

图 12.1　凸形零件

2. 装配尺寸链

影响某一装配精度的各有关装配尺寸组成的尺寸链称为装配尺寸链。如图 12.2(a) 所示。滑轮端面和箱体内壁凸台端面的配合间隙 B_0 与箱体内壁距离 B_1、滑轮宽度 B_2、垫圈厚度 B_3 有关，B_1，B_2，B_3 中的任何一个尺寸公差的变化都会影响配合间隙。

3. 尺寸链简图

尺寸链可以在图样上找出,但为简便起见,可以直接绘出尺寸链简图。在绘制尺寸链简图时,不必绘出其具体结构,也不必按严格的比例,只要依次绘出各有关的尺寸,排列成封闭的外形即可。如图 12.1(b)和图 12.2(b)所示。

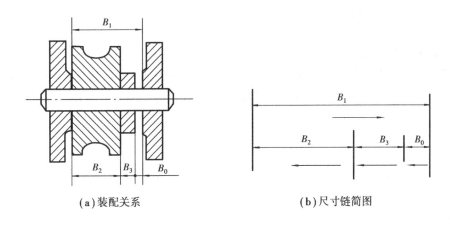

(a)装配关系　　　　　　　　　　　　　　(b)尺寸链简图

图 12.2　滑轮组的配合关系

4. 装配尺寸链的组成

构成装配尺寸链的每一个尺寸,都称为尺寸链的环,每个尺寸链至少应有三个环。

(1)封闭环。在装配过程中,最后形成(间接获得)的尺寸,称为封闭环。一个尺寸链中只有一个封闭环,如图 12.2 中所示的 B_0。在装配尺寸链中,封闭环即装配的技术要求。

提示:

● 装配后形成的尺寸通常是指装配间隙或装配后形成的过盈。

(2)组成环。尺寸链中除封闭环外的其余尺寸,称为组成环。如图 12.2 所示的 B_1,B_2,B_3 等都是组成环。按组成环对封闭环的影响方式不同,组成环可分为增环和减环两类。

①增环。在其他组成环不变的条件下,当某一组成环的尺寸增大时,封闭环随之增大,则该组成环称为增环,如图 12.2 所示的 B_1。增环用 $\overrightarrow{B_1}$ 表示。

②减环。在其他组成环不变的条件下,当某一组成环增大时,封闭环随之减小,则该组成环称为减环。如图 12.2 所示的 B_2,B_3 均为减环。减环用符号 $\overleftarrow{B_2},\overleftarrow{B_3}$ 表示。

增环和减环也可用简单的方法判断:在尺寸链简图中,由尺寸链任一环的基面出发,绕其轮廓线顺时针(或逆时针)方向旋转一周,回到这个基面。按旋转方向给每一个环标出箭头,凡箭头方向与封闭环箭头相反的为增环,与封闭环箭头方向相同的为减环。

三、封闭环的计算

1. 封闭环的基本尺寸

由尺寸链简图可以看出:

封闭环的基本尺寸 = 所有增环基本尺寸之和 - 所有减环基本尺寸之和,公式为

$$A_0 = \sum^{m} \overrightarrow{A_i} - \sum^{n} \overleftarrow{A_j}$$

式中　A_0——封闭环基本尺寸；

　　　A_j——减环基本尺寸；

　　　$\sum$——表示连续相加；

　　　m——增环的数目；

　　　A_i——增环基本尺寸；

　　　n——减环的数目。

2. 封闭环的最大极限尺寸

当所有增环都为最大极限尺寸,所有减环都为最小极限尺寸时,封闭环为最大极限尺寸,所以,封闭环的最大极限尺寸 = 所有增环的最大极限尺寸之和 − 所有减环最小极限尺寸之和。公式为

$$A_{0\max} = \sum^{m} \overrightarrow{A}_{i\max} - \sum^{n} \overleftarrow{A}_{j\min}$$

式中　$A_{0\max}$——封闭环最大极限尺寸；

　　　$\overrightarrow{A}_{i\max}$——各增环的最大极限尺寸；

　　　$\overleftarrow{A}_{i\min}$——各减环的最小极限尺寸。

3. 封闭环最小极限尺寸

当所有增环都为最小极限尺寸,而所有减环都为最大极限尺寸时,则封闭环为最小极限尺寸,所以,封闭环的最小极限尺寸 = 所有增环的最小极限尺寸之和 − 所有减环最大极限尺寸之和。公式为:

$$A_{0\min} = \sum^{m} \overrightarrow{A}_{i\min} - \sum^{n} \overleftarrow{A}_{j\max}$$

式中　$A_{0\min}$——封闭环最小极限尺寸；

　　　$\overrightarrow{A}_{i\min}$——各增环最小极限尺寸；

　　　$\overleftarrow{A}_{j\max}$——各减环最大极限尺寸。

4. 封闭环公差

封闭环公差 = 封闭环的最大极限尺寸 − 封闭环的最小极限尺寸,公式为:

$$T_0 = A_{0\max} - A_{0\min}$$

式中　T_0——封闭环公差。

封闭环公差也等于各组成环公差之和:

$$T_0 = \sum^{m+n} T_i$$

式中　T_i——各组成环公差。

提示:

● 由于封闭环公差等于各组成环公差之和。所以为缩小封闭环公差,应尽量设法减少组成环的个数,这就是尺寸链的最短原则。

5. 封闭环计算示例

如图 12.3(a)所示为轴与孔的配合,已知孔的内径为 $22^{-0.03}_{0}$ mm,轴的直径为 $22^{-0.02}_{-0.07}$ mm,问轴与孔的配合间隙在多少范围内？封闭环的公差是多少？

解:尺寸链简图,如图 12.3(b)所示。

封闭环为 A_0,增环为 $\overrightarrow{A_1}$,减环为 $\overleftarrow{A_2}$。

计算封闭环极限尺寸:

$$A_{0\max} = A_{1\max} - A_{2\min} = (22 + 0.03) - (22 - 0.07) = 0.10 \text{ mm}$$

$$A_{0\min} = A_{1\min} - A_{2\max} = 22 - (22 - 0.02) = 0.02 \text{ mm}$$

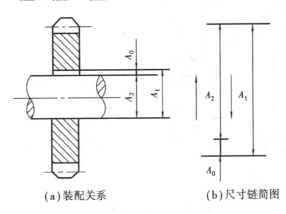

(a)装配关系　　　　　(b)尺寸链简图

图 12.3　轴与孔的配合关系

计算封闭环公差:

$$T_0 = A_{0\max} - A_{0\min} = (0.10 - 0.02) \text{ mm} = 0.08 \text{ mm}$$

答:该轴、孔配合间隙为 0.02 ~ 0.10 mm,封闭环公差为 0.08 mm。

四、装配尺寸链的解法

1. 解装配尺寸链的含义

根据装配精度(即封闭环公差)对装配尺寸链进行分析,并合理分配各组成环公差的过程,称为解装配尺寸链。

2. 解装配尺寸链的公差分配原则

(1)"等公差法"分配公差。"等公差法"的含义是每个组成环分得的公差相等,所以,每个组成环的公差等于封闭环公差除以组成环的个数。

在实际生产中,常常要考虑组成环尺寸的大小和加工的难易程度,对各组成环的公差进行适当的调整。即把尺寸大、加工困难的组成环,给以较大的公差;把尺寸小、加工容易的组成环,给以较小的公差。但调整后的封闭环公差仍等于各组成环公差之和。

(2)"入体原则"确定基本偏差。"入体原则"的内容是:当组成环为包容面时,取下偏差为零;当组成环为被包容面时,取上偏差为零;若组成环为中心距,偏差应对称分布。确定好各组成环公差之后,应按"入体原则"确定基本偏差。

3. 解装配尺寸链的方法

解装配尺寸链的方法有:完全互换法、分组选配法、修配法和调整法等。现介绍其中常用的两种解法。

(1)完全互换法解装配尺寸链

按完全互换装配法的要求,解有关的装配尺寸链,称为完全互换法解装配尺寸链。其装配精度依靠零件的制造精度来保证。

例 如图 12.4(a)所示的齿轮箱部件,装配要求是轴向窜动量 $A_0 = 0.2 \sim 0.7$ mm,已知 $A_1 = 100$ mm,$A_2 = 32$ mm,$A_3 = A_5 = 6$ mm,$A_4 = 120$ mm,试用完全互换法解尺寸链。

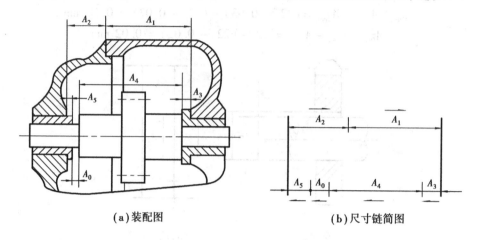

(a)装配图　　　　　　　　(b)尺寸链简图

图 12.4　齿轮轴装配

解:尺寸链简图。如图 12.4(b)所示,其中 A_1,A_2 为增环,A_3,A_4,A_5 为减环,A_0 为封闭环。

列尺寸链方程求封闭环基本尺寸:

$$A_0 = (A_1 + A_2) - (A_3 + A_4 + A_5) = (100 + 32) - (6 + 120 + 6) = 132 - 132 = 0$$

说明各组成环的基本尺寸正确。

计算封闭环公差:$T_0 = 0.7 - 0.2 = 0.5$ (mm)

确定各组成环公差及极限尺寸:根据 $T_0 = \sum_{}^{m+n} T_i = T_1 + T_2 + T_3 + T_4 + T_5 = 0.5$ mm,在等公差原则下,兼顾考虑各组成环尺寸的大小和加工难易程度,比较合理地分配各组成环公差:

$$T_1 = 0.2 \text{ mm}, T_2 = 0.1 \text{ mm}, T_3 = T_5 = 0.05 \text{ mm}, T_4 = 0.1 \text{ mm}$$

再按"入体原则"分配偏差:$A_1 = 100^{+0.20}_{0}$ mm,$A_2 = 32^{+0.10}_{0}$ mm,$A_3 = A_5 = 6^{0}_{-0.05}$ mm

确定协调环。选 A_4 为协调环

根据　$A_{0max} = A_{1max} + A_{2max} - A_{3min} - A_{4min} - A_{5min}$

　　　$A_{4min} = A_{1max} + A_{2max} - A_{3min} - A_{5min} - A_{0max}$

　　　　　　$= 100.20 + 32.10 - 5.95 - 5.95 - 0.7$

　　　　　　$= 119.70$ (mm)

根据　$A_{0min} = A_{1min} + A_{2min} - A_{3max} - A_{4max} - A_{5max}$

　　　$A_{4max} = A_{1min} + A_{2min} - A_{3max} - A_{5max} - A_{0min}$

　　　　　　$= 100 + 32 - 6 - 6 - 0.2$

　　　　　　$= 119.80$ (mm)

解得:

$$A_4 = 120^{-0.20}_{-0.30} \text{ mm}$$

提示:

为满足装配精度要求,应在各组成环中选择一个环,其极限尺寸由尺寸链方程来确定,这个环称为协调环。一般选便于制造或可用通用量具测量的尺寸为协调环。

（2）分组选配法，解装配尺寸链

①分组选配法，解装配尺寸链的含义。分组选配法解装配尺寸链是将组成环的公差放大几倍，使其达到经济的加工精度，再进行精密测量后分组，取对应组的零件进行装配。

②分组选配法，解装配尺寸链的示例。如图12.5（a）所示，直径为28 mm 的发动机活塞销与活塞销孔配合，要求销和孔的配合有 0.01～0.02 mm 的过盈量。试用分组装配法解此尺寸链，并确定各组成环的偏差值。设孔、轴的经济公差为 0.02 mm 。

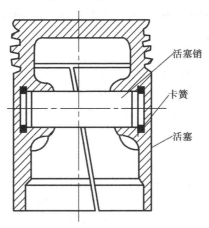

图 12.5　活塞销与活塞销孔装配示意图

解：按完全互换法求出各组成环的偏差和极限偏差：$T_0 = (-0.01) - (-0.02) = 0.01(\text{mm})$

根据"等公差"分配原则，取：$T_1 = T_2 = \dfrac{0.01}{2} = 0.005(\text{mm})$

按基轴制原则，销子的尺寸为：$A_1 = 28_{-0.005}^{\ 0}$ mm

根据配合要求，可知孔的尺寸为：$A_2 = 28_{-0.020}^{-0.015}$ mm

显然制造这样精度的销孔是很困难的。

实际生产中采用分组法，根据经济公差 0.02 mm，将组成环公差均扩大 4 倍，即 $0.005 \times 4 = 0.02$ mm。按同向扩大公差，得销子尺寸为：$A_1 = 28_{-0.02}^{\ 0}$ mm，孔尺寸为：$A_2 = 28_{-0.035}^{-0.015}$ mm。加工后，按实际尺寸分成四组，并按对应组进行装配。具体分组情况，见表12.1。

表 12.1　活塞销和活塞销孔的分组尺寸

组　别	活塞销直径	活塞销孔直径	配合情况	
			最小过盈	最大过盈
1	$\phi 28_{-0.005}^{\ 0}$	$\phi 28_{-0.020}^{-0.015}$		
2	$\phi 28_{-0.010}^{-0.005}$	$\phi 28_{-0.025}^{-0.020}$	0.010	0.020
3	$\phi 28_{-0.015}^{-0.010}$	$\phi 28_{-0.030}^{-0.025}$		
4	$\phi 28_{-0.020}^{-0.015}$	$\phi 28_{-0.035}^{-0.030}$		

任务三　固定连接的装配

固定连接是装配中最基本的一种装配方法,常见的固定连接有螺纹连接、销连接、键连接以及过盈连接等。

一、螺纹连接的装配

螺纹连接是一种可拆的固定连接,它具有结构简单、连接可靠、装拆方便迅速、成本低廉等优点,因而在机械中得到普遍应用。

1. 螺纹连接的预紧

螺纹连接为了达到连接牢固可靠的目的,要求螺纹之间有一定摩擦力矩,所以在进行螺纹连接的装配时,应施加一定的拧紧力,使螺纹副间产生足够的预紧力。

在实际工作中,螺纹连接的力矩一般由装配者按经验来控制。但是对于重要的螺纹连接,则是由设计人员确定。装配时可从工艺文件中查出。

2. 螺纹连接的防松装置

螺纹连接在冲击、振动或变载荷作用下,以及温度变化较大的场合,很容易发生松脱。为了确保连接可靠,就必须采用有效的防松措施。常用的防松方法见表12.2。

表12.2　常用螺纹防松方法

防松方法	图　解	说　明
双螺母防松		依靠两螺母间产生的摩擦力来防松。这种方法会增加被连接件的重量和占用空间,在高速和振动大时使用不够可靠
弹簧垫圈防松		依靠垫圈的弹力使螺母偏斜稍许,增加了螺纹之间的摩擦力,并且垫圈的尖角切入螺母的支撑面,阻止螺母松动
开口销与带槽螺母防松		在螺栓上钻孔,穿入开口销。把螺母直接销紧在螺栓上,这种方法防松可靠。多用于受冲击、振动大的场合

防松方法	图 解	说 明
圆螺母与止动垫圈防松	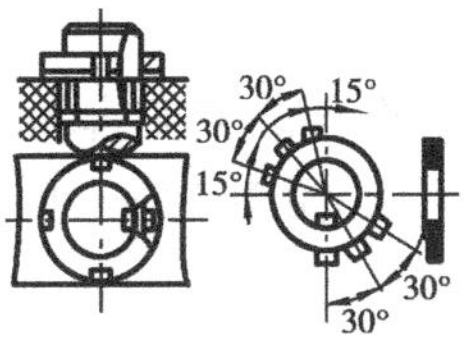	应用于圆螺母的防松。垫圈内翅插入螺杆槽中,圆螺母拧紧后,再把一个外翅弯到圆螺母的一个槽中。这种方式多用于滚动轴承结构中
六角螺母与带耳止动垫圈防松	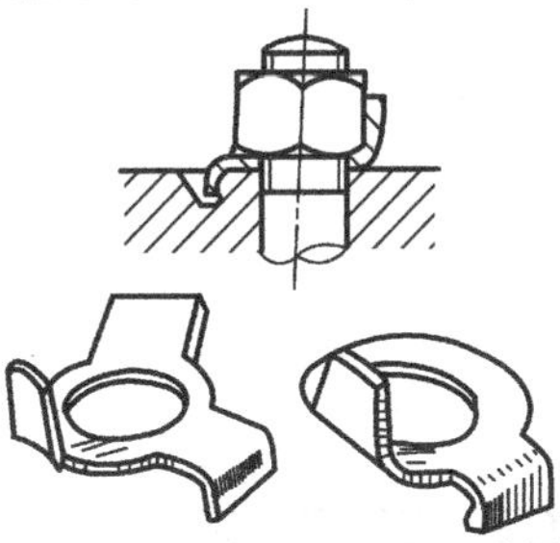	先将垫圈一耳边向下弯折,使之与被连接件的一边贴紧,当拧紧螺母后,再将垫圈的另一耳边向上弯折,与螺母的边缘贴紧而起到防松作用
串联钢丝防松	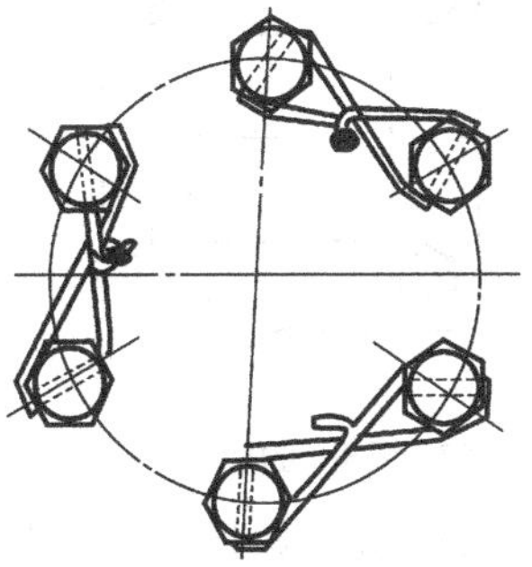 (a) 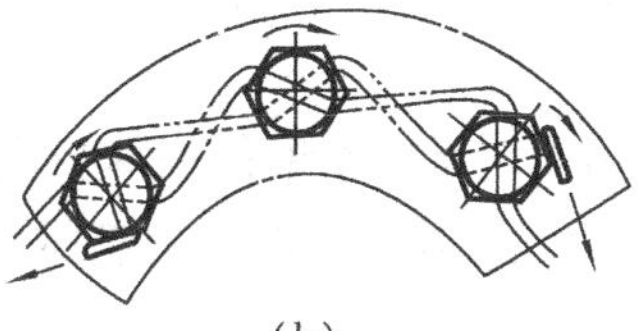 (b)	如图(a)所示,这种方法是用钢丝连续穿过一组螺钉头部的小孔(或螺母),利用拉紧钢丝的作用力来防松。多用于结构紧凑的成组螺纹连接; 如图(b)所示,装配时应注意钢丝的穿绕方向。图中虚线所示的钢丝穿绕方向是错误的,螺钉仍可回松
点铆方法防松	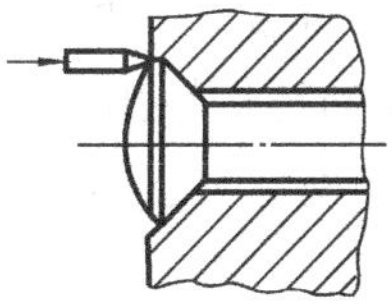 (a) 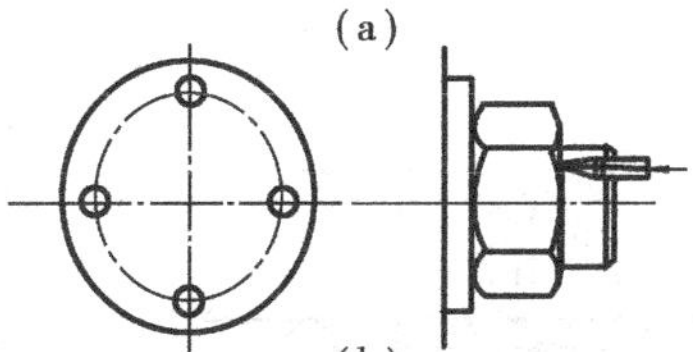 (b)	当螺钉或螺母被拧紧后,用样冲在端面、侧面点铆的方法,可防松 图(a)所示,是在螺钉上点铆,图(b)所示,是在螺母侧面点铆
黏结防松方法		一般采用厌氧胶黏剂,涂于螺纹旋合表面,拧紧后,胶黏剂能自行固化从而达到防止松动

3. 螺纹连接的装配要点

（1）机体上与螺母和螺钉的贴合平面,应经过加工,保证平面有足够的表面精度和形状精度,以防连接件的松动,或使螺钉弯曲等情况出现。

（2）注意螺母和螺钉以及螺孔的清洁,特别是螺孔的清洁,否则容易使螺纹表面遭到损坏。

（3）拧紧成组螺母或螺钉时,必须按一定顺序拧紧,如图 12.6 所示。并做到分次逐步拧紧,否则会使被连接件产生受力不均和不规则变形。

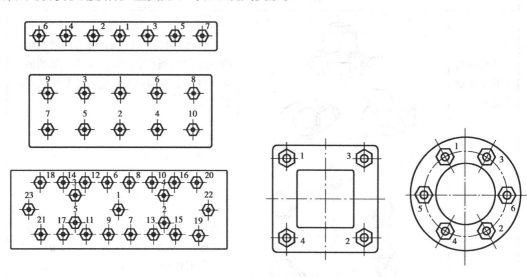

图 12.6　拧紧成组螺钉(螺母)的顺序

（4）拧紧力矩必须适当。过大的拧紧力矩,常常造成螺杆断裂、螺纹滑牙和机件变形;而过小的拧紧力矩,同样会因连接不紧固,使零件经受不住工作负荷而损坏。

4. 螺纹连接的损坏与修复

（1）螺孔损坏。当螺孔螺纹只损坏了端部几牙时,可将螺孔加深,配换稍长的螺钉(螺栓);如螺孔螺纹损坏严重,可将螺孔钻大,攻制大直径的新螺纹,配换新螺钉。

（2）螺钉(螺栓)的螺纹损坏。一般更换新螺钉(螺栓)。

（3）螺栓头拧断。如螺栓折断位置,在螺孔外,可将螺栓在折断处锯槽、锉方或焊上螺母后拧出;如螺栓折断位置,在螺孔内,可用钻孔的方法将断螺柱钻出,再用丝锥修整螺纹。

（4）螺钉(螺栓)因锈蚀而难以拆卸。可使用锤子轻敲螺钉,使铁锈振动脱落后拧出,或使用煤油浸泡,待锈蚀疏松后拆卸。

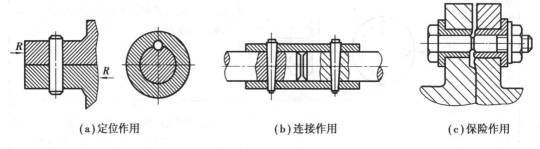

（a）定位作用　　　　　　　（b）连接作用　　　　　　　（c）保险作用

图 12.7　销连接的应用

二、销连接的装配

销连接可起定位、连接和保险作用,如图 12.7 所示。销连接可靠,定位方便,装拆容易,制造成本低,故得到广泛应用。

1. 圆柱销的装配

圆柱销有定位、连接和传递转矩的作用。圆柱销连接属过盈配合,不易拆装。

圆柱销作定位时,为保证精度,常用需要两孔同时钻、铰,并使孔的表面粗糙度值在 Ra 1.6 μm 以下。装配时应在销子上涂以机油,用铜棒将销子打入孔中。或用 C 形夹头压入孔中。如图12.8 所示。

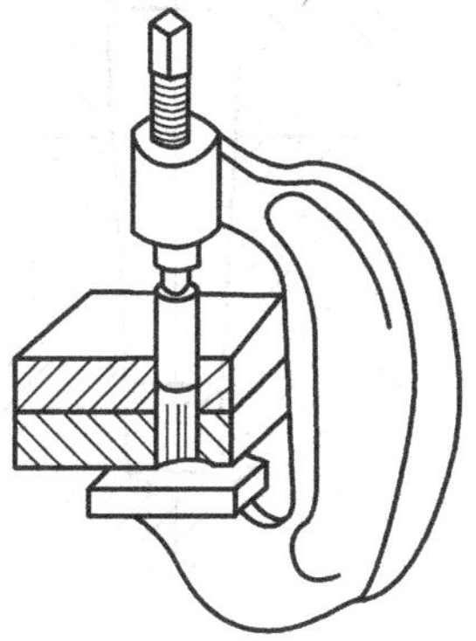

图 12.8　C 形夹头压入圆柱销

2. 圆锥销的装配

圆锥销具有 1∶50 的锥角度,它定位准确,可多次拆装。圆锥销装配时,被连接的两孔也应同时钻、铰出来,孔径大小以销子自由插入孔中长度约 80% 左右为宜,然后用锤子打入即可。如图 12.9 所示。

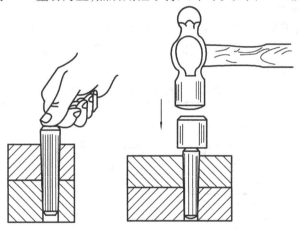

图 12.9　圆锥销的装配

3. 销的拆卸与修复

(1)拆卸通孔中的销,可用冲头冲出。

(2)有螺尾的销可用螺母旋出,如图 12.10 所示。

(3)拆卸带内螺纹的销时,可用与内螺纹相符的螺钉取出,也可以用拔销器拔出。如图 12.11 所示。

(4)销损坏后,应进行更换。

(5)销孔损坏或严重磨损,应重新钻、铰销孔,配换相应的销。

三、键连接的装配

键连接是将轴和轴上零件,通过键在圆周方向上固定,以传递转矩的一种装配方法。它有结构简单、工作可靠和装拆方便等优点,因此,在机械制造中被广泛应用。

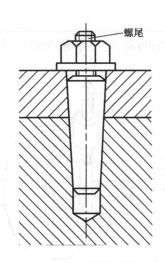

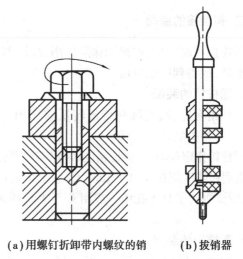

（a）用螺钉折卸带内螺纹的销　（b）拔销器

图 12.10　带螺尾圆锥销的拆卸　　　　　　　　图 12.11　带内螺纹的销的拆卸

根据键的结构特点和用途不同,键连接可分为松键连接、紧键连接和花键连接三大类。

1. 松键连接的装配

（1）松键连接的类型。松键连接是靠键的侧面来传递转矩的,对轴上零件作圆周方向固定,不能承受轴向力。松键连接所采用的键有普通平键、导向键、半圆键和滑键等。松键连接的类型及应用,见表 12.3。

表 12.3　松键连接的类型及应用

松键连接的类型	简　图	应　用
普通平键连接	工作面	常用于高精度,传递重载荷,冲击及双向扭矩的场合
半圆键连接		一般用于轻载,轴的锥形端部
导向键连接		常用于轴上零件轴向移动量不大的场合
滑键连接		常用于轴上零件轴向移动量较大的场合

（2）松键连接装配的技术要求。

①保证键与键槽的配合符合工作要求。

②键与键槽都应有较小的表面粗糙值。

③键装入轴的键槽时,一定要与槽底贴紧,长度方向上允许有 0.1 mm 的间隙。键的顶面应与轮毂键槽底部,留有 0.3 ~ 0.5 mm 的间隙。

（3）松键连接装配的要点。

①键和键槽不允许有毛刺,以防配合后,有较大的过盈而影响配合的正确性。

②只能用键的头部和键槽试配,以防键在键槽内嵌紧而不易取出。

③锉配较长键时,允许键与键槽在长度方向上有 0.1 mm 的间隙。

④键连接装配时,要加润滑油,装配后的套件在轴上不允许有圆周方向上的摆动。

2. 紧键连接的装配

紧键连接主要是指楔键连接。楔键有普通楔键和钩头楔键两种,如图 12.12 所示。楔键的上下表面为工作面,键的上表面和孔槽底面各有 1:100 的斜度,键的侧面和键槽配合时有一定的间隙,装配时,将键打入,靠过盈传递转矩。紧键连接还能轴向固定,并传递单向轴向力。

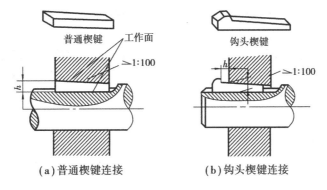

图 12.12　楔键连接

（1）楔键连接装配的技术要求。

①楔键的斜度一定要和配合键槽的斜度一致。

②楔键与键槽的两侧面要留有一定的间隙。

③钩头楔键不能使钩头紧贴套件的端面,否则不易拆装。

（2）楔键连接装配的要点。

装配楔键时,一定要用涂色法检查键的接触情况,若接触不良,应对键槽进行修整。装配时应在配合面加润滑油,轻轻敲入,保证与套件周向、轴向固定可靠。

3. 花键连接的装配

花键连接由外花键和内花键组成,如图 12.13 所示。靠轴和轮毂上的纵向齿来传递转矩。

（1）花键连接的特点:

①键槽较浅,轴与毂的强度削弱较少。

②键齿均匀对称分布,使轮毂受力均匀。

③键齿个数较多,接触面积较大,故承载能力强,传递扭矩大。

④花键连接的同轴度高,导向性好,适用于同轴度要求较高的连接。

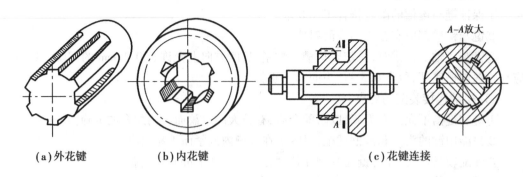

(a)外花键 　　　　(b)内花键 　　　　　　　(c)花键连接

图 12.13　花键及其连接

⑤制造工艺复杂,故制造成本较高。

(2)花键连接的装配要点:

①静花键连接时,套件应在花键轴上固定。当过盈量小时,可用铜棒轻轻敲入;若过盈量较大,可将套件(花键孔)加热到 80~120 ℃后,再进行装配。

②动花键连接时,应保证正确的配合间隙,使套件在花键轴上能自由滑动,在圆周方向不应有间隙。

③经过热处理后的花键孔,其直径可能缩小,应用花键推刀修整或用涂色法修整后,再进行装配。

④装配后的花键副,应检查花键轴与套件的同轴度和垂直度。

4. 键的损坏与修复

(1)键磨损或损坏。一般更换新键。

(2)键槽损坏。可以将键槽加宽,再配制新键。也可以将轴、毂转动一定角度后,重新加工键槽,如图 12.14 所示。

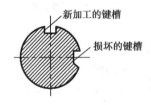

新加工的键槽
损坏的键槽

图 12.14　翻转法修复键槽

(3)大型花键轴磨损。可以对轴进行镀铬或堆焊,再加工到规定尺寸。

四、过盈连接的装配

过盈连接是以包容件(孔)和被包容件(轴)配合后的过盈,来达到紧固连接的一种连接方法。

1. 过盈连接的类型及特点

(1)轻级过盈连接。过盈量在 0.02~0.05 mm 之间。轻级过盈连接一般只保持配合零件的相对位置,不传递扭矩或传递很小扭矩。

（2）中级过盈连接。过盈量在 0.05～0.15 mm 之间。中级过盈连接能传递较大扭矩和承受一般性冲击。

（3）重级过盈连接。过盈量在 0.15 mm 以上。重级过盈连接能承受很大的传递扭矩和冲击负荷。

过盈连接对配合面的精度要求较高,加工、装、拆都比较困难。多用于无需经常拆装的场合。

2. 过盈连接装配的技术要求

（1）配合件要有较高的形位精度,并能保证配合时有足够的过盈。

（2）配合表面应有较小的表面粗糙度值。

（3）装配时配合表面一定要涂上机油,压入过程应连续进行,其速度要稳定且不宜过快,一般保持 2～4 mm/s 即可。

（4）对细长件或薄壁件的配合,装配前一定要对其零件的形位误差进行检查,装配时最好是沿竖直方向压入。

3. 过盈连接的装配方法

（1）轻级过盈连接,可用敲击压入法装配,即使用锤子加垫块敲击压入,如图 12.15 所示。或用压力机压入,如图 12.16 所示。

（2）中级过盈连接应使用压力机压入。

（3）重级过盈连接,应采用热胀包容件（孔）或冷缩被

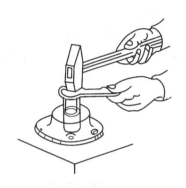

图 12.15　手锤敲击压入

包容件（轴）的方法进行装配。即利用物体热胀冷缩的原理,将孔加热使孔径增大,或将轴进行冷却使轴径缩小后,再进行装配。

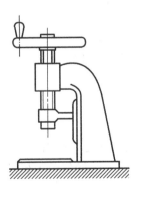

（a）螺旋压力机

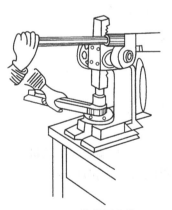

（b）齿条压力机

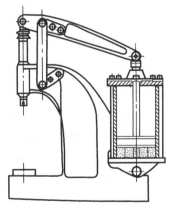

（c）杠杆压力机

图 12.16　压入设备及方法

任务四 传动机构的装配

一、传动机构的类型

传动机构的类型较多,如带传动、链传动、齿轮传动、螺纹传动、蜗轮蜗杆传动、离合器传动、棘轮传动等。本书只介绍带传动、链传动、齿轮传动的装配工艺。

二、带传动机构的装配

带传动属于摩擦传动(同步带属啮合传动),即将挠性带紧紧地套在两个带轮上,利用带与带轮之间的摩擦来传递运动和动力。带传动具有工作平稳、噪声小、结构简单、制造容易、过载保护以及能适应两轴中心距较大的传动等优点,因此应用十分广泛。但是带传动的传动比不准确(同步带除外)、传动效率低,带的使用寿命短。

根据传动带的截面形状的不同,带传动分为 V 带传动、平带传动和同步带传动,如图12.17所示。

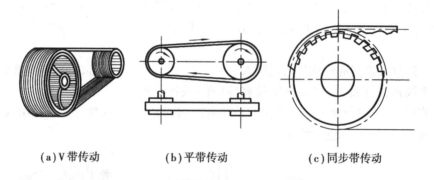

(a) V 带传动　　　　(b) 平带传动　　　　(c) 同步带传动

图 12.17　带传动类型

V 带传动的摩擦力是平带传动的三倍左右,在一般机械传动中,主要采用 V 带传动,V 带传动的应用较为广泛。

同步带传动,由于不打滑,应用逐渐增多,但制造成本较高。

1. 带传动机构的装配要求

(1)带轮的安装要正确,其径向圆跳动量和端面圆跳动量,应控制在规定范围内。

(2)两带轮的中心平面应重合,其倾斜角和轴向偏移量不应过大。一般倾斜角不超过 1°,否则带易脱落或加快带侧面磨损。

(3)带轮工作表面的粗糙度要适当,一般 Ra 为 3.2 μm。过于粗糙,工作时发热大而加剧带的磨损;过于光滑,则带易打滑。

(4)带的张紧力要适当,并调整方便。

2. V 带与带轮的装配

(1)带轮的装配。一般带轮的孔与轴为过渡配合,有少量过盈,同轴度较高,并用紧固件保证周向固定和轴向固定。带轮与轴装配后,应检查带轮的径向圆跳动量和端面圆跳动量,一般情况用划线盘检查,要求较高时,可以用百分表检查,如图 12.18 所示。为保证带轮在轴上安装的正确性,防止由于两带轮错位或倾斜,而引起带张紧不均匀而过快磨损,还应检查两带轮的相对位置是否正确,检查方法如图12.19 所示。中心距较大的,用拉线法检查,如图12.19(a)所示。中心距不大的,可用直尺测量,如图12.19(b)所示。

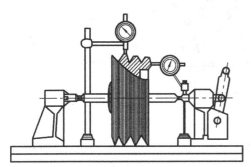

图 12.18 带轮跳动量的检查

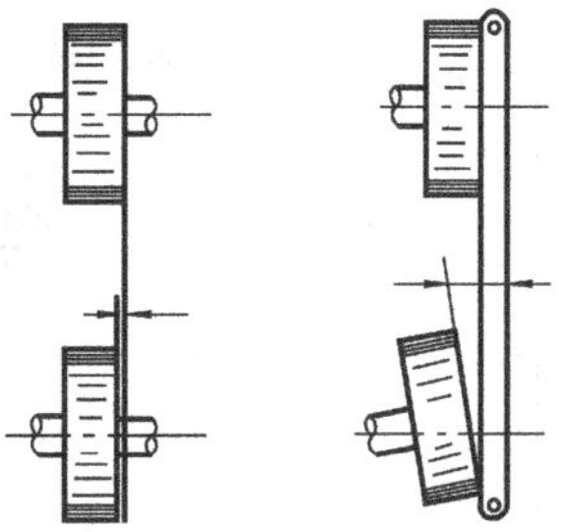

(a)拉线法检查   (b)直尺测量

图 12.19 带轮相互位置正确性的检查

(2)V 带的安装。V 带的断面形状是梯形。传动时,V 带与轮槽的两个侧面接触,即以两侧面为工作面。

安装 V 带时,先将其套在小带轮槽中,然后套在大带轮上,边转动大带轮,边用螺钉旋具将 V 带拨入大带轮槽中。装好后的 V 带在轮槽中的正确位置,如图 12.20 所示。

V带工作面

凸出槽外   与槽底接触

(a)正确位置   (b)错误位置   (c)错误位置

图 12.20 V 带在轮槽中的位置

3. 传动带张紧力的检查和调整方法

(1)张紧力的检查。合适的张紧力可根据经验来判断,可用大拇指在 V 带的中间处向下按,能将 V 带按下 15 mm 左右即符合要求,如图 12.21 所示。

(2)张紧力的调整。传动带工作一定时间后,将发生塑性变形,使张紧力减小。为能正常地进行转动,在带传动机构中都有调整张紧力的装置,其原理是靠改变两带轮的中心矩来调整张紧力。当两带轮的中心矩不可改变时,可应用张紧轮张紧,传动带的张紧方法,见表12.4。

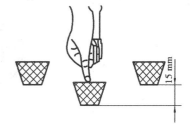

图 12.21 张紧力的检查

表 12.4 传动带的张紧方法

方法	类别	图例	特点及应用
调整中心距	定期张紧	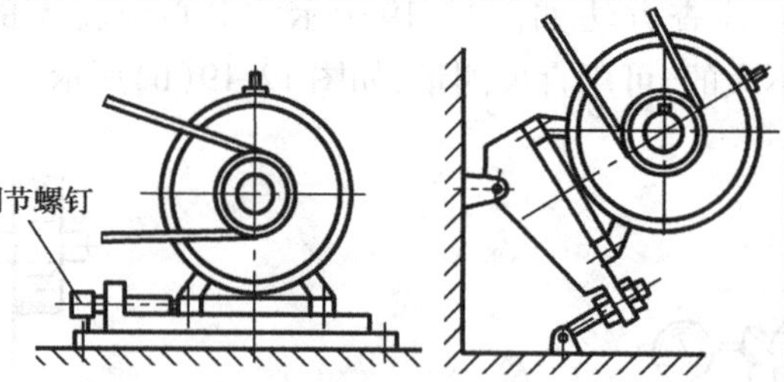	最简单的通用方法。 图(a)多用于水平或接近水平的传动 图(b)多用于垂直或接近于垂直的传动
	自动张紧	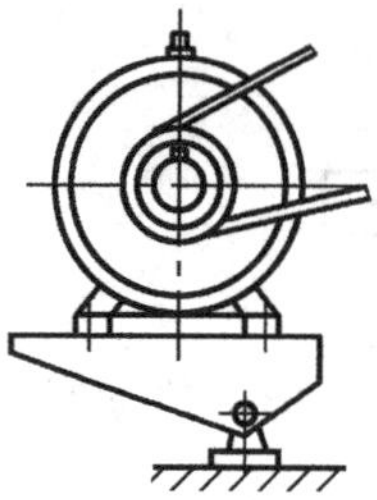	靠电动机的自重或定子的反力矩张紧。多用于小功率的传动
用张紧轮张紧	定期张紧	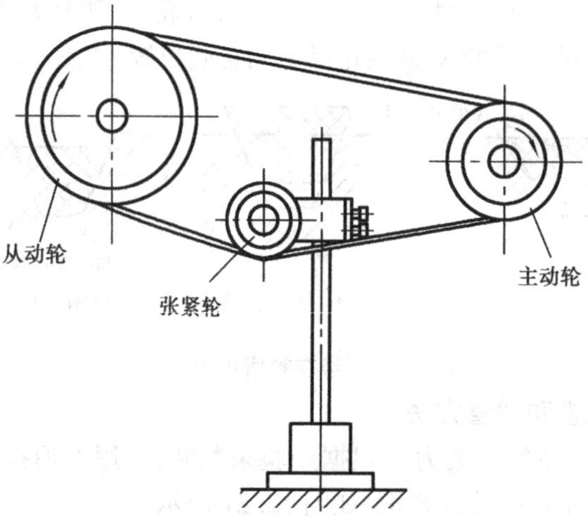	适用于当中心距不便调整时的 V 带传动,可任意调节张紧力的大小,但影响带的寿命,不能倒转,必须装在松边
	自动张紧	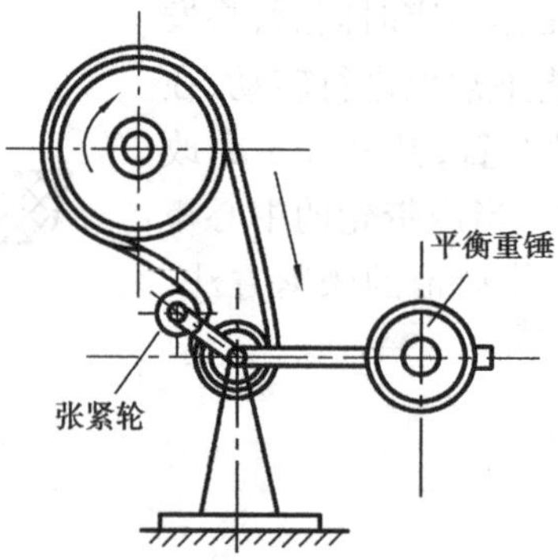	适用于平带传动,张紧轮应安放在平带松边外侧靠近小带轮处

4. 带传动机构的修复

(1)轴颈弯曲。用划针盘或百分表检查弯曲程度,用矫直的方法修复;或更换轴颈。

(2)带轮孔与轴配合松动。当带轮孔和轴颈磨损不大时,可将带轮孔在车床上修圆,轴颈用堆焊或镀铬的方法加大直径,再磨削后装配。当带轮孔磨损严重时,可用镶入衬套的方法恢复带轮孔的尺寸。

(3)V带拉长。V带拉长在正常范围内,可通过调整中心距张紧;当V带拉长在正常范围内,则应更换新带。

提示:

● 更换V带时,应将一组V带同时更换,不得新旧混用。

三、链传动机构的装配

链传动机构是由两个链轮和连接它们的链条组成,通过链轮的啮合来传递运动和动力。如图12.22所示。它能保证准确的平均传动比。适用于远距离传动或温度变化大的场合。常用的传动链为套筒滚子,如图12.23所示。

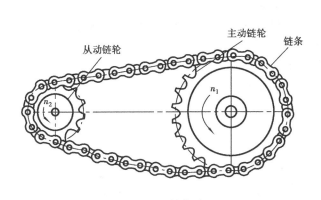

图 12.22 链传动

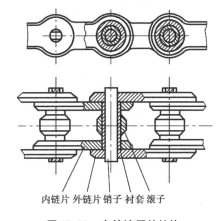

图 12.23 套筒滚子的结构

1. 链传动机构的装配要求

(1)两链轮的轴线必须平行,否则会加剧链轮及链条的磨损,使噪音增大和平稳性降低。

(2)两链条之间的轴向偏移量不能太大。当两轮中心距小于500 mm时,轴向偏移量不超过1 mm。当两轮中心距大于500 mm时,轴向偏移量不超过2 mm。

(3)链轮径向圆跳动和端面跳动应符合要求。其跳动量的具体数值,可查相关手册。

(4)链条的松紧应适当。太紧会使负荷增大,磨损加快;太松容易产生震动或掉链。

(5)轮齿的齿数和链条的节数不宜奇偶相同,一般链轮的齿数是采用奇数,链条节数为偶数。

(6)为了使轮齿磨损均匀,链传动必须布置在垂直平面内,不能布置在水平或倾斜平面内,否则会使链加剧磨损,甚至使链轮卡死。

2. 链传动机构的装配

(1)链条的安装方法。当两轴中心距可调节且链轮在轴端时,可以预先接好,再装到链轮上去。如果结构不允许,则必须先将链条套在链轮上,然后再进行连接,此时需采用专用工具,如图12.24所示。

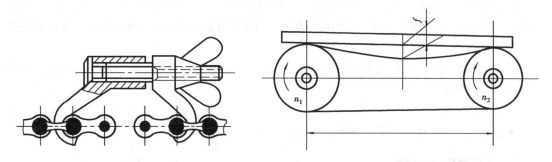

图12.24　拉紧链条的工具　　　　图12.25　链条下垂度的检验

(2)链装配下垂度的检验。当链传动是水平或有一定倾斜(在45°以内)时,链条下垂度,应不大于2%L(L为两链轮中心距)。倾斜度增大时,要减小下垂度;在垂直放置时,应小于0.2%L。检查方法如图12.25所示。

3.链传动机构的修复

(1)链条拉长。链条长时间使用,会被拉长而下垂,产生抖动和掉链,链节拉长,会使链和链轮加剧磨损。当链轮中心距可调整时,可通过调整中心距使链条拉紧;当链轮中心距不可调整时,可以拆卸掉一个或几个链节来调整。

(2)链和链轮磨损。磨损严重时,应更换链和链轮。

(3)链轮轮齿个别折断。可采用堆焊后,锉削修复或更换链轮。

四、齿轮传动机构的装配

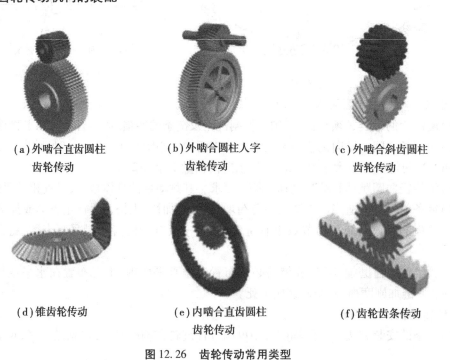

(a)外啮合直齿圆柱　　　(b)外啮合圆柱人字　　　(c)外啮合斜齿圆柱
齿轮传动　　　　　　　　齿轮传动　　　　　　　　齿轮传动

(d)锥齿轮传动　　　　(e)内啮合直齿圆柱　　　(f)齿轮齿条传动
　　　　　　　　　　　齿轮传动

图12.26　齿轮传动常用类型

齿轮传动是机械中常用的传动方式之一,它是依靠轮齿间的啮合来传递动力和扭矩的,在机械传动中应用十分广泛。其优点是传动比恒定、变速范围大、传动效率高、传动功率大、结构紧凑、使用寿命长等。缺点是噪声大、无过载保护、不宜用于远距离的传动、制造装配要求高等。齿轮传动常用类型如图 12.26 所示。

1. 齿轮传动机构的装配技术要求

(1)齿轮孔与轴的配合,要满足使用要求。如空套齿轮,在轴上不得有晃动现象;滑移齿轮,不应有咬死或阻滞现象;固定齿轮,不得有偏心或歪斜现象。

(2)保证齿轮有准确的安装中心距和适当的齿侧间隙。侧隙过小,齿轮转动不灵活,热胀时易卡齿,加剧磨损;侧隙过大,易产生冲击、振动。

(3)保证齿面有一定的接触面积和正确的接触位置。

(4)转速高、直径大的齿轮,应进行必要的平衡试验,以避免工作时产生过大的振动。

2. 圆柱齿轮的装配

圆柱齿轮装配一般分两个步骤进行:先把齿轮装在轴上,再把轴装入箱体。

(1)齿轮与轴的装配。齿轮与轴的装配形式有:齿轮在轴上空转,齿轮在轴上滑移,齿轮在轴上固定三种形式。齿轮与轴一般采用键连接,齿轮内孔与轴的配合,根据工作要求而定。

①间隙配合的齿轮,能在轴上空转或滑移,装配比较方便。用花键连接时,必须选择较松的位置定向装配,装配后齿轮在轴上不得有晃动现象。装配精度主要取决于零件的加工精度。

②采用过渡配合和过盈配合的齿轮,可采用手工工具敲击或在压力机上压配,装配时应注意避免齿轮产生偏心、歪斜、变形和端面未贴紧轴肩等安装误差。

③对于精度要求高的齿轮传动机构,应在齿轮与轴的装配后,检查径向跳动量和端面跳动量。如图 12.27 所示。

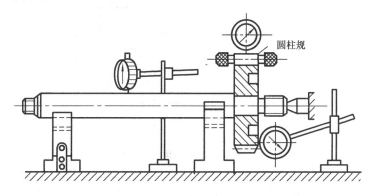

图 12.27　齿轮径向跳动和端面跳动的检查方法

(2)齿轮轴装入箱体。齿轮啮合质量的好坏,除了齿轮本身的制造精度,箱体孔的尺寸精度、形状精度及位置精度,都直接影响齿轮的啮合质量。所以,齿轮轴部件装配前,应检查箱体的主要部位是否达到规定的技术要求。

①孔距。互相啮合的一对齿轮的安装中心距是影响齿轮侧间隙的主要因素,应使孔在规定的范围内。孔距检查方法如图 12.28 所示。图 12.28(a)所示是用游标卡尺分别测得 d_1,d_2,L_1,L_2,然后计算出中心距:$A_1 = L_1 + \left(\dfrac{d_1}{2} + \dfrac{d_2}{2}\right)$ 或 $A_1 = L_2 - \left(\dfrac{d_1}{2} + \dfrac{d_2}{2}\right)$。

如图 12.28(b)所示,是用千分尺(或游标卡尺)和量棒测量孔距,计算公式为

$$A_2 = \frac{L_1 + L_2}{2} - \frac{d_1 + d_2}{2}$$

②孔系(轴系)平行度检查。如图 12.28(b)所示,也可以为齿轮安装孔中心线平行度的测量方法。分别测量出心棒端尺寸 L_1 和 L_2,则 L_1 和 L_2 的尺寸差值就是两孔轴线的平行度误差值。

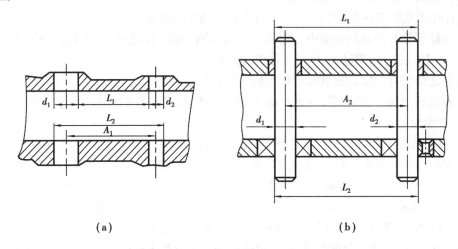

（a）　　　　　　　　　　　　　　　　（b）

图 12.28　箱体孔距及孔系平行度的检查

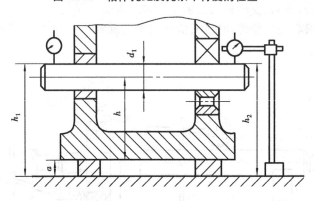

图 12.29　孔轴线与基面距离及平行度检验

③孔轴线与基面距离的尺寸精度和平行度检验。如图 12.29 所示,箱体基面用等高垫块支承在平板上,心棒与孔紧密配合。用游标高度尺(量块或百分表)测量心棒两端尺寸 h_1 和 h_2,则

轴线与基面距离的计算公式:$h = \dfrac{h_1 + h_2}{2} - \dfrac{d}{2} - a$

平行度误差计算公式:$\Delta = h_1 - h_2$

若平行度误差太大,可用刮削基面的方法进行修正。

④孔中心线与端面垂直度的检验。如图 12.30 所示为常用的两种方法。图 12.30(a)所示,是将带圆盘的专用心棒插入孔中,用塞尺检查孔中心线与孔端面的垂直度。图 12.30(b)

所示,是用心棒和百分表检查,心棒转动一周,百分表读数的最大值与最小值之差即为端面对孔中心线的垂直度误差。如发现误差超过规定值,可用刮削端面的方法纠正。

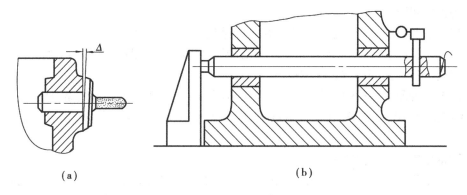

图 12.30　孔中心与端面垂直度的检验

⑤孔中心线同轴度检验。如图 12.31(a)所示为成批生产时,用专用检验心棒进行检验,若心棒能自由地推入几个孔中,即表明同轴度合格。有不同直径孔时,用不同外径的检验套配合检验,以减少检验心棒数量。

如图 12.31(b)所示,为用百分表及心棒检验不同直径孔的同轴度。将百分表固定在心棒上,转动心棒一周,百分表最大读数与最小读数之差的一半即为同轴度误差值。

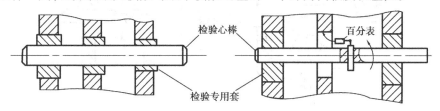

图 12.31　孔中心线同轴度的检验

(3)装配质量的检验与调整。齿轮轴部件装入箱体后,必须检查其装配质量。装配质量的检验包括齿侧间隙的检验和接触精度的检验。

①齿侧间隙(侧隙)的检验。检验齿侧间隙的常用方法有如下两种:

压铅丝法检验侧隙。如图 12.32(a)所示,在齿面上沿齿宽两端平行放置两根直径为侧隙 1.25~1.5 倍的软铅丝,较宽的齿轮可放置 3~4 根。转动齿轮,铅丝被挤后,最薄处的厚度即为该齿合的齿侧间隙。压铅丝法,比较直观、简单。

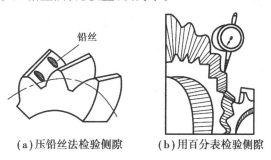

(a)压铅丝法检验侧隙　　(b)用百分表检验侧隙

图 12.32　侧隙的检查方法

用百分表检验侧隙。如图12.32(b)所示,测量时将百分表触头直接抵在一个齿轮的齿面上,另一齿轮固定。将接触百分表触头的齿从一侧啮合迅速转到另一侧啮合,百分表上的读数差值即为齿侧间隙。

②接触精度的检验。接触精度的主要指标是接触斑点,其检验一般用涂色法。将红丹粉涂于主动齿轮齿面上,转动主动齿轮并使从动齿轮轻微制动后,即可检查其接触斑点。对双向工作的齿轮,正反两个方向都应检查。

齿轮上接触印痕面积的大小,应该随齿轮精度而定。一般传动齿轮在轮齿高度上的接触斑点,不应少于30%～50%,在齿轮宽度上,应不少于40%～70%,其接触位置应在节圆上下对称分布。

3. 圆锥齿轮传动机构的装配

圆锥齿轮装配的顺序应根据箱体结构而定,一般是先装主动轮,再装从动轮,把齿轮装到轴上的方法与圆柱轮装法相似。圆锥齿轮装配的关键,是正确确定圆锥齿轮的轴向位置和啮合质量的检验与调整。

(1)箱体检验。圆锥齿轮一般是传递相互垂直的两条轴之间的运动,装配之前,应检验安装孔轴线的垂直度和相交程度,如图12.33所示。

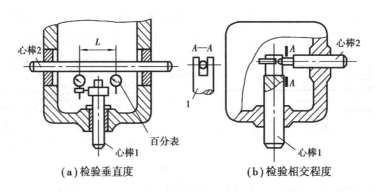

(a)检验垂直度　　　　　　　　(b)检验相交程度

图12.33　同一平面内,两孔轴线垂直度和相交程度的检验

(2)两圆锥齿轮轴向位置的确定。锥齿轮装配时,两齿轮的轴线位置,均用调整垫圈的方法进行调整,如图12.34所示。一般先不装调整垫圈,而是将两齿轮啮合并使背锥面平齐,用塞尺测量出安垫圈处的间隙,再按该尺寸配磨垫圈厚度。装配后,再检查两齿轮的轴向窜动量和侧隙,要求齿轮传动灵活,正反向转动时,无明显间隙的感觉。齿侧间隙可用压软铅丝的方法检查,铅丝的直径不宜超过最小侧隙的3倍。

(3)圆锥齿轮啮合质量的检验。圆锥齿轮啮合质量的检验内容与方法为:

①齿侧间隙的检验。其检验方法与圆柱齿轮基本相同。

②圆锥齿轮接触精度的检验。用涂色法进行检验。在无载荷时,接触斑点应在齿面中间略偏于小端处;满载荷时,接触斑点应在齿高和齿宽的中间,且接触斑点应达到40%～60%以上,如图12.35所示。

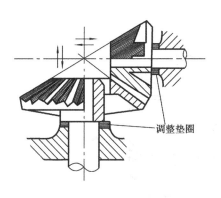

图 12.34　圆锥齿轮轴向位置的调整

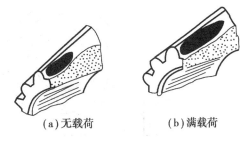

(a) 无载荷　　　　(b) 满载荷

图 12.35　圆锥齿轮承载前后接触斑点的变化

任务五　轴承的装配

一、轴承类型

轴承是用来支承轴的部件,它引导轴的旋转运动,并承受轴传递给机架的载荷。轴承种类很多,按工作元件间摩擦性质分:有滑动轴承和滚动轴承。按承受载荷的方向分:有向心轴承(承受径向力)、推力轴承(承受轴向力)、向心推力轴承(同时承受径向力和轴向力)等。

二、滑动轴承的装配

滑动轴承结构简单、制造方便、径向尺寸小、工作平稳、无噪声、润滑油膜具有吸震能力,能承受较大冲击载荷。多适用于高速、精密及重载场合。

滑动轴承的装配要求,主要是轴颈与轴承孔之间,应获得所需要的间隙、良好的接触和充分的润滑,使轴在轴承中运转平稳。滑动轴承的装配方法取决于它们结构形式。

1. 整体式滑动轴承的装配

(1)结构特点。图 12.36 所示为一种常见的整体式滑动轴承,实际上轴承座孔内是一个合金轴套,套内开有油槽、油孔,以便于润滑,轴套与轴承座用紧定螺钉固定,以防轴套因旋转错位而使轴套断油。

整体式滑动轴承结构简单,制造容易,但磨损后,无法调整轴颈与轴套之间的间隙,装拆也不方便。常用在轻载、低速或间歇工作的机械上。有时将轴套之间压入箱体孔内,以简化结构。

(2)整体式滑动轴承的装配方法。整体式滑动轴承的装配方法为:

①先做好轴套和轴承座孔的清理、清洁工作,并在轴承座孔内涂润滑油。

②根据轴套与座孔配合过盈量的大小,采用敲入法或压入法,将轴套装入轴承座孔内。

提示:

●轴套不论是敲入或压入,都必须保证不发生歪斜,油槽和油孔应处于要求的位置,为了防止轴套歪斜,压入时可用导向环或导向心轴导向。

③压入轴套后,用紧定螺钉或定位销固定轴套位置,以防轴套转动。如图 12.37 所示,为

243

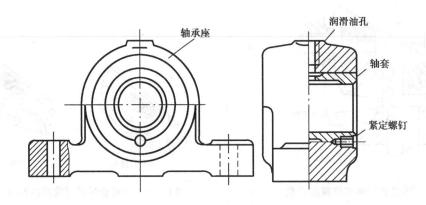

图 12.36　整体式滑动轴承的构成

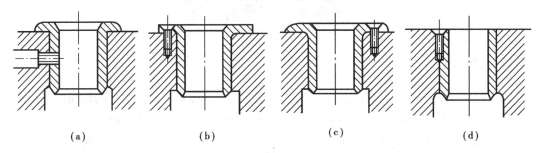

图 12.37　轴套的固定方式

几种常用的轴套固定方式。

④修整轴套孔。轴套由于壁薄,压入后内孔易发生变形,如内径缩小或呈椭圆形、圆锥形等。因此,压装后要用铰削、刮削或滚压等方法对轴套孔进行修整。尺寸较小的,可采用铰削的方法修整;尺寸较大的,应采用刮削的方法修整。但是修整时,必须严格控制好尺寸,以保证轴套与轴的配合间隙。

⑤轴套的检验。轴套修整后,沿孔的长度方向取两、三处,做相互垂直方向的检验,可以测定轴套的圆度误差及尺寸。测量方法如图 12.38 所示。此外,还要检验轴套孔中心线对轴套端面的垂直度,一般是用轴套孔尺寸相对应的检验规插入轴套孔内,用塞尺来检查其准确性,如图 12.39 所示。

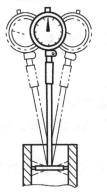

图 12.38　内径百分表检测轴套孔

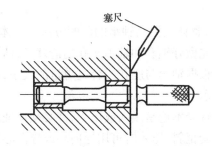

图 12.39　用塞尺检验轴套装配的垂直度

2. 剖分式滑动轴承的装配

（1）结构特点。图 12.40 所示为一种剖分式滑动轴承。按装配顺序，由轴承座、双头螺柱、下轴承、垫片、上轴承、轴承盖、螺母组成。在剖分面上配置适当的垫片，当轴承磨损后，可以减去部分垫片以调整间隙。剖分式滑动轴承拆装方便，且易于调整间隙，所以得到广泛的应用。

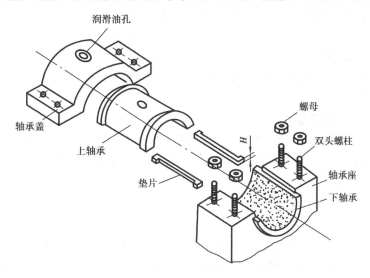

图 12.40　剖分式滑动轴承的结构

（2）剖分式滑动轴承的装配要点。

①上、下轴瓦与轴承座、盖，应接触良好，同时轴承的轴肩，应紧靠轴承座两端面。

②为提高配合精度，轴承孔应与轴进行研点配刮。

三、滚动轴承的装配

滚动轴承一般由外圈、内圈、滚动体和保持架组成，如图 12.41 所示。内圈和轴颈为基孔制配合，外圈和轴承座孔为基轴制配合。工作时，滚动体在内、外圈滚道中滚动，形成滚动摩擦。滚动轴承具有摩擦力小、轴向尺寸小、更换方便和维护容易等优点，所以在机械制造中应用十分广泛。

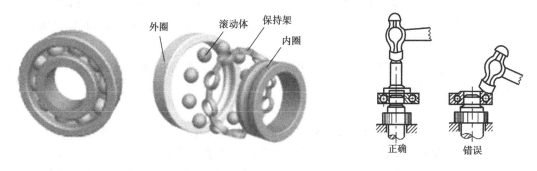

图 12.41　滚动轴承的构造　　　　图 12.42　捶击方法

1. 滚动轴承装配的技术要求

（1）滚动轴承上带有标记代号的端面应装在可见方向，以便更换时查对。

（2）轴承装在轴上或装入轴承孔后，不允许有歪斜现象。

（3）同轴的两个轴承中，必须有一个轴承在轴受热膨胀时有轴向移动的余地。

（4）装配轴承时，敲击时的压力（或冲击力），应直接加在待配合的套圈端面上，不允许通过滚动体传递压力，如图 12.42 所示。

（5）装配过程中应保持清洁，防止异物进入轴承内。

（6）装配后的轴承应运转灵活，噪声小，工作温度不超过 50 ℃。

2. 滚动轴承的装配

滚动轴承装配方法应视轴承尺寸大小和过盈量来选择。一般滚动轴承的装配方法有锤击法、压入法及热装法。

3. 滚动轴承游隙的调整

滚动轴承的游隙是指在一个套圈固定的情况下，另一个套圈沿径向或轴向的最大活动量，故游隙又分径向游隙和轴向游隙两种，如图 12.43 所示。滚动轴承的游隙不能太大，也不能太小。

游隙太大，会造成同时承受载荷的滚动体的数量减少，使单个滚动体的载荷增大，从而降低轴承的旋转精度，减少使用寿命。

游隙太小，会使摩擦力增大，产生的热量增加，加剧磨损，使轴承的使用寿命减少。

因此，许多轴承在装配时，都要严格控制和调整游隙。通常采用轴承的内圈对外圈作适当的轴向位移的方法来保证游隙。

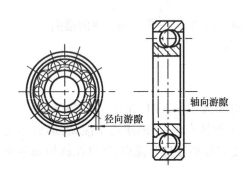

图 12.43 滚动轴承的游隙

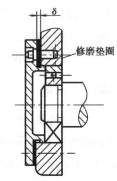

图 12.44 用垫片调整轴承游隙

（1）调整垫片法。通过调整轴承盖与壳体端面的垫片厚度，来调整轴承的轴向间隙，如图 12.44 所示。

（2）螺钉调整法。如图 12.45 所示，其调整的顺序是：先松开锁紧螺母，再调整螺钉，待游隙间调好后，再拧紧锁紧螺母。

4. 滚动轴承的预紧

对于承受载荷较大，旋转精度要求较高的轴承，大都是在无游隙甚至有少量过盈状态下工作的，这些轴承在装配时，都需要进行预紧。预紧就是轴承在装配时，给轴承的内圈或外圈加一个轴向力，以消除轴承游隙，并使滚动体与内、外圈产生初变形。预紧能提高轴承在工作状态下的刚度和旋转精度。滚动轴承预紧的原理，如图 12.46 所示。

滚动轴承常见的预紧方法，如图 12.47 所示。

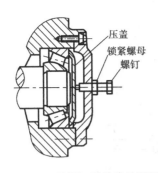

图 12.45　用螺钉调整轴承游隙

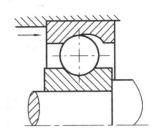

图 12.46　滚动轴承的预紧原理

5. 滚动轴承的拆卸

滚动轴承的拆卸方法与其结构有关。对于拆卸后还要重复使用的轴承,拆卸时不能损坏轴承的配合表面,不能将拆卸的作用力加在滚动体上,图12.48所示为错误的拆卸方法。圆柱孔轴承的拆卸,可以用压力机,如图 12.49 所示;也可以用拉出器进行拆卸,如图 12.50 所示。

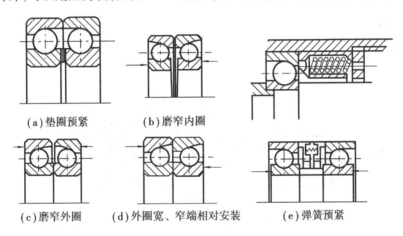

（a）垫圈预紧　　　　（b）磨窄内圈

（c）磨窄外圈　　　（d）外圈宽、窄端相对安装　　　（e）弹簧预紧

图 12.47　滚动轴承常见的预紧方法

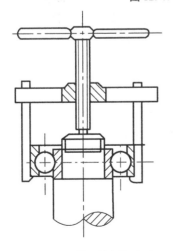

图 12.48　错误的拆卸方法

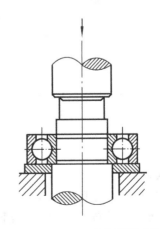

图 12.49　用压力机拆卸圆柱孔轴承

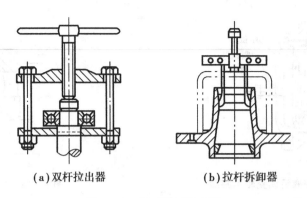

(a)双杆拉出器　　　　　　(b)拉杆拆卸器

图 12.50　滚动轴承拉出器

任务六　装配实训

一、装配平口钳

1. 平口钳装配图样

平口钳的装配图样,如图 12.51 所示。

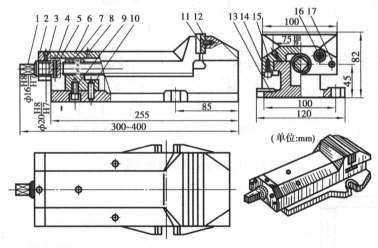

图 12.51　平口钳装配

1—方榫;2,5—挡圈;3—止动螺钉;4—定位销;6—活动钳身;7—传动螺母;
8—注油孔;9—紧固螺钉;10—定位销;11—钳口固定螺钉;12—钳口;
13—固定钳身;14—滑板;15—滑板螺钉;16—挡块螺钉;17—挡块定位销

2. 实训要求

(1)能根据装配要求选择正确的装配方法。

(2)进一步巩固钳工的各项基本技能。

3. 工、量具

平板、直角刮研板、直角平尺、等高垫铁、钻床、装配工具、百分表、量块、千分尺、塞尺等。

4. 实训步骤

（1）分析装配图样。

（2）清洁平口钳的各零部件。

（3）刮削固定钳身与活动钳身。

①先刮削固定钳身的上平面和导轨两侧面,使用直角刮研板,刮削要求每 25 mm × 25 mm 面积上有 6 ~ 8 研点,如图 12.52 所示。保证导轨两侧面的平行度误差小于 0.02 mm（只许钳口处大）。

②刮导轨下滑面。以上平面为基准,刮导轨下滑面,平行度误差小于 0.02 mm,刮削要求同上。

③刮削活动钳身。刮削时,应以已刮好的固定钳身为基准,进行研刮。刮削要求同上。保证配入钳座内,滑动自如。并钻、铰注油孔。

（4）提供尺寸,交磨工配磨两滑板。

（5）在钳口、滑板上钻通孔。并以钳口、滑板孔加工活动钳身上的安装螺孔,要求压板与活动钳身外形平齐,如图 12.53 所示。

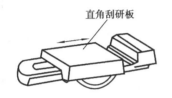

图 12.52　研刮固定钳身

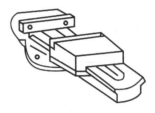

图 12.53　安装活动钳身和滑板

（6）试装。要求钳口与钳身的接触面达到 90% 以上。钳口面与固定钳身滑轨面垂直,垂直度达 0.01 mm。两钳口装配后,要求合拢无间隙。检查方法如图 12.54 所示。用 0.02 mm 的铜皮垫在两钳口间并合拢,用塞尺检查。并加工定位销孔,配相应的定位销。

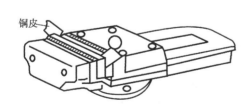

图 12.54　工作间隙的检查方法

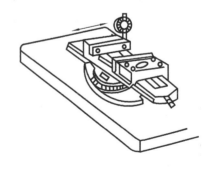

图 12.55　检查钳口与底平面的平行度

（7）装配丝杆、活动螺母副,使丝杆轴线与中心线同心,达到用扳手转动丝杆方榫时活动自如。

（8）检查钳口与底平面的平行度,如图 12.55 所示。

（9）全部拆卸、清洗、涂油后,再重新组装。

（10）紧固所有螺钉，自查装配质量，完成装配。

（11）装配结束后，整理、擦净工具和量具，清洁装配平台和场地。

提示：

- 加工定位销孔时，应注意选择合适的铰削余量。
- 装配时，应先装定位销，再紧固螺钉。

5. 实训记录及评分标准

实训记录及评分标准，见表12.5。

表12.5 装配平口钳实训评分表

项次	项目与技术要求	配分	评分方法	实测记录	得分
1	按零件图要求检查零件	10	每错、漏检一项扣1分，检验方法错误一次扣1分		
2	刮削要求每25 mm×25 mm面积上有6~8研点	20	4~6点得10分，4点以下不得分		
3	导轨上下面及两侧面平行度误差小于0.02 mm	12	超差0.01扣2分		
4	固定钳身两侧面与上平面的垂直度0.01 mm	6	超差0.01扣2分		
5	钳口与固定钳身的垂直度0.01 mm	10	超差0.01扣3分，超差0.03不得分		
6	钳口合拢无间隙	6	不合格不得分		
7	钳口与底平面的平行度0.02 mm	8	超差0.01扣2分，超差0.03不得分		
8	转动丝杆灵活自如	8	转动丝杆阻滞扣4分，转动丝杆困难不得分		
9	外形整齐美观，无明显瑕疵	10	酌情扣分		
10	安全文明生产	10	违反一次扣3分，违反3次不得分		

复习思考题

1. 产品装配工艺过程一般包括哪4个阶段？各自的工作内容是什么？

2. 常用的装配方法有哪几种？分别适用于什么场合？

3. 简述装配工作的要点。

4. 什么叫尺寸链、装配尺寸链?

5. 如图 12.56 所示,为在齿轮轴装配简图,$B_1 = 100$ mm,$B_2 = 70$ mm,$B_3 = 30$ mm,装配后轴向间隙要求为 0.02 ~ 0.20 mm。试用完全互换法解该装配尺寸链。

6. 有一批直径为 $\phi 50$ mm 的孔、轴配合件,装配间隙要求为 0.01 ~ 0.02 mm,试用分组选配法解此尺寸链。(孔、轴经济公差均为 0.015 mm)

7. 螺纹连接常用的防松方法有哪些?

8. 简述螺纹连接的装配要点。

9. 销连接的作用有哪些? 为什么连接件的销孔在装配时要一起钻、铰?

10. 简述花键连接的特点。

11. 简述过盈连接的装配方法。

12. 带传动装配的技术要求有哪些?

13. 为什么要调整传动带的张紧力? 如何调整?

14. 对齿轮传动机构的装配技术要求有哪些?

15. 齿轮装在轴上以后,为什么要检查跳动量? 如何检查?

16. 简述圆柱齿轮齿侧间隙的常用检验方法。

17. 整体式滑动轴承结构特点及装配方法。

18. 齿轮轴部件装入箱体之前,一般要对箱体做哪些检查?

19. 滚动轴承装配的技术要求有哪些?

20. 简述滚动轴承游隙的调整方法。

21. 滚动轴承常见的预紧方法有哪些?

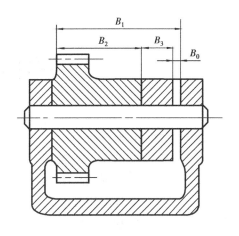

图 12.56

项目十三　综合实训

项目内容　1. 制作榔头。

2. 制作 V 形铁。

3. 锉削凹凸体。

4. 锉配四方体。

5. 燕尾锉配。

项目目的　1. 掌握各种工件的加工工艺。

2. 巩固钳工的各项基本技能,进一步提高加工精度。

项目实施过程

任务一　制作榔头

一、图样

榔头图样如图 13.1 所示。

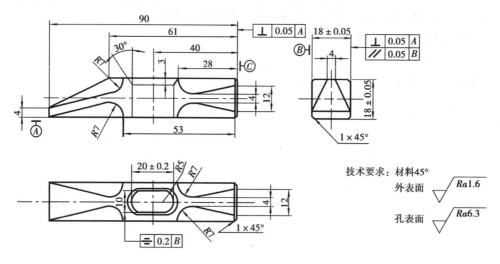

图 13.1　榔头图样

二、实训要求

(1)掌握榔头的加工工艺。

(2)巩固各种锉刀的选择和使用方法。

(3)掌握平面与圆弧面的连接方法。

（4）巩固钻头的刃磨及钻孔的工艺。

三、工、量具和辅助工具

划线平板、划线工具、手锤、台虎钳、钳口铁、砂轮机、钻床、钻头、钳工锉、整形锉、锯弓、表面粗糙度样板、刀口尺、塞尺、游标卡尺、外径千分尺、半径规、90°角尺等。

四、实训步骤

（1）检查来料尺寸是否符合图样要求。

（2）按图样要求，锉出 18 mm×18 mm×90 mm 的长方体。

（3）以长面 A，B 为基准，锉削两端面，达到尺寸精度、垂直度要求。

（4）以长面 A，B 和端面 C 为基准，划出加工线，要求两面同时划线。

（5）用锯弓锯掉榔头尾部斜面多余的部分，并按图样要求进行锉削加工。

（6）锉削加工 R7 内圆弧，并与相应的平面相切（8 处）。要求连接圆滑、无明显接痕、并做到锉痕一致，纹理整齐。

（7）按图样要求划线找准圆心、钻孔（注意对称度要求）。

（8）用圆锉将两孔锉通、修整，并按图样要求，在孔口倒 30°角。

（9）按图样要求，将榔头各部位倒 1×45°角。

（10）进行全面复查并修整。

（11）经检查后，将榔头两端热处理淬硬。

提示：

- 锉削 R7 圆弧与相应平面时，应先横向锉削，待成形后再用推锉的方法推光。
- 钻孔时，要求孔位置正确。刃磨后的钻头必须经过试钻，达到要求后才能进行钻削。

五、实训记录及评分标准

实训记录及评分标准，见表 13.1。

表 13.1　制作榔头实训评分表

项次	项目与技术要求	配分	评分方法	实测记录	得分
1	尺寸要求：18±0.05 mm（2 处）	8	超差 1 处扣 4 分		
2	平行度 0.05 mm（2 组）	8	超差 1 处扣 4 分		
3	垂直度 0.05 mm（3 处）	9	超差 1 处扣 3 分		
4	尺寸要求：90±0.05 mm	5	不合格扣 2 分		
5	R7 圆弧形状正确（8 处）	16	每处不合格扣 2 分		
6	圆弧与平面连接圆滑、无明显接痕（8 处）	24	有明显接痕每处扣 2 分		
7	孔长度要求 20±0.2 mm	4	超差不得分		
8	孔对称度 0.2 mm	6	超差不得分		

续表

项次	项目与技术要求	配分	评分方法	实测记录	得分
9	孔口倒角均匀	2	不合格扣2分		
10	1×45°倒角均匀、尺寸正确(8处)	8	每处不合格扣1分		
11	安全文明生产	10	违反一次扣3分,违反3次不得分		

任务二 制作V形铁

一、图样

V形铁图样如图13.2所示。

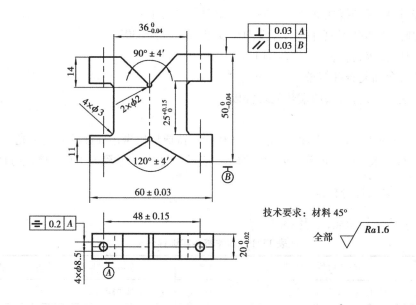

图 13.2 V形铁

二、实训要求

(1)巩固划线、锉削、锯削、钻孔以及测量等基本技能。

(2)掌握制作一般工具的加工步骤、工具的选用以及有关基准确定的方法。

(3)熟练掌握零件的角度加工和测量方法。

三、工、量具和辅助工具

划线平板、划线工具、手锤、台虎钳、钳口铁、砂轮机、钻床、钻头、钳工锉、锯弓、表面粗糙度样板、刀口尺、塞尺、游标卡尺、高度游标尺、外径千分尺、半径规、万能角度尺、90°角尺等。

四、实训步骤

（1）检查来料尺寸是否符合图样要求。

（2）按图样要求锉出 60 mm×50 mm×20 mm 的长方体，达到图样要求的尺寸精度、平行度、垂直度要求。

（3）以底面 B 和中心线为基准，划出加工线，要求两面同时划好。

（4）用钻排孔的方法，去掉工件两侧多余部分，并锉削加工，达到图样要求。

（5）钻 2×ϕ2 的工艺孔，并用锯弓将多余部分锯掉。

（6）锉削加工 90°±4′和 120°±4′V 形，达到图样要求。

（7）划线并钻 4×ϕ8.5 孔。

（8）进行全面复查，并修整、倒角。

（9）整理好工、量具，并清理工作场地。

五、实训记录及评分标准

实训记录及评分标准，见表 13.2。

表 13.2　制作 V 形铁实训评分表

项次	项目与技术要求	配分	评分方法	实测记录	得分
1	尺寸要求：$50_{-0.04}^{0}$ mm	5	超差不得分		
2	尺寸要求：60±0.03 mm	5	超差不得分		
3	垂直度：0.03 mm（3 处）	12	超差 1 处扣 4 分		
4	平行度：0.03 mm（2 处）	10	超差 1 处扣 5 分		
5	尺寸要求：$25_{0}^{+0.15}$ mm（2 处）	6	超差 1 处扣 3 分		
6	尺寸要求：$36_{-0.04}^{0}$ mm	5	超差不得分		
7	角度：90°±4′	10	超差不得分		
8	角度：120°±4′	10	超差不得分		
9	尺寸要求：48±0.15 mm（2 处）	6	超差 1 处扣 3 分		
10	对称度：0.2 mm	12	超差不得分		
11	表面粗糙度 Ra 1.6 μm	9	升高一级不得分		
12	安全文明生产	10	违反一次扣 3 分，违反 3 次不得分		

任务三　锉削凹凸体

一、图样

图样如图 13.3 所示。

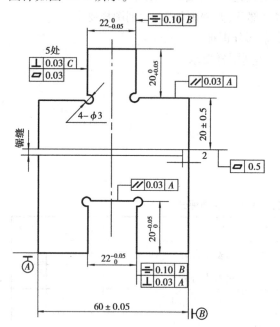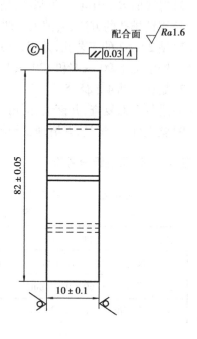

图 13.3　凹凸体

二、实训要求

(1)掌握具有对称度要求的工件的划线、加工和测量方法。

(2)巩固锉、锯、钻等基本技能,并达到一定加工精度的要求。

三、工、量具和辅助工具

划线平板、划线工具、手锤、台虎钳、钳口铁、钻床、钻头、钳工锉、锯弓、表面粗糙度样板、刀口尺、塞尺、游标卡尺、游标高度尺、外径千分尺、百分表、90°角尺等。

四、实训步骤

(1)按图样要求锉削外轮廓基准面,达到图样要求的尺寸精度、平行度、垂直度要求。

(2)按要求划出凹、凸体加工线,并钻工艺孔 4 - ϕ3 mm。

(3)加工凸形体。

①按图样要求,锯去一端垂直角,粗锉、细锉两垂直面。根据 82 mm 的实际尺寸,通过控制 62 mm 的尺寸误差值,来保证 22 $_{-0.05}^{0}$ mm 的尺寸要求。

②根据 60 mm 的实际尺寸,通过控制 41 mm 的尺寸误差值(控制在 1/2 × 60 的实际尺寸

加 $11_{-0.05}^{-0.025}$ 范围内），来保证 $22_{-0.05}^{0}$ mm 的尺寸要求，同时，保证对称度在 0.10 mm 内。

③按上述方法，加工另一垂直角（直接测量 $22_{-0.05}^{0}$ mm 的凸形尺寸）。

（4）加工凹形体。

①用钻头在凹形底面，钻排孔，锯、錾多余部分后，粗锉至加工线。

②根据 82 mm 的实际尺寸，通过控制 62 mm 的尺寸误差值，细锉凹形体的底面，来保证与凸形体的配合精度。

③细锉凹形体两侧的垂直面，根据外形 60 mm 和凸形面 22 mm 的实际尺寸，通过控制 19 mm 的尺寸误差值，来保证达到与凸形面 22 mm 的配合精度要求，同时，也保证其对称度精度在 0.10 mm 内。

（5）全部锐边倒角，并检查全部尺寸精度。

（6）按图样要求进行锯削，要求尺寸达到 20±0.5 mm，锯面平面度达到 0.5 mm，最后修去锯口毛刺。

提示：

• 为了能对 22 mm 凹、凸的对称度进行测量控制，60 mm 处的实际尺寸必须测量准确，并应取其各点实测值的平均数值。

• 当工件不允许直接锉配，就必须控制好凹、凸件的尺寸误差，来达到配合精度的要求。

• 为达到配合后转位互换精度，在凹、凸形面加工时，必须控制好垂直度误差（包括与 C 面的垂直度）。

五、实训记录及评分标准

实训记录及评分标准，见表 13.3。

表 13.3　锉削凹凸体实训评分表

项次	项目与技术要求	配分	评分方法	实测记录	得分
1	尺寸要求：60±0.05 mm	5	超差不得分		
2	尺寸要求：82±0.05 mm	4	超差不得分		
3	尺寸要求：$22_{-0.05}^{0}$ mm	4	超差不得分		
4	尺寸要求：$20_{-0.05}^{0}$ mm（2 处）	8	超差 1 处扣 4 分		
5	平面度：0.03 mm（12 处）	24	超差 1 处扣 2 分		
6	平行度：0.03 mm（3 组）	15	超差 1 处扣 5 分		
7	配合间隙 < 0.10 mm（5 处）	15	超差 1 处扣 3 分		
8	对称度：0.10 mm	10	超差不得分		
9	表面粗糙度 Ra 1.6 μm（10 处）	5	超差 1 处扣 0.5 分		
10	安全文明生产	10	违反一次扣 3 分，违反 3 次不得分		

任务四 锉配四方体

一、图样

图样如图 13.4 所示。

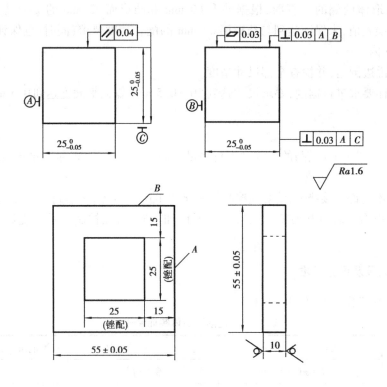

图 13.4　锉配四方体

二、实训要求

(1)进一步提高锉配精度,达到任意转位互换要求。

(2)了解影响锉配精度的因素,并掌握锉配误差的检查和修整方法。

三、工、量具和辅助工具

划线平板、划线工具、手锤、台虎钳、钳口铁、钻床、钻头、钳工锉、整形锉、表面粗糙度样板、刀口尺、塞尺、游标卡尺、游标高度尺、外径千分尺、90°角尺等。

四、实训步骤

学生自己拟定加工工艺,由教师审查通过后实施。

提示：

- 为保证锉配后的转位互换精度，四方体的各对面尺寸应尽可能一致。
- 基准四方体的尺寸应控制在公差范围的上限，以便进行微量的修整。
- 各配合面的平行度、垂直度误差应尽可能小，否则容易造成配合间隙超差。
- 加工内表面（内垂直面）时，为获得内棱清角，应在砂轮上修磨锉刀边，使其与锉刀面的夹角小于 90°，以避免锉坏相邻面。
- 内表面之间的垂直度，可自制样板检验。
- 锉配时，可用透光和涂色检验的方法来确定其加工修锉的位置。但在锉配过程中，不要急于修整，要从整体考虑，以避免因局部修整过多而造成最后配合面的过大间隙。
- 试配时，应使工件的轴线垂直于大平面，否则会错误地反映修锉部位。

五、实训记录及评分标准

实训记录及评分标准，见表 13.4。

表 13.4　锉配四方体实训评分表

项次	项目与技术要求	配分	评分方法	实测记录	得分
1	尺寸要求：$25_{-0.05}^{0}$ mm（3 组）	18	超差 1 处扣 6 分		
2	平面度：0.03 mm（6 面）	6	超差 1 处扣 1 分		
3	平行度：0.04 mm（3 组）	9	超差 1 处扣 3 分		
4	垂直度：0.03 mm	18	超差 1 处扣 2 分		
5	尺寸要求：55±0.05 mm（2 处）	6	超差 1 处扣 3 分		
6	换位配合间隙 0.1 mm	20	超差 1 处扣 5 分		
7	内角清角（4 处）	8	每处不合格扣 2 分		
8	表面粗糙度 Ra 3.2 μm（10 面）	5	每面不合格扣 0.5 分		
9	安全文明生产	10	违反一次扣 3 分，违反 3 次不得分		

任务五　锉配燕尾

一、图样

图样如图 13.5 所示。

二、实训要求

（1）掌握角度锉配和具有对称度要求的工件的加工工艺。

（2）巩固角度工件的误差检验和修整方法。

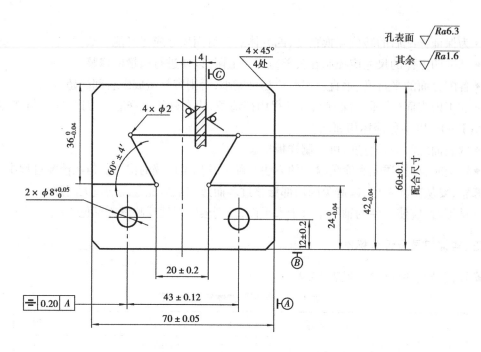

图 13.5　燕尾锉配

三、工、量具和辅助工具

划线平板、划线工具、手锤、台虎钳、钳口铁、钻床、钻头、钳工锉、整形锉、锯弓、表面粗糙度样板、刀口尺、塞尺、游标卡尺、游标高度尺、外径千分尺、万能角度尺、90°角尺、检验棒等。

四、实训步骤

学生自己拟定加工工艺,由教师审查通过后实施。

五、实训记录及评分标准

实训记录及评分标准,见表13.5。

表 13.5　燕尾锉配实训评分表

项次	项目与技术要求	配分	评分方法	实测记录	得分
1	尺寸要求:70 ± 0.05 mm(2处)	6	超差1处扣3分		
2	尺寸要求:$42_{-0.04}^{0}$ mm	5	超差不得分		
3	尺寸要求:$24_{-0.04}^{0}$ mm	5	超差不得分		
4	尺寸要求:(20 ± 0.2) mm	4	超差不得分		
5	角度:$60° \pm 4'$(2处)	10	超差1处扣5分		
6	孔径:$\phi 8_{0}^{-0.05}$(2处)	2	超差1处扣1分		

项次	项目与技术要求	配分	评分方法	实测记录	得分
7	尺寸要求:12 ± 0.2 mm	4	超差不得分		
8	尺寸要求:43 ± 0.12 mm	4	超差不得分		
9	尺寸要求:$36_{-0.04}^{\ 0}$ mm	5	超差不得分		
10	配合间隙 < 0.05 mm(5 处)	15	超差 1 处扣 3 分		
11	配合尺寸:60 ± 0.1 mm	5	超差不得分		
12	两侧互换后的错位量 < 0.05 mm	10	超差不得分		
13	对 A 的对称度 < 0.25 mm	5	超差不得分		
14	孔表面粗糙度 Ra 6.3μm(2 处)	2	超差 1 处扣 1 分		
15	表面粗糙度 Ra 1.6μm(16 处)	8	超差 1 处扣 0.5 分		
16	安全文明生产	10	违反一次扣 3 分,违反 3 次不得分		

参考文献

[1] 温希忠,刘峰善,杜伟. 钳工工艺与实训[M]. 山东:山东科学技术出版社,2006.

[2] 徐冬元. 钳工工艺与技能训练[M]. 北京:高等教育出版社,1998.

[3] 编审委员会. 钳工,职业技能鉴定教材,职业技能鉴定指导[M]. 北京:中国劳动社会保障出版社,1996.

[4] 国家机械工业委员会统编. 中级钳工工艺学[M]. 北京:机械工业出版社,1996.

[5] 劳动和社会保障部教材办公室组织编写. 钳工工艺学(第四版)[M]. 北京:中国劳动和社会保障出版社,2005.

[6] 张利人. 钳工技能实训[M]. 北京:人民邮电出版社,2006.

[7] 劳动部培训司组织编写. 钳工工艺学(第二版)[M]. 北京:中国劳动和社会保障出版社,1991.

[8] 劳动部培训司组织编写. 机修钳工工艺学[M]. 北京:中国劳动和社会保障出版社,1996.

[9] 张林. 极限配合与测量技术[M]. 北京:人民邮电出版社,2006.

[10] 张雪梅. 极限配合与测量技术应用[M]. 北京:高等教育出版社,2005.

[11] 董代进. 机加检验工[M]. 重庆:重庆大学出版社,2006.

[12] 朱怀琪. 铣工[M]. 北京:化学工业出版社,2004.